U0225987

"十三五"国家重点出版物出版规划项目

长江上游生态与环境系列

赤水河流域生态
水文过程研究

田义超　　王世杰　　白晓永
　　　　　　　　　　　　　　　等　著
李　琴　吴路华　陈　飞

科学出版社　龙門書局
北　京

内 容 简 介

本书是在对赤水河流域研究区范围界定的基础上，以划定的赤水河流域及其典型区为研究对象，以研究区植被、气象、水文以及土壤类型等多源数据为支撑，采用遥感与地理信息系统集成方法、空间统计分析方法揭示了喀斯特地区植被以及水文的时空演变特征，同时对流域生态效应进行了评估。在不同的时空尺度上分析了流域气候变化特征及其土地利用的时空差异性特征，并甄别了气候变化和人类活动对流域的生态水文过程的贡献率；通过改进的 SWAT 模型建立了喀斯特流域的生态水文过程模型，通过设置不同情境预估气候变化和人类活动对生态水文过程的影响；最后采用生态补偿核算方法及 SOFM 自组织神经网络算法建立了赤水河流域的生态补偿标准和生态安全分区方案。

本书适合生态学、环境科学、风景园林学以及相关学科的大专院校研究生及科研人员使用，同时也可作为生态环境、水利以及自然资源部门的管理人员从事生态水文过程及其流域管理的参考资料。

黔 S(2020)010 号

图书在版编目(CIP)数据

赤水河流域生态水文过程研究 / 田义超等著. — 北京：龙门书局，2020.11
（长江上游生态与环境系列）

"十三五"国家重点出版物出版规划项目
ISBN 978-7-5088-5805-0

Ⅰ.①赤⋯ Ⅱ.①田⋯ Ⅲ.①长江流域-区域水文学-研究 Ⅳ.①P344.7

中国版本图书馆 CIP 数据核字 (2020) 第 184602 号

责任编辑：李小锐 冯 铂 / 责任校对：彭 映
责任印制：罗 科 / 封面设计：墨创文化

科 学 出 版 社
龙門書局 出版

北京东黄城根北街16 号
邮政编码：100717
http://www.sciencep.com

四川煤田地质制图印刷厂印刷

科学出版社发行 各地新华书店经销
*
2020 年 11 月第 一 版 开本：787×1092 1/16
2020 年 11 月第一次印刷 印张：20 1/4
字数：502 000
定价：218.00 元
（如有印装质量问题，我社负责调换）

"长江上游生态与环境系列"编委会

总 顾 问　陈宜瑜

总 主 编　秦大河

执行主编　刘　庆　郭劲松　朱　波　蔡庆华

编　　　委（按姓氏汉语拼音排序）

蔡庆华　常剑波　丁永建　高　博　郭劲松　黄应平

李　嘉　李克锋　李新荣　李跃清　刘　庆　刘德富

田　昆　王昌全　王定勇　王海燕　王世杰　魏朝富

吴　彦　吴艳宏　许全喜　杨复沫　杨万勤　曾　波

张全发　周培疆　朱　波

《赤水河流域生态水文过程研究》
著 者 名 单

田义超　王世杰　白晓永　李　琴

吴路华　陈　飞　王金凤　张斯屿

序

　　长江发源于青藏高原的唐古拉山脉，自西向东奔腾，流经青海、四川、西藏、云南、重庆、湖北、湖南、江西、安徽、江苏、上海等 11 个省（区/市），在上海崇明岛附近注入东海，全长 6300 余公里。其中宜昌以上为长江上游，宜昌至湖口为长江中游，湖口以下为长江下游。长江流域总面积达 180 万平方公里，2019 年长江经济带总人口约 6 亿，GDP 占全国的 42% 以上。长江是我们的母亲河，镌刻着中华民族五千年历史的精神图腾，支撑着华夏文明的孕育、传承和发展，其地位和作用无可替代。

　　宜昌以上的长江上游地区是整个长江流域重要的生态屏障。三峡工程的建设及上游梯级水库开发的推进，对生态环境的影响日益显现。上游地区生态环境结构与功能的优劣，及其所铸就的生态环境的整体状态，直接关系着整个长江流域尤其是中下游地区可持续发展的大局，尤为重要。

　　2014 年国务院正式发布了《关于依托黄金水道推动长江经济带发展的指导意见》，确定长江经济带为"生态文明建设的先行示范带"。2016 年 1 月 5 日，习近平总书记在重庆召开推动长江经济带发展座谈会上明确指出，"当前和今后相当长一个时期，要把修复长江生态环境摆在压倒性位置，共抓大保护，不搞大开发""要在生态环境容量上过紧日子的前提下，依托长江水道，统筹岸上水上，正确处理防洪、通航、发电的矛盾"。因此，如何科学反映长江上游地区真实的生态环境情况，如何客观评估 20 世纪 80 年代以来，人类活跃的经济活动对这一区域生态环境产生的深远影响，并对其可能的不利影响采取防控、减缓、修复等对策和措施，都亟须可靠、系统、规范科学数据和科学知识的支撑。

　　长江上游以其独特而复杂的地理、气候、植被、水文等生态环境系统和丰富多样的社会经济形态特征，历来都是科研工作者的研究热点。近 20 年来，国家资助了一大批科技和保护项目，在广大科技工作者的努力下，长江上游生态环境问题的研究、保护和建设取得了显著进展，这其中最重要的就是对生态环境的研究已经从传统的只关注生态环境自身的特征、过程、机理和变化，转变为对生态环境组成的各要素之间及各圈层之间的相互作用关系、自然生态系统与社会生态系统之间的相互作用关系，以及流域整体与区域局地单元之间的相互作用关系等方面的创新性研究。

　　为总结过去，指导未来，科学出版社依托本领域具有深厚学术影响力的 20 多位专家策划组织了"长江上游生态与环境"系列，本系列围绕生态、环境、特色三个方面，将水、土、气、冰冻圈和森林、草地、湿地、农田以及人文生态等与长江上游生态环境相关的国家重要科研项目的优秀成果组织起来，全面、系统地反映长江上游地区的生态环境现状及未来发展趋势，为长江经济带国家战略实施，以及生态文明时代社会与环境问题的治理提供可靠的智力支持。

从书编委会成员阵容强大、学术水平高。相信在编委会的组织下，本系列将为长江上游生态环境的持续综合研究提供可靠、系统、规范的科学基础支持，并推动长江上游生态环境领域的研究向纵深发展，充分展示其学术价值、文化价值和社会服务价值。

中国科学院院士 秦大河

2020 年 10 月

前　言

　　人类对土地利用方式的改变而对土地覆被变化产生影响，通过改变陆表蒸发、截留、填洼及下渗等生态水文过程而导致区域或流域的产汇流以及产沙过程发生变化，从而影响到以陆表土地利用为下垫面的水文循环与水资源交互过程，由此引发的相关生态环境问题已对区域/流域生态以及社会经济发展等多方面产生了深远的影响。1995 年国际地圈-生物圈计划(International Geosphere-Biosphere Programme, IGBP)和国际全球环境变化人文因素计划(International Human Dimensions Programme on Global Environmental Change, IHDP)共同制订的"土地利用/覆被变化科学研究计划"将土地利用/覆被变化作为全球变化研究的核心内容。从此许多科学家和研究机构分别在全球或区域尺度上就土地利用和土地覆被变化的遥感监测、分类、驱动机理、生态环境效应、生态水文过程开展了一系列的相关研究工作。

　　土地利用和土地覆被变化对区域水土资源的生态效应是土地利用生态环境效应研究的重要内容。水资源是人类社会发展所需的自然资源，同时也决定着区域土地利用的发展方向和空间格局的变化，而土地利用格局和发展方向的变化也会使区域水资源的时空分布规律发生显著变化。生态水文学作为水文与生态过程耦合研究的一门交叉学科，已成为水文学研究最前沿的学科领域，因此探讨土地利用/覆被变化的生态水文响应、研究生态系统和水文过程耦合关系已经成为当今水科学的热点，同时对于揭示区域、流域及全球尺度水文循环规律、生态系统的生态安全格局具有重要意义，因而成为当前乃至未来数十年全球生态与环境研究领域的热点和前沿问题。

　　赤水河地跨云南、贵州和四川 3 个省，是长江上游唯一干流没有修建水坝以及水库的一级支流，也是重要的生物多样性优先保护区域。此地区既是长江上游和三峡库区的重要生态屏障，也是我国重要的水源涵养区，同时也是中国优质酱香白酒的重要生产地，集中了茅台、潭酒、习酒、郎酒、泸州老窖等众多名酒生产企业，具有十分重要的生态价值和经济价值。但是近年来随着赤水河流域产业和城市化进程的快速发展，植被破坏、水土流失日益严重，土地石漠化面积扩展，生态服务功能严重退化，流域的生态系统安全和生态系统服务能力受到严重的影响。土地利用和土地覆被破坏所引起的生态水文效应问题，显著改变了流域的生态环境以及流域生态系统的服务功能和生态系统的稳定性，严重制约了西南地区社会经济的健康可持续发展。为从根本上改善赤水河流域生态急剧恶化的状况，我国先后在该地区实施了一批退耕还林、石漠化综合治理等基础设施重大生态工程项目，这些工程的实施使西南喀斯特地区的土地利用发生了显著变化，流域的生态水文过程及其生态环境效应也发生了显著变化，但是目前关于该地区气候变化和人类活动（主要是土地利用变化）对流域生态和水文过程的影响机理尚不明晰；另外在生态治理工程项目的实施过程中，国家已经给予该地区相应的生态补偿以保障当地社会经济的健康可持续发展，但生态系统补偿的标准和补偿的理论实践方面仍然存在着诸多问题，因此如何科学合理地评估赤水河流域的生态补偿标准对于当地社会经济的可持续发展具有重要的理论和现实意义。

本书在编写过程中，得到中国科学院地球化学研究所环境地球化学国家重点实验室、北部湾大学资源与环境学院以及北部湾大学海洋地理信息资源开发利用重点实验室的大力支持；以及国家重点研发计划项目（2016YFC0502300）、喀斯特石漠化治理提质增效与绿色发展途径及示范（XDA23060100、XDA23060101、XDA23060102）、国家自然科学基金项目（42061020）、广西自然科学基金资助项目（2018JJA150135、2019AC20088）资助。

在本书撰写中，非常感谢课题组王世杰、白晓永、刘秀明、黎廷宇、程安云、罗维均以及环境室陈敬安、冯新斌、刘再华、李世杰、肖化云等的关心与帮助；以及贵州水利厅董存波与舒栋才、贵州发改委张文伟、贵州省地矿局王明章等多位专家学者的悉心指导，在此一并致谢。

全书写作过程中参考并引用了一些学者和专家最新发表的研究成果，另外本书所使用的许多数据源来源于美国国家航空航天局、中国地理空间数据云等机构，在此向有关学者和组织机构表示衷心的感谢。

喀斯特流域生态水文过程涉及地表和地下过程，是水文学领域中研究的难点，涉及面广，有待进一步研究的内容众多，但限于目前的研究水平，难免存在疏漏之处，敬请读者批评指正。

目　　录

第1章 生态水文的理论与方法

1.1 水文与生态环境

水是地球上各生态圈/层之间物质循环和能量交换的主要驱动力,对整个生态系统服务功能起着关键的调节作用(Guse et al., 2014; McMillan et al., 2014)。生态环境最早组合成为一个词需要追溯到1982年五届人大第五次会议,会议在讨论中华人民共和国第四部宪法(草案)和当年的政府工作报告(讨论稿)时均使用了当时比较流行的保护生态平衡的提法。时任全国人大常委会委员、中国科学院地理研究所所长黄秉维院士在讨论过程中指出,平衡是动态的,自然界总是不断打破旧的平衡,建立新的平衡,所以用保护生态平衡不妥,应以保护生态环境替代保护生态平衡。会议接受了这一提法,最后形成了宪法第二十六条:国家保护和改善生活环境和生态环境,防治污染和其他公害。国家组织和鼓励植树造林,保护林木。笔者认为生态环境是指影响人类生存与发展的水资源、土地资源、生物资源以及气候资源数量与质量的总称,是关系到社会和经济持续发展的复合生态系统。水是生态环境的基础,是一切细胞和生命组织的主要成分,是构成自然界一切生命的重要物质基础。生态环境将水文模型、生态模型与水质模型耦合用以分析污染物运移、植被与水文过程相互作用、全球气候变化背景下的水-碳耦合关系等内容(倪效宽和董增川, 2017)。生态环境中的生态一旦受到自然和人为因素的干扰,超过生态系统自我调节能力而不能恢复到原来比较稳定的状态时,生态系统的结构和功能遭到破坏,物质和能量输出输入不能平衡,造成系统成分缺损以及生态系统结构发生变化。地下水超采严重,土地荒漠化(石漠化)、水环境恶化等生态环境问题也由局部地区扩展到了全球范围,由短期效应转变为长久危机。

随着人口的增长和社会经济的快速发展,人类活动对陆表植被的影响逐渐增加,土地利用和土地覆被在流域乃至全球尺度上都发生着显著变化,导致地球的生物、能量以及水文效应等多种生态过程也相应发生了显著变化。1999年国际地圈-生物圈计划(IGBP)和全球环境变化的人文因素计划(IHDP)共同发表了"LUCC研究实施政策"(Turner et al., 1995; Bormann et al., 2007; Brath et al., 2006),该政策强调:区域土地利用和土地覆被变化的研究必须与区域的土地退化、水资源变化以及区域的贫困等影响人类社会可持续发展的问题结合起来。土地覆被变化问题不仅涉及区域生态问题,如水土保持问题、人口扩张,也涉及政府应对环境变化所制定的相关政策,如退耕还林政策、石漠化治理工程、生态补偿政策,甚至涉及区域的经济发展以及经济安全问题。故土地利用变化的水文及生态环境效应研究自然成为当今社会研究的主要议题之一。

土地利用与土地覆被变化(land use and land cover change, LUCC)对水文过程的影响主要表现在:引起水资源在时空格局上的重新匹配,以水为介质的各种泥沙运移规律发生改变，引发水土流失、生物多样性破坏以及水环境恶化等一系列生态环境问题（Foley et al., 2005; Hollis, 1975; Hundecha and Bárdossy, 2004）。在长时间尺度上，气候变化是影响流域水文过程及其效应的主要因素之一，气候变化主要是由降水、气温、蒸散以及地表湿度等因素的改变而对陆地生态系统水文循环过程产生影响，最终对流域的生态环境过程产生影响。在短时段内，土地利用格局变化、城市化演变、产业格局调整与土地规划等共同驱动的人类活动是导致流域水文过程和水环境变化的主导因素（Faith et al., 2014; Kok and Veldkamp, 2001; Claessens et al., 2009）。在流域尺度上，LUCC 对生态水文过程影响的最终结果是直接导致水资源在时空格局上发生显著改变，继而对流域的生态环境以及社会经济发展等诸多方面产生深远影响。因此探讨在全球变化和人类活动背景下 LUCC 对流域生态水文过程的响应机理及其环境效应，对科学评估流域尺度上不同生态系统的生态环境效应以及流域生态安全具有重要意义。

当前人类面临着严重的水危机，水环境恶化、突发性水污染现象频繁发生（Przemysaw et al., 2011; Tiwary et al., 2005; Rao et al., 2001; Mandour, 2012; Noll et al., 1992; Smith et al., 2017; 程先等, 2017; 李祯等, 2017）。水环境与污染问题已成为继能源问题之后影响区域社会经济发展的又一世界性资源环境问题。在全球变化加剧以及水资源危机的情况下，传统的水资源学研究难以解决流域出现的新问题，水文过程以及流域生态环境效应的耦合研究日益引起学者们的关注（Mo et al., 2004; Foley et al, 2005; Post et al., 2007; Boulain et al., 2009; Zhang et al., 2009; 李祯等, 2017; 董晓红等, 2007; 徐宗学和赵捷, 2016）。国际地圈-生物圈计划、国际水文计划以及联合国教育、科学及文化组织（United Nations Educational, Scientific and Cultural Organization, UNESCO）等都将水文过程以及生态环境效应的耦合研究作为其核心内容（Mcclain, 2011）。流域生态水文过程以及生态环境效应评估模型是定量评估 LUCC 以及流域生态水文响应的重要工具（Aich et al., 2015; Gao and Zhang, 2009; Badar et al., 2013; Simonit et al., 2015; Sawada et al., 2015）。通过生态水文过程以及生态环境效应评估模型定量刻画 LUCC 与水文过程的相互关系，可为流域水资源管理、流域生态系统服务、生态恢复以及流域的生态安全提供科学支撑。

全球气候变化和人类活动对全球水资源以及水文循环产生的影响是水文科学中研究的热点问题，国内外研究学者针对水文与生态环境开展了大量研究，并取得了丰硕的成果。如 UNESCO 在 1964 年第十三次大会上批准了国际水文计划，该计划于 1965 年 1 月 1 日开始实施，其研究重点集中在人类活动、水资源与自然环境之间的相互关系上（徐宗学和李景玉, 2010）。世界气象组织（World Meteorological Organization, WMO）、国际科学联合会理事会以及 UNESCO 在 1980 年共同建立了世界气候研究计划，该项计划主要研究气候变化和人类活动在何种程度上影响区域或全球的气候变化，并且可以在多大程度上预测气候变化对人类活动产生的影响。联合国政府间气候变化专门委员会（Intergovernmental Panel on Climate Change, IPCC）由 WMO 及联合国环境规划署于 1988 年联合建立，该机构的主要任务是对气候变化科学知识的现状、气候变化对区域社会经济的潜在影响以及适应和减缓气候变化的对策进行评价。1996 年开展的全球水科学项目，重点研究人类活动引起的水循环与环境和资源问题，其中，"变化环境下的水文循环研究"是全球水系统和水科学研究的核心问题。气候对流域水文水循环要素的影响主要表现为年际波动性影响、多时间尺度周期性影响、未来持续性影响，而在人类活动方面则表现为人类活动改变径流水循环、损耗径流量等。

1.2 喀斯特生态水文学研究现状

生态水文学最早由国外学者提出，并很快得到发展，我国的研究则相对较晚。生态水文学被正式提出前，学者们围绕生态和水文过程已开展了大量研究工作，为后来生态水文学的建立奠定了基础。"生态水文学"一词最早起源于国际水文科学协会(IAHS)提出的国际水文十年计划（1965—1974），该时期对水文过程的研究开始考虑生态环境和其他交叉学科的影响；Hynes(1970)出版的 *The Ecology of Running Water* 初步对水文过程和生态过程的结合展开研究。Ingram(1987)在研究中使用"Ecohydrology"一词，随后被很多学者采用，学者们围绕生态水文过程开展了大量工作，其中以湿地的生态水文过程研究居多。Heathwaite(1993)出版以生态水文学为主题的专著 *Mires: Process，Exploitation and Conservation*。Kloosterman 等(1995)从生态水文学的角度对荷兰南部近几十年来的植被格局和水文状况进行了分析，从而揭示湿地和栖息地环境恶化的原因。1996 年是生态水文学开启快速发展的起点，Wassen(1996)给出生态水文学的明确定义。同年联合国教科文组织国际水文计划第五阶段(UNESCO/IHP-V)（1996—2001）启动，其中生态水文学首次被作为重要研究内容之一。2008 年以后，随着 *Ecohydrology* 期刊创刊和 UNESCO 海滨生态水文学中心成立，生态水文学在国内外取得了快速的发展。

20 多年以来，生态水文学已形成较为可靠的理论背景和方法体系，但其基础理论仍处在探求阶段，中国学者刘昌明、王浩、程国栋、杨胜天等结合当前国内需求，提出未来生态水文学学科的发展战略展望。王根绪等(2001)指出生态水文学发展的几个必然趋势，包括生态水文实验研究、大尺度生态水文学研究和恢复生态水文学研究。这些研究方向的发展无一例外需要有力的技术支撑和可靠的数据支撑。其中"3S"及多源卫星遥感等技术的兴起有力地推动了生态水文学学科的发展（郝建盛等，2017）。土地利用结构和空间分布的变化在时间和空间尺度上对生态水文过程，包括径流、土壤水分、植被蒸腾、地下水补给等过程产生了重要影响，由此基于遥感和地理信息系统等科学，面向时间和空间维度的大尺度生态水文学得以蓬勃发展。

喀斯特作为地球表层一种具有独特生物地球化学特征的区域，相对于非喀斯特地区，其地表介质巨大的空间异质性导致区域生态环境极其脆弱，土地利用/覆被变化的环境效应更为显著，区域水土流失易发，由于其特殊的"二元三维结构"，生态水文过程与非喀斯特区域显著不同（卢耀如等，2006）。在二元三维水文地质作用下喀斯特地表径流量与土壤流失量较小，大多数降雨通过裂隙、地下管道等进入地下径流系统，而仅少部分形成地表径流（李阳兵等，2003），导致工程性缺水严重，水资源短缺问题已成为限制西南地区社会经济发展的重要因素。这些特殊的过程为喀斯特地区提供了多样的地下生境，如洞穴水流、地下水库、泉、地下裂隙等，影响着喀斯特的生物多样性及其生态水文过程。

在喀斯特地区，水是牵动生物地球化学循环以及营养元素在空间上运移的主要物质，是影响喀斯特地区社会经济发展的关键性因素(He et al., 2011)，然而，因喀斯特地貌形态的特殊性、土地利用转变的复杂性、区域水土流失的易发性，喀斯特地区的生态水文过程与其他区域显著不同(Chen et al., 2013; Krueger and Waters, 1983)。

鉴于喀斯特流域地质结构的特殊性和复杂性，国际上关于喀斯特流域生态水文过程及其生态环境效应的研究还极其匮乏，不仅缺少数据上的支持，更缺少技术方法上的经验。尽管已有众多研究者对喀斯特地区的地表水文过程，包括土壤水分空间变异特征和动态演化(Zhang et al., 2006; Song et al., 2010; Chen et al., 2013)、地表径流(Chen et al., 2012; Zhou and Beck, 2005; Ford and Williams, 2007)、水土流失(Cao et al., 2011; Zhang et al., 2009)以及土地覆被变化对生态水文过程的影响(Yang et al., 2009)等方面进行了深入探讨。但是，大部分学者主要是采用实验手段或野外调查方法对喀斯特地区的生态水文过程进行实证研究，研究成果缺乏模型集成，缺乏喀斯特地区土地利用变化对其生态水文效应以及生态系统服务能力的有效评估，同时也未对未来土地利用情景发生变化之后对区域或者流域的生态水文过程所产生的影响进行定量评估。因此，探索喀斯特地区以水为核心的土地利用变化对其生态水文过程的响应及其生态环境效应，对其流域生态水文学以及生态系统生态学的发展具有重要意义。

为了改善区域生态环境，应对气候变化，国家投入了大量的资源、倾斜支持政策促进西南喀斯特地区的生态环境治理和恢复，并实施了大面积退耕还林还草、天然林保护、坡改梯、生态移民等石漠化综合治理工程(Hartmann et al., 2015)，在喀斯特地区人类活动和气候条件变化的驱动作用下，喀斯特退化生态系统得到一定程度的恢复(Tong et al., 2018; Tong et al., 2017; Brandt et al.,2018)。气候变化和人类活动的叠加在较短时间段内导致区域地表覆被、水资源利用、土地利用模式的迅速改变，在一定程度上改变了喀斯特地区的水文水循环系统，同时对其流域的产汇流关系及其水沙过程产生了显著的影响。尽管这些生态工程的实施在一定程度上遏制了生态系统的退化，但受极端气候事件以及人类对土地的过度开发利用等因素的影响，该区域的水土流失问题依然严峻。

为了应对人类活动加剧和气候变化的挑战，摆在喀斯特生态水文学研究者面前的仍然有几个关键问题有待解决(戴明宏等，2015；侯文娟等，2018；蒙海花和王腊春，2009)，包括生态工程实施后喀斯特植被生态过程的演变趋势、水文过程的关键性控制因素和驱动机制、气候变化和人类活动对植被生态过程和水循环过程的贡献率、大尺度生态水文耦合模型及其情景模拟仍缺乏定量化研究。基于以上背景，本书将气候变化和人类活动作为驱动喀斯特生态水文过程变化的直接动因，首先分析了气候变化和人类活动的演变特征，随后分析了喀斯特地区关键生态系统过程时空变化特征以及水文过程的演变过程，在此基础上采用相关的数理统计模型揭示生态和水文过程对气候变化和人类活动的响应和贡献比例，最后对其生态效应进行定量化评估。

1.3　水文过程研究方法

美国国家航空航天局（National Aeronautics and Space Administration, NASA）在 2000 年开展的全球陆地同化数据实验，对全球及区域水文及水资源的遥感观测研究奠定了基础。目前，许多研究成果从物理机理上揭示了流域水循环要素对全球以及区域水文及水资源时空分布的响应。而流域水文循环要素一般包括两大类，第一类为气候变化对生态水文过程的影响，第二类为人类活动对生态水文过程的影响。如 Held 和 Soden（2006）利用 IPCC AR4 的气候情景评估结果数据，定量地表达水文循环系统在气候变化条件下的各种可能变化趋势和变化过程，研究结果表明水文循环系统的响应主要表现为对流域质量通量的减少、横向水汽传输的增强以及与其相关联的蒸散发与降水量之间差值的增大。Labat 等（2004）在分析全球 231 个水文观测站的年均径流量与全球气候变暖之间的关系时得出，全球径流量的变化与全球温度的变化同步，一般来说温度升高，径流量呈现增加趋势，温度每增加 1℃，径流量则增加约 4%。气候对流域水文水循环要素的影响主要表现为年际波动性影响、多时间尺度周期性影响、未来持续性影响，而在人类活动方面则表现为人类活动改变径流水循环、损耗径流量等。

目前，在流域尺度上，可以定量地分离出气候变化和人类活动对水文过程影响的研究方法主要有水文模型法和定量评估法（Wang et al.，2014），前者是利用水文模型评估气候和人类活动对径流量变化的影响，后者主要包括气候弹性系数法、多元回归法（Xu，2011）、敏感性分析法、水量平衡法（Wang et al.，2009; Zhang et al.，2013）、降雨-径流双累积曲线法（Guo et al.，2014）等。

在水文模型方面，如地表水模型 HEC-HMS、HSPF、SWAT、TOPMODEL、管道流模型等，其中 SWAT（soil and water assess ment tool）模型应用较多（Peterson and Wicks，2006）。由于 SWAT 模型是基于松散介质特性建立的分布式模型，缺乏必要的组件来刻画岩溶含水系统的特征，因而在模拟岩溶地区的水文问题时存在诸多局限。如 Malagò等（2016）应用 SWAT 模型对岩溶流域的基流进行模拟，结果表明模拟结果有较大的误差。Amatya 等（2011）应用 SWAT 模型在 Chapel Branch Creek 岩溶流域以评估河流的月流量动态变化时，也发现对岩溶泉流量的模拟存在高估或低估的现象。国内有研究者针对这些局限对 SWAT 进行过一定的修正，如任启伟（2006）在修正 SWAT 模型的基础上建立了双重尺度的岩溶流域分布式水文模型，但是该模型在地表植被模块及其岩性模块方面考虑欠缺而限制了该模型的后续推广。

在水文模型耦合方面，不同学者分别使用不同的耦合模型对流域的生态水文过程与土地利用变化过程进行了集成（Voinov et al.，1999a,b; Niehoff et al.，2002; Beighley et al.，2003; Lindenschmidt et al.，2006）。虽然这些研究中的综合评估模型能够准确评估土地覆被变化对生态水文过程的响应，但无论是分布式水文模型还是土地利用变化模拟模型，在进行模拟时，模型参数设置繁多且模型情景设置困难（Gosling et al.，2011; Luijten，2003）。虽然 SWAT 模型和 CLUE-S（the conversion of land use its effects at small region extent)模型是两个非常经典的水文和土地覆被模拟模型(Verburg et al., 2002, 2004),在全球范围内得到了广泛应用。然而,喀斯特是一种非常特殊的地貌形态,生态水文过程极其特殊和复杂,关于其生态水文过程的研究还极少,将 SWAT 模型和 CLUE-S 模型结合起来应用到典型喀斯特流域的生态水文过程研究中的更少。

水文模型评估中迫切需要一个既可以运行现有的以及未来不同情景的输入数据,也可以很容易操作的集成模型,而 SWAT 模型和 CLUE-S 模型结合起来可以很好地解决情景模拟所需的数据短缺以及模型难以集成的问题。近年来,基于土地利用情景分析的模拟方法在很大程度上被用来研究此类问题。以过去和现在的土地利用条件作为参数输入水文模型中,观察流域土地利用变化对水文过程的影响(Hernandez et al., 2000;Roo et al., 2003;Camorani et al., 2005)。土地利用变化模型是土地利用动态分析和国家政策制定以及土地利用管理的有效工具。这些模型一方面可以更好地将影响土地利用变化中的社会经济以及规划因素融入其中;另一方面有助于探索在不同情景下未来的土地利用变化(Verburg et al., 2002, 2004)。基于经验统计方法的 CLUE-S 模型(Verburg et al., 2002, 2004; Li et al., 2011)、基于多智能主体分析方法的 ABM(agent based modeling)模型、基于栅格邻域关系分析方法的 CA(cellular automata)模型、基于土地系统结构变化及空间格局演替综合分析的 DLS(dynamics of land system)模型都可以用来模拟区域土地利用变化的时空动态格局(Britz et al., 2011; Zhou et al., 2011; Li et al., 2011)。与其他模型相比,CLUE-S 模型可以在区域土地利用和土地覆被动态变化的基础上对土地利用变化与社会、经济、技术、政策、自然环境以及多情景等驱动因子的相互关系进行定量化分析,综合不同时空尺度区域 LUCC 过程和驱动力研究,模拟不同情景设置条件下多种土地利用类型的时空变化,并为土地利用决策和土地利用规划提供更加科学的依据。因此,本书耦合 SWAT 模型与 CLUE-S 模型对喀斯特地区现状年以及未来年不同情景的土地利用对水文过程的响应进行定量研究,揭示喀斯特地区土地利用变化对水文过程的响应。

1.4 生态过程研究方法

目前国内外用于评估生态系统生态过程的研究方法主要以定量指标法(吕一河等,2013)和综合模型法(戴尔阜等, 2015)为主,两种方法指标的选取都会对评估结果的准确性造成影响。其中,定量指标法是根据特定的生态学原理,针对不同类型的生态系统服务,通过挑选可转换的指标,设计相应的简单算法来确定价值量,常用的可转换的指标是生态系统净初级生产力(Net primary productivity, NPP),这是由于生产力是其生态系统功能的最显著外在表征,并且可以通过遥感动态监测获得高时间分辨率以及大空间尺度上的定量信息,但其在生态系统服务定量化的准确评估方面还有待完善(Barral and Oscar, 2012)。目前,用于评估不同生态系统服务物质量的模型主要包括 InVEST (Integrated Valuation of Ecosystem Services and Tradeoffs)(Chang et al., 2014)、SolVES(Social values for Ecosystem services)(Sherrouse et al., 2014)、ARIES(Artificial Intelligence for Ecosystem Services (Bagstad et al., 2016)、UFORE(The Urban Forest Effects)(Beth and Brad, 2008)和 MIMES

(Multi-scale Integrated Models of Ecosystem Services)(Cotter et al., 2017)等。模型法虽然考虑生态系统服务形成的内在机制，但是为了使模型成功运行，需要对生态系统服务中的大部分过程进行简化处理，此外，由于生态系统服务的评估过程中需要大量的参数，而这些参数的收集在实际应用中很难获取，因此，模型评估生态系统服务物质量的不确定性和误差在所难免(毛齐正等，2015)，甚至是在同样的区域采用同样的模型，不用学者所计算出的生态系统服务数值及其量级存在着显著的差异。目前国内外关于生态系统服务评估模型的开发、应用和实践还处于起步阶段，模型在使用时需要针对具体研究区域进行具体参数的校正与分析。

已有众多研究对喀斯特地区的地表生态过程，包括土壤保持、水源涵养、固碳释氧以及碳存储等方面进行了初步的探讨，但是大部分学者在对喀斯特地区生态过程进行研究时，多以单一时相、单一生态过程为主，如张斯屿等(2014)以县域、胡晓(2014)以镇域分别评估了不同尺度的土壤保持、水源涵养或碳存储等生态系统服务；王小琳(2016)、许月卿和邵晓梅(2006)以贵州省域尺度或猫跳河流域尺度为研究区，分别评估以水源涵养和土壤侵蚀为主的单一生态过程。侯文娟等(2018)基于 SWAT 模型分析喀斯特山区的产流服务及其产流服务影响变量的空间变异特征。已有研究即使考虑多种生态系统过程，也偏向于研究喀斯特地区生态系统服务价值的计算或各项生态系统服务价值的时空变化规律，如张明阳等(2009)借助价值当量方法对桂西北喀斯特典型地区不同时间尺度的生态系统服务价值进行了评估；王权等(2019)结合喀斯特槽谷区的实际情况通过对生态系统服务价值系数进行修订，揭示了槽谷区土地利用转型过程对生态系统服务价值的响应。这种简单的遵循"土地利用变化—生态系统服务价值响应"的线性研究范式，往往缺乏基于生态系统过程的生态系统服务评估，未来应该基于"生态系统结构—过程—功能—服务"级联框架对喀斯特生态系统服务进行研究，这样才能厘清喀斯特生态系统过程和功能之间的关系。

水土流失是喀斯特石漠化的核心问题(白晓永和王世杰，2011)，喀斯特石漠化问题在于水土流失引起的地表基岩裸露、岩石风化、土壤流失、土地的生产力丧失和区域生态环境退化，因而喀斯特地区生态过程中的土壤保持能力和水源涵养能力成为喀斯特石漠化治理以及生态恢复的核心内容(王世杰和李阳兵，2007)，同时喀斯特地区的土壤保持支撑着土壤中水分和营养物质的供给，是生态系统生态过程植被碳固定的必然需求。然而，有别于非喀斯特地区，喀斯特地区由于其地表介质巨大的空间异质性，其生态系统过程与非喀斯特区域显著不同(陈喜，2014)。大部分学者对喀斯特地区生态系统过程进行定量化评估时，多采用全国或者南方等的普遍性参数，未考虑喀斯特地区的特殊地质背景以及洼地负地形的典型特征，这往往使得评估出的结果相差甚远，即使是在同样一个区域，评估的结果有可能相差几十倍，乃至于上百倍。因此，在对喀斯特地区生态系统服务评估时，有必要对其生态系统服务模型进行"本地化"修正，这样评估的结果方可指导当地的石漠化治理以及生态恢复工作。

此外，喀斯特地区生态过程的研究方法多采用降水贮存量法(吴松等，2016)、水量平衡法(张彪等，2008)、蓄水能量法(刘璐璐等，2016)、影子工程法(刘晓等，2014)和 InVEST 模型评估水源涵养(田义超等，2019)，土壤保持则使用通用土壤流失方程(许月卿和邵晓梅，2006），固碳释氧多基于光合作用原理或实测生物量含碳率估算（李默然和丁贵杰，2013），上述方法多采用全国或者南方等的普遍性参数，未考虑喀斯特特殊背景的影响。如降水贮存法中的产流比参数的经验系数赋值，忽略了空间差异性；降雨侵蚀力 R 值多采用全国统一公式。这些方法和模型在喀斯特地区往往存在着"水土不服"问题，如何采取更为精确的方法和模型揭示喀斯特地区的生态过程显得至关重要。

1.5　本书研究的基本架构

本书以长江中上游地区岩溶槽谷、高原以及峡谷的交错地区——赤水河流域上游为研究区，该流域跨云南、贵州和四川 3 个省市，是长江上游最重要的支流之一，拥有多样化的地理景观，丰富的生物多样性和宝贵的水资源，也是唯一一条干流没有修建水坝以及水库的一级完整流域，可以从不同空间尺度上揭示流域水沙变化过程，还原无筑坝状态下的长时间序列水沙变化过程。在生态价值上，该地区既是长江上游和三峡库区的重要生态屏障，也是我国重要的水源涵养区，国家跨区域生态补偿试点流域，对长江流域社会经济发展有着至关重要的作用。在经济层面上，研究区属乌蒙山集中连片特困地区，是我国长江经济带的重要组成部分，也是一带一路生态经济示范区；在历史意义上，是革命老区，生态安全势必影响社会稳定，对保护区域革命历史具有重要意义。但是近年来随着赤水河流域产业和城市化进程的快速发展，植被破坏、水土流失日益严重，土地石漠化面积扩展蔓延，生态服务功能严重退化，流域的生态系统安全和生态系统服务能力受到严重的影响，并且潜藏着巨大的生态危机。同时由于土地利用和土地覆被的破坏所引起的生态水文效应问题，显著地改变了流域的生态环境以及流域生态系统的服务功能和生态系统的稳定性，严重地制约了西南地区社会经济的可持续发展。为从根本上改善流域的生态急剧恶化的状况，国家先后在该地区实施了一批退耕还林、石漠化综合治理等基础设施重大生态工程项目，这些工程的实施使西南喀斯特地区的土地利用发生了显著变化，流域的生态水文过程及其生态环境效应也发生了显著的变化，但是目前关于该地区气候变化和人类活动对流域生态和水文过程的影响机理尚不明晰；另外在生态治理工程项目的实施过程中，国家已经给予该地区相应的生态补偿以保障当地区域社会经济的协调和可持续发展，但是目前流域内的生态系统补偿的标准和补偿的理论实践方面仍然存在着诸多问题，因此如何科学合理地评估流域的生态补偿标准，对于喀斯特地区社会经济的快速和持续发展具有重要的理论和现实意义。

基于以上问题，本书在赤水河流域生态水文过程研究时遵循了以下的研究范式："气候变化和人类活动变化特征—喀斯特地区生态与水文模型修正—关键生态水文要素及其过程评估—气候变化和人类活动生态水文过程的贡献率甄别—情景模拟与生态评估"。本书生态水文研究范式基本构架的主要内容如下：

在喀斯特流域生态过程模型修正方面，针对喀斯特地区生态系统过程多以小尺度、单一时相、单一生态系统服务为主，多采用全国或者南方等的普遍性参数，未考虑喀斯特特殊地质背景以及地流域的典型特征。在水源涵养量的估算中多采用降水贮存法中的产流比参数的经验系数赋值,该方法往往忽略了喀斯特地区的空间异质性问题,在对喀斯特地区土壤侵蚀生态服务估算时,降雨侵蚀力 R 值多采用全国统一公式,未考虑喀斯特地区的侵蚀性降雨(产生径流的降水)及土壤允许流失量,同时也未考虑洼地地区是土壤侵蚀的"汇"。因此,本书在分析生态工程治理对喀斯特流域生态过程的影响时,采用 InVEST 模型模拟流域的水源涵养量,基于 DEM 数据提取流域的洼地数据,同时改进降雨侵蚀力、引入石漠化因子以及允许流失量等参数修正 RUSLE 模型来改进喀斯特地区生态过程模型。

在流域生态系统生态效应评估方面,本书首先利用研究区不同尺度 NDVI 数据以及气象数据,采用 CASA(Carnegie-ames-stanford approach)模型定量评估研究区的植被净初级生产力,在此基础上采用植物光合作用方程式计算植被生态系统固碳释氧物质量;其次,利用改进的 RULSE(revised universal soil loss equation)模型计算流域的生态系统土壤保持物质量;再次,采用 InVEST 模型的水源涵养模块计算流域的水源涵养物质量;最后,运用市场代替法、防护费用法、恢复费用法、影子工程法等确定生态效应评价模型,评估和测算生态系统服务功能的经济价值并使生态效益货币化,以此来计算流域生态系统的生态服务价值量,构建流域生态补偿标准与补偿额度。

在流域水文过程方面,为了定量评估赤水河流域气候变化和人类活动对径流量变化的影响,本书对研究区气象、水文以及径流长时间序列数据进行了收集,从流域尺度以及典型区尺度上对数据进行了分析与处理,在此基础上利用累积距平法、连续小波分析法、Mann-kendall 秩相关法上、交叉小波分析和 Hurst 指数等方法,定量分析了研究区长时间序列数据(径流量与气候演变)的历史数据变化趋势、多时间尺度特征及未来可能的变化趋势。

在流域生态水文过程的响应和贡献率方面,本书采用残差分析方法定量甄别了气候因素和人类活动因素对赤水河流域植被生长的相对贡献率。其基本原理是利用研究区不同尺度 NDVI 数据以及气象数据,采用改进的时滞偏相关分析方法对赤水河流域多年旬 NDVI 与降水和气温数据进行分析,揭示气候变化对赤水河流域植被变化的响应机理及其响应阈值,在此基础上运用残差分析定量分离气候变化和人类活动对流域土地退化的贡献率。对于水文过程的贡献率,本书则采用累积量斜率变化率比较法定量评估了研究区气候变化和人类活动对水文过程变化的贡献率,该方法的基本原理是以水文时间序列数据如径流量和降水量的年份数据为自变量,各因子如降水量和蒸散发量的累积量为因变量进行斜率变化率分析。

在流域情景预测和生态评估方面,众多学者在分析典型区生态水文过程对土地利用变化的响应时,只是分析历史时期土地利用变化对生态水文过程的响应,而忽略了未来土地利用政策以及土地规划因素对水文过程的影响。同时,很少有学者对典型区未来土地利用变化情景下的生态水文过程进行预测和模拟。本书以典型小流域为研究对象,耦合 SWAT 模型和 CLUE-S 模型,对流域过去和未来不同情景的 LUCC 及其气候变化对流域水文过程进行模拟分析,揭示气候变化和人类活动对生态过程的影响。在生态补偿和生态安全评估方面,根据赤水河流域当前的发展水平、生态环境质量以及生态区位的重要性,综合考虑自然和人为因素,从生态环境发展的机会成本角度出发建立了流域的生态补偿标准,同时将社会经济发展对生态系统产生的负面影响这种外力作用与生态系统本身所具有的功能性内力作用结合起来，建立内外力相结合的指标体系，利用 SOFM 神经网络建立评价模型，在此基础上划分生态安全阈值，可为长江中上游地区生态安全屏障分区及其建设提供科技支撑。

综上所述，本书以划定的典型喀斯特流域为研究区，在土地资源学、景观生态学、生态经济学、气象学与气候学以及生态水文学等学科理论的指导下，以研究区植被、气象、水文以及土壤类型等多源数据为支撑，采用遥感与地理信息系统集成方法、空间统计分析方法揭示陆表植被以及水文的时空演变特征，修正喀斯特地区生态过程模型(固碳释氧、水土保持以及水源涵养)，采用市场代替法、防护费用法、恢复费用法、影子工程法等方法将这些服务进行了货币化。甄别气候变化和人类活动对流域的生态水文过程的贡献率，通过改进 SWAT 模型的地表植被模块和增加岩性模块，建立喀斯特流域的生态水文过程模型，通过设置不同情境预估气候变化和人类活动对生态水文过程的影响。最后，该研究拟以修正的生态系统过程模型估算结果和社会经济数据为基础，采用生态补偿核算方法及 SOFM 自组织神经网络算法建立流域的生态安全分区模型并提出调控方案和对策。

第2章 赤水河流域基本情况

2.1 地 理 位 置

　　赤水河秦汉时称"鳛水"，由于流域为南夷君长之一的鳛部治邑，故名。后汉迄至两晋，称"大涉水""安乐水"，因水赤红故名赤水河。赤水河流域发源于云南省的镇雄县，流经云南省的镇雄、威信，贵州省的毕节市七星关、大方、金沙、遵义、仁怀、赤水、习水、桐梓及四川省的叙永、古蔺、合江等地。其中二郎镇以上为上游，复兴场为中、下游分界。赤水河水系发育，呈树枝状展布。有一级支流 83 条，其中流域面积大于 300 km^2 的有 14 条，主要支流有左支流古蔺河、大同河，右支流二道河、桐梓河、习水河。河流中段茅台镇有世界著名酒业茅台的生产基地、红军长征四渡赤水纪念塔，下段有国家级风景名胜区十丈洞瀑布、桫椤国家级自然保护区、国家森林公园等。支流上有东门河盐津桥、下漓河东风、风溪河香溪口中型水库 3 座。赤水河流域面积 100 km^2 以上的一级支流有 16 条，分别为：沔鱼河、堡合河、二道河、长堎河、五马河、盐津河、五岔河、桐梓河、下漓河、同民河、长坝河、雍溪河、桐梓林河、风溪河、天星桥河、习水河；二级支流有 12 条。研究区内共有水文站 4 个，其中赤水河、茅台、赤水水文站位于赤水河干流上，二郎坝水文站位于赤水河最大支流桐梓河上；而流域内的气象站点共有 5 个，分别为习水、叙永、桐梓、遵义以及毕节站(图 2.1)。

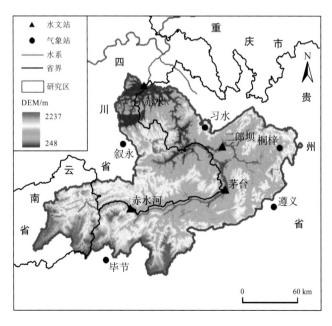

图 2.1　研究区范围及位置

赤水河流域东南与乌江的分水岭为娄山山脉，东北与茶江为邻，南部与南广河、横江为邻，西北部与永宁河为邻。水流急湍多滩，中游流经四川盆地边缘，下游流经四川盆地红色丘陵区，河面开阔。赤水河中、上游水能资源丰富，干流水能蕴藏量 127 万 kW，可进行 6 个梯级开发。赤水河是我国最著名的"美酒河"，两岸民间自古酿酒。据汉文献载，公元前 135 年西汉年间赤水河就酿造出令汉武帝"甘美之"的赤水枸酱酒。赤水河因为其独特的地理环境和水文气候特性，酝酿了茅台、习酒、郎酒、望驿台、潭酒、怀酒等数十种蜚声中外的美酒。但是近年来随着赤水河流域产业和城市化进程的快速发展，区域植被破坏、水土流失日益严重，土地石漠化面积扩展蔓延，生态服务功能严重退化，流域的生态系统安全和生态系统服务能力受到了严重影响，并且潜存着巨大的生态危机。

2.2　地　质　地　貌

赤水河流域处于云贵高原向四川盆地倾斜过渡的斜坡面上，属于高原、山地，地势西南高东北低，流域内高程为 248～2237 m，河谷狭窄，部分地区岩溶发育程度较高。西南端与金沙江的横江水系分水，上游段南侧与乌江六冲河水系分界；下游段和流域中部属于四川盆地边缘山区，河谷较宽，两岸间有台地(图 2.2)。

赤水河流域出露地层有震旦系、寒武系、奥陶系、志留系、二叠系、三叠系、侏罗系、白垩系、第四系等。太平渡、沙滩以上河段以二叠系、三叠系地层为主，石灰岩分布面宽广，夹有页岩和煤系。沙滩以下河段以侏罗系、白垩系地层为主，岩性为砂岩、泥岩、砾石和煤系，其余地层零星分布。流域在区域构造上东南古蔺地区有"山"字形构造，太平渡以下河段有跨越"山"字形构造的地盾部分和不明显的脊柱部分，主要由一系列宽阔平缓的东西向梳状褶曲所组成，断裂较少，地质构造单一而稳定。据中国地震等级划分，赤水、桐梓、古蔺、叙永等地的地震等级小于 6 级，淋滩附近河谷在 7 级以下。流域水文地质特征主要受岩性与地质构造的影响，太平渡、沙滩以上石灰岩出露广泛，岩溶发育，河谷两岸溶隙、溶孔及孔隙水分布面广泛；马岩滩、长弯滩、沟滩、龙洞等处，二叠系、三叠系灰岩中均有泉水流出，出水点高于河水面 40～50 m，流量大者达 37 m³/s；太平渡、沙滩以下河段主要分布侏罗系、白垩系砂岩、泥岩，以裂隙水为主，泉水类型多为下降接触泉，流量小于 0.5 m³/s。赤水河流域内喀斯特地区的面积为 9702.83 km²，占研究区总面积的 58.85%(图 2.3)。研究区内的碳酸盐岩主要分为以下几类：连续性石灰岩、连续性白云岩、石灰岩夹碎屑岩、石灰岩与碎屑岩互层、石灰岩与白云岩互层、白云岩夹碎屑岩以及白云岩与碎屑岩互层。从各类碳酸盐岩占碳酸盐岩总面积的比例来看，石灰岩夹碎屑岩占碳酸盐岩总面积的比例最大，为 14.75%；连续性石灰岩占碳酸盐岩总面积的比例次之，为 13.17%；石灰岩与碎屑岩互层占碳酸盐岩总面积的 11.60%；连续性白云岩占碳酸盐岩总面积的 9.11%；而石灰岩与白云岩互层占碳酸盐岩总面积的比重最小，仅为 1.34%(图 2.4)。

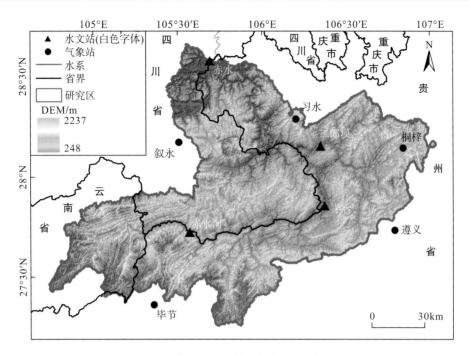

图 2.2 研究区地形空间分布

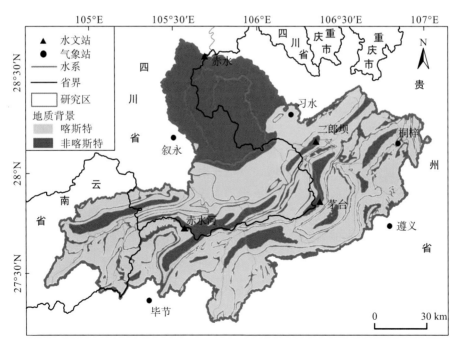

图 2.3 研究区喀斯特与非喀斯特地貌空间分布

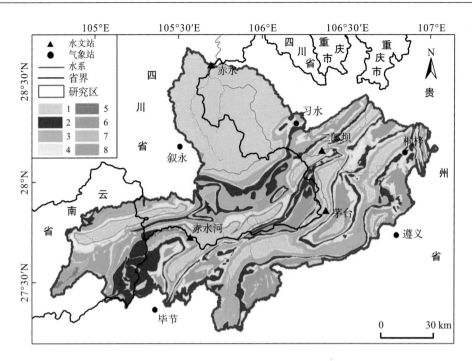

1—碎屑岩；2—连续性石灰岩；3—石灰岩夹碎屑岩；4—石灰岩与碎屑岩互层；

5—石灰岩与白云岩互层；6—连续性白云岩；7—白云岩夹碎屑岩；8—白云岩与碎屑岩互层

图 2.4　研究区不同岩性空间分布

2.3　水　文　条　件

赤水河属长江流域河网水系，有大小河流共计 352 条，总长度 1255 km，其中流域面积大于 20 km² 的河流有 26 条，总长度 335 km。赤水市河网密度达到 0.7 km/km²，赤水河为区域内最大的河流，是长江一级支流(图 2.5)。赤水河汛期与雨季保持同步，5～10 月径流量占全年的 66%～71%，最大流量可达 5212 m³/s，通常出现在 6 月和 7 月，11 月到次年 4 月径流量仅占全年的 29%～34%，洪枯变幅大。近年来，随着人类活动的加剧，流域水环境质量下降，区域水土流失严重。据赤水水文站多年平均径流量可知，2011～2015 年径流量较 20 世纪 50 年代减少了 6.99%。流域降雨和径流的年际和年内变化较大，加上流域的水利工程少，供水能力较弱，导致流域内的人畜饮水和灌溉用水时常得不到保证。

2.4　气　候　条　件

赤水河流域处于高原与盆地接壤地带，属于亚热带季风气候，冬干寒、夏热湿，最高气温 39℃，最低-5℃，年平均气温 12.18～18.12℃(图 2.6)。赤水河流域气候地域差异较大，中、下游夏季炎热、冬季温和。上游三岔以上地区为暖温带高原气候，此区域气温稍低；中下游是四川盆地丘陵地带，该地带具有盆地亚热带湿润气候的特点，流域河谷内气温较高。流域内多年年均降水量为 839.73～1019.58 mm，主要集中在每年的 6～9 月，约占全年降水量的 70%（图 2.7）。1965 年赤水市宝源站的年降水量为 1643.6 mm，是流域内年降水量的最大记录；而干流 1960 年赤水河站的年降水量仅为 534.8 mm，是流域内年降水量的最小记录。2015 年，赤水平均气温 18.9℃，同比偏高 0.9℃；年降水量 1455.1 mm。

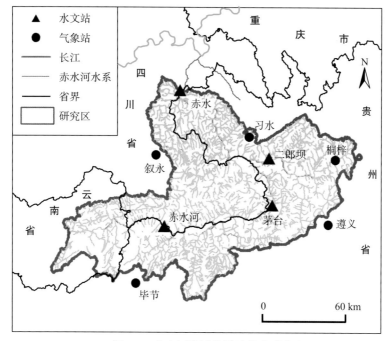

图 2.5　赤水河流域位置及其水系分布

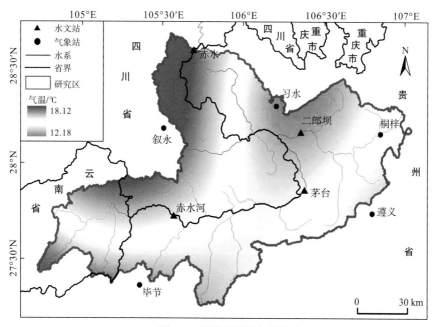

图 2.6　研究区平均气温分布

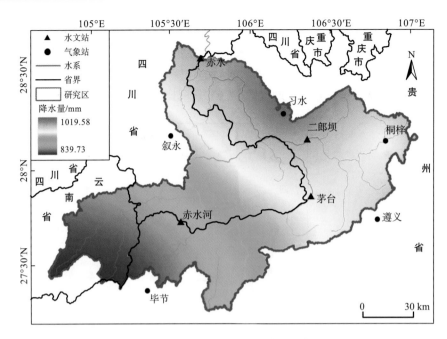

图 2.7   研究区平均降水分布

赤水常年主导风向为偏北风，夏季为东南风，冬季为北风。极端风速可达 27 m/s，风力 10 级，年平均风速 1.6 m/s。8 级以上的大风多发生在 3～9 月，7、8 月最多。年均相对湿度 82%，无霜期 340～350 d，并随海拔的上升而递减，海拔 800 m 以下地区全年无霜期。

2.5   土 壤 类 型

赤水河流域的土壤类型主要包括：中性紫色土、石灰(岩)土、暗黄棕壤、黄棕壤性土、棕壤、棕色石灰土、水稻土、漂洗黄壤、石灰性紫色土、酸性粗骨土、酸性紫色土、黄壤、黄壤性土、黄棕壤、黄色石灰土以及黑色石灰土(图 2.8)。其中，黄壤和石灰(岩)土是研究区的主要土壤类型，分布面积分别为 6116.44 km^2 和 3882.84 km^2，棕壤分布的面积最小，仅为 0.08 km^2。另外，流域内有大量的矿产资源，主要以煤矿、硫铁矿居多，其次为磷矿、铁矿等。

2.6   植 被 类 型

赤水河流域的植被类型数据是基于 MICLCover(the Multi-source Integrated Chinese Land Cover) 数据集进行提取和构建的。该数据集融合了 2000 年中国的 1∶10 万土地覆被数据、中国 1∶100 万的植被类型数据，同时结合 MODIS 2000 的 13Q1 数据产品，选用 IGBP 的分类指标体系，经过验证最终生成了中国的植被类型分布图。原始的植被类型图共分为 17 类，分别为常绿针叶林、落叶针叶林、常绿阔叶林、混交林、落叶阔叶林、郁闭灌木林、稀疏灌木林、有林草地、稀疏林地、草地、农田、永久湿地、城市与建筑用地、农业与自然植被镶嵌体、冰川、裸地以及水体。本书根据研究区的实际情况对原始的植被类型数据进行了合并处理，最终确定出研究区的植被类型为常绿针叶林、常绿阔叶林、落叶阔叶林、混交林、郁闭灌木林、草地、农田、城市与建筑用地以及裸地(图2.9)。通过统计发现，赤水河流域农业植被类型所占的面积比重最大，为32.13%，常绿阔叶林次之。

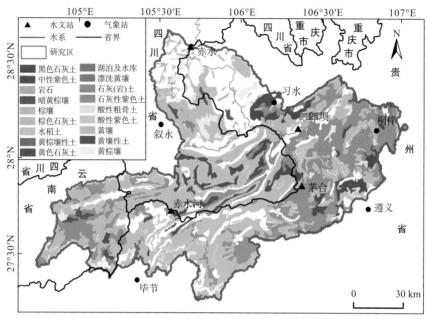

图 2.8　研究区不同土壤类型空间分布

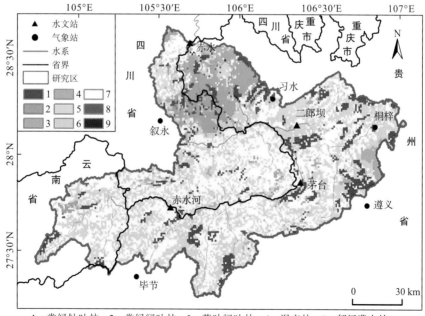

1—常绿针叶林；2—常绿阔叶林；3—落叶阔叶林；4—混交林；5—郁闭灌木林；
6—草地；7—农田；8—城市与建筑用地；9—裸地

图 2.9　研究区不同植被类型空间分布

2.7 社会经济条件

赤水河流域主要以原始的农业生产为主，流域内酿酒行业极为发达，其中仁怀市的茅台镇特产素有"国酒"美誉的茅台酒，遵义市的董公寺镇是中国名酒董酒的生产基地。赤水河由于其独特的地理环境以及水文气候特性，酝酿了茅台、习酒、郎酒、望驿台、潭酒、怀酒等数十种美酒。流域的东部地区桐梓县一带有含量较丰富的煤炭和硫以及制造水泥所需的灰岩等矿产资源。赤水河流域是中国南方远古民族的主要发源地之一。其中少数民族约 250 万左右，约占 25%。赤水河流域上游以资源开发为主，人均 GDP 较低；中游地区主要以生产白酒为主，酒业生产是该区域的支柱产业，人均 GDP 通常较高；而下游地区以传统的制造业为主，人均 GDP 普遍偏低。2015 年流域经济发展水平最高的是中游地区的仁怀市，人均 GDP 为 91 483 元，远远超过全国平均水平，约为全国人均 GDP 的 1.83 倍；最低的是桐梓县，2015 年其人均 GDP 仅为 23 859 元，流域内其他市/县（区）的经济发展水平都低于全国平均水平。

本书在对仁怀以及桐梓河流域土地利用驱动力因子与社会经济数据进行分析时，需要用到研究区的社会经济数据，由于每个县域只有一个统计数据，难以在空间单元上量化驱动力因子，因此，本书使用了全国 GDP 和人口的公里网格空间分布数据。这套数据来源于中国科学院资源环境科学数据中心（http://www.resdc.cn）。该数据是在全国分县 GDP 统计数据的基础上，考虑区域 GDP、人口与自然要素的地理分异规律，通过空间插值生成的 1 km×1 km 栅格数据，每个栅格的值为该范围的 GDP 和人口数值，这是目前国内唯一一套全国尺度、多期的社会经济栅格数据。下载该数据之后通过 GIS 的栅格数据裁剪数据可以得到赤水河流域的人口与 GDP 空间分布图（图 2.10、图 2.11）。

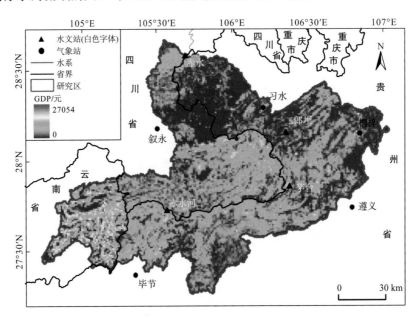

图 2.10   赤水河流域 GDP 空间分布图

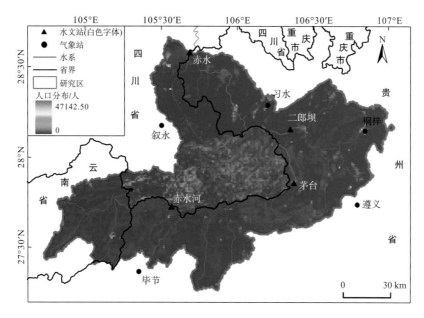

图 2.11　赤水河流域人口空间分布

第 3 章 赤水河流域气候变化过程及其特征

在分析气候变化和人类活动对赤水河流域生态水文过程的响应机理前，需要对影响流域生态以及水文过程的气候因子进行分析，本书主要选择了降水、气温、蒸发量对流域的气候变化过程及其阶段性特征进行了定量分析。在分析植被生态过程与气候因子之间的关系时，需要分析气候因子中旬降水与旬气温之间的关系。而在分析水文过程与气候因子之间的关系时，重点分析了赤水河流域上游、中游、下游以及最大支流桐梓河流域降水的趋势、突变以及持续性特征。

3.1 降水变化特征

3.1.1 总体变化特征

本书定义的降水总体变化特征是指赤水河流域及其周边 5 个气象站多年降水量平均值的变化特征。这 5 个气象站分别为叙永、习水、桐梓、遵义以及毕节。从图 3.1 中可以看出，研究区多年平均降水量呈现出下降趋势，下降的速率为 1.5215 mm/a，Z 值为 1.93，达到了显著性为 0.1 的水平(Z=1.65)，但是没有通过显著性水平为 0.05 的检验(Z=1.96)；通过累积距平和滑动 T 检验的结果可知，多年降水量的突变年份为 1985 年，且突变前后降水量的变化都没有达到显著性水平，其中 1985 年以前降水量呈现出增加趋势，增加的速率为 2.77 mm/a，1985 年之后降水量呈现出减少趋势，减少的速率为 0.22 mm/a。

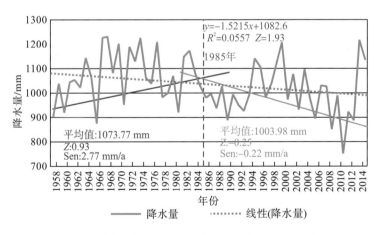

图 3.1 赤水河流域历史时期降水量变化趋势

从图 3.2 中可知，研究区年内降水的旬值波动程度较大。降水量从整体上看经历了四个阶段，两个上升阶段(1～18 旬、26～30 旬)以及两个下降阶段(18～26 旬、30～36 旬)。具体来说，多年旬降水量的最小值出现在 2 月份上旬，其值为 5.29 mm，而最大值出现在 6 月下旬，其值为 83.25 mm。

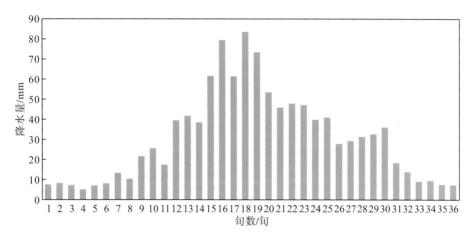

图 3.2 流域多年旬降水量年内变化特征

3.1.2 干流上游赤水河站变化特征

1. 年际变化

1)年际变化及其阶段特征

上游赤水河站 1960～2015 年的降水量统计特征值见表 3.1。由表 3.1 可知，赤水河站多年平均降水量为 711.52 mm，显著小于下游赤水站的多年平均降水量，年际变差系数为 0.18，大于下游赤水站的变差系数，但是总体来说降水量年际变化较小。降水量极大值为 1042.40 mm，出现在 1983 年，极小值为 500.80 mm，出现在 2011 年。各年代际降水量变化整体上呈现出"M"形，大体分为两个上升和两个下降四个阶段，其中 1960～1979 年降水量呈现出上升趋势，由 20 世纪 60 年代的 685.45 mm 上升到 20 世纪 70 年代的 753.89 mm，自 20 世纪 70 年代后期呈现出减少趋势，但是减少的幅度不大，由 70 年代的 753.89 mm 减少到 80 年代的 718.46 mm；之后到 90 年代出现反弹，上升到 761.66 mm；自 90 年代之后降水量又出现大的回落，到 2011～2015 年降低到历史时期的最低值。流域降水量变差系数的变动范围为 0.16～0.19，波动幅度较小，1980～1999 年以及 2011～2015 年降水量的变差系数变化最大，其值均为 0.19，说明这两个时期降水量年代变化剧烈。极值比反映了降水量极大值与极小值的比值大小，其值越大，代表降水量的年际变化越大。从表 3.1 中可知，1980～1989 年以及 2000～2010 年的极值比较大，分别为 1.95 和 1.71，说明这两个时期降水量的年际变化较大。

表 3.1　干流上游赤水河站不同年份降水量变化特征

年份	平均值/mm	极大值(年份)/mm	极小值(年份)/mm	极值比	年际变差系数
1960~1969	685.45	891.70(1967)	574.00(1966)	1.55	0.18
1970~1979	753.89	936.60(1979)	553.30(1978)	1.69	0.17
1980~1989	718.46	1042.40(1983)	534.80(1988)	1.95	0.19
1990~1999	761.66	1015.70(1998)	605.50(1993)	1.68	0.19
2000~2010	691.15	949.10(2000)	555.90(2002)	1.71	0.16
2011~2015	658.52	812.00(2014)	500.80(2011)	1.62	0.19
平均	711.52	1042.40(1983)	500.80(2011)	2.08	0.18

2)降水量年际变化趋势及其阶段特征

由图 3.3 可以看出,赤水河站自 20 世纪 60 年代以来多年平均降水量呈现出减少趋势,但是降幅较小,减少的速率为 0.0051 mm /a,20 世纪 90 年代的多年平均降水量多高于平均值,90 年代后降水量变幅较小,1990 年以前多年平均降水量增加的波动幅度较大,1998 年之后多年平均降水量减少的波动幅度较大。1983 年的降水量达到了多年降水量的最大值,而 2011 年的降水量为多年最小值。P 值较小,没有达到显著性为 0.05 的水平,说明赤水河站降水量变化呈现出不显著减少的趋势。

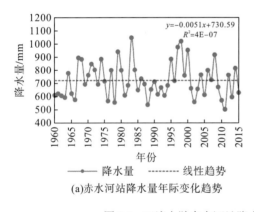
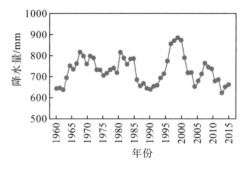

(a)赤水河站降水量年际变化趋势　　　　　　(b)赤水河站降水量年际变化阶段性特征

图 3.3　干流上游赤水河站降水量年际变化趋势及其阶段性特征

由表 3.2 和图 3.4(a)可以看出,Kendall 秩相关系数检验的 M 值为 0.011,说明赤水河站 1960~2015 年的降水量呈不显著减少趋势。用 R/S 分析法中的 Hurst 指数预测赤水河站降水量变化后的未来趋势,通过计算可以得出 Hurst 指数值为 0.5864,与下游赤水站的 Hurst 指数值(0.5862)大体相当,但是小于赤水站输沙量(0.7908)的持续性特征,说明赤水河站降水量的持续性小于赤水站输沙量的持续性,同时也表明未来降水量变化与历史时期和现在保持相同的趋势,即赤水河站未来年份的降水量呈持续性递减的特征。结合 M 值与 Hurst 指数分析,若赤水河站的气候变化和人类活动保持现在的变化趋势或者降水量变化更为剧烈时,流域的降水量仍然继续保持不显著递减状态。从图 3.4(b)中可以看出,降水量时间序列在 n=18 a 时(曲线出现明显转折点)出现了明显的拐点,说明降水量时间序

列的平均循环周期 T 值为 18 a。T 值表征了流域降水量时间序列系统对初始条件的平均记忆长度，即赤水河站降水量时间序列在 18 a 后将完全失去对初始条件降水量的依赖。

表 3.2 干流上游赤水河站年平均降水量变化趋势及其检验

水文站	Kendall 秩相关系数				累积滤波器法	Hurst 指数	未来趋势	持续时间/a
	M 值	趋势	Ma	显著性				
赤水河站	0.011	下降	1.96	不显著	减少	0.5864	持续减少	18

（a）赤水河站年均降水量变化Hurst指数图　　（b）赤水河站年均降水量变化持续性周期图

图 3.4 干流上游赤水河站年平均降水量变化 Hurst 指数及其持续性周期图

3）降水量突变年份

由图 3.5（a）可以看出，赤水河站多年平均降水量变化具有明显的阶段性特征。多年降水量累积距平值在 2000 年达到最大值，说明降水量累积距平值在 2000 年发生突变，由此可知流域的降水量年份序列关系可能在此年份发生了改变，因此本书将流域的降水量分为两个大的阶段，分别为 1960～2000 年的丰水阶段（多年平均降水量 729.87 mm）和 2000～2015 年的枯水阶段（多年平均降水量为 697.08 mm），突变年份后的降水量较突变年份前的降水量减少了 4.49%。以突变年 2000 年为基础，本书使用 Sen 趋势以及 M-K 检验方法分别对突变点前后赤水河站的降水量进行趋势分析，从图 3.5（b）中可知，2000 年以前赤水河站降水量的上升速率为 1.98 mm/a，2000 年以后下降速率为 4.95 mm/a，其中突变年份前后赤水河站的降水量变化都没有达到 Z 值为 1.96（$P=0.05$）的显著性水平，说明赤水河站降水量自 2000 年以后呈不显著减少趋势。为了更好地验证流域降水量的突变年份，本书采用滑动 T 检验方法对赤水河站的降水量进行检验。从滑动 T 检验所识别出的突变点可知，突变年份也为 2000 年［图 3.5（c）］。

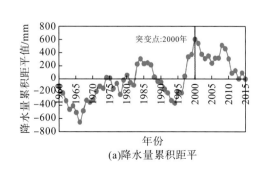

（a）降水量累积距平

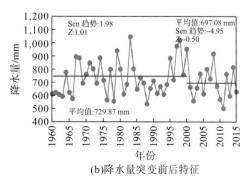

（b）降水量突变前后特征

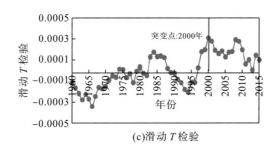

(c)滑动 T 检验

图 3.5 干流上游赤水河站降水量累积距平、突变前后特征及其滑动 T 检验

2. 季节变化

由图 3.6 和表 3.3 可知,赤水河站多年季节降水量除秋季之外都呈减少趋势,递减趋势的大小顺序为冬季(0.2011 mm/a)＞夏季(0.1759 mm/a)＞春季(0.0060 mm/a)。通过 Kendall 秩相关系数检验可以看出,春季、夏季、秋季和冬季多年平均降水量的 M 值分别为 0.229、0.250、0.522 和 0.740,都没有达到 Z 值为 1.96($P=0.05$)的显著性水平,说明赤水河流域的降水量自 1960 年以来,秋季的降水量呈不显著上升的趋势,而春季、夏季和冬季的降水量呈下降但不显著的趋势。本书使用 Hurst 指数方法对赤水河站春季、夏季、秋季以及冬季降水量的未来趋势进行预测,预测值分别为 0.5508、0.5911、0.5523 和 0.4368,Hurst 指数值除冬季小于 0.5 外,其他都大于 0.5,表明流域冬季降水量的变化趋势与历史时期和现在相反,即冬季的降水量在未来时期会出现反持续下降趋势(持续增加趋势),其他三个季节降水量的变化趋势与历史时期和现在保持一致,其中夏季的 Hurst 指数值最大,代表未来时期夏季降水量的持续性降低最为显著。结合 M 值与 Hurst 指数值的分析结果可知,未来时期,赤水河站秋季和冬季的降水量将会呈现出持续但不显著增加的趋势,而春季和夏季的降水量将会呈现出持续但不显著减少的趋势。从图 3.7 可以看出,冬季降水量时间序列对初始条件不存在依赖性。秋季降水量时间序列的持续性时间在 29 a 尺度上出现最大的循环周期,说明秋季降水量时间序列系统对初始条件平均记忆长度的时间最长,即秋季降水量时间序列在 29 a 后将完全失去对初始条件的依赖;而春季和夏季赤水河流域赤水河水文站降水量时间序列对初始条件平均记忆长度的时间较短,均为 14 a,说明春季和夏季降水量时间序列对初始条件依赖的循环周期和记忆时间较弱。

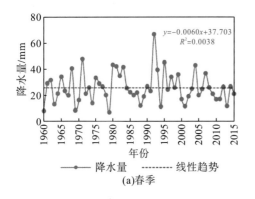

(a)春季

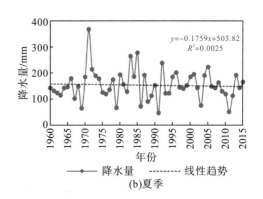

(b)夏季

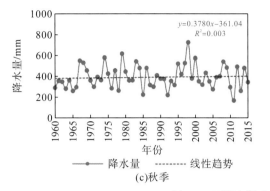
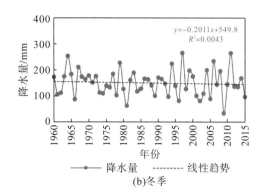

图 3.6　干流上游赤水河站降水量季节变化

表 3.3　干流上游赤水河站年平均降水量变化趋势及其检验

季节	Kendall 秩相关系数				累积滤波器法	Hurst 指数	未来趋势	持续时间/a
	M 值	趋势	Ma	显著性				
春季	0.229	下降	1.96	不显著	减少	0.5508	持续减少	14
夏季	0.250	下降	1.96	不显著	减少	0.5911	持续减少	14
秋季	0.522	上升	1.96	不显著	增加	0.5523	持续增加	29
冬季	0.740	下降	1.96	不显著	减少	0.4368	持续增加	——

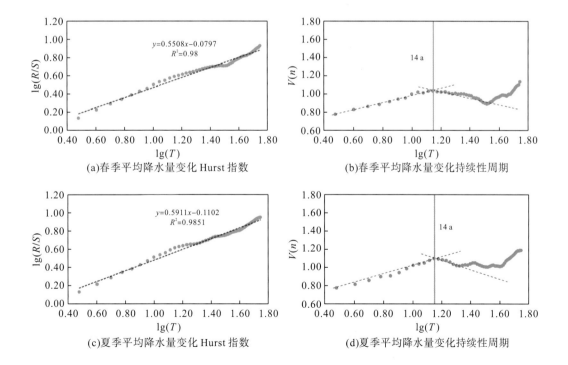

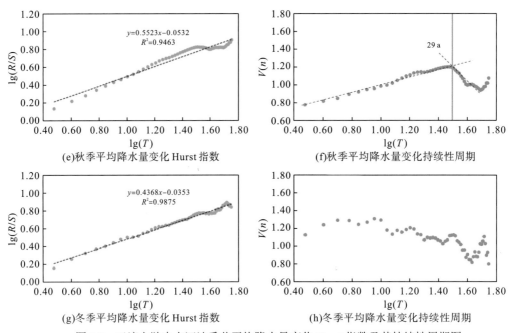

(e)秋季平均降水量变化 Hurst 指数   (f)秋季平均降水量变化持续性周期

(g)冬季平均降水量变化 Hurst 指数   (h)冬季平均降水量变化持续性周期

图 3.7　干流上游赤水河站季节平均降水量变化 Hurst 指数及其持续性周期图

3. 降水量不同时间尺度小波分析

从图 3.8(a)中可以看出，赤水河站降水量在不同时间尺度上呈现出丰枯交替变化的特征，且年降水量时间序列具有较强的多时间尺度特征，主要表现为 5～10 a 和 23～40 a 的震荡周期，其中 23～40 a 震荡周期的信号能量相对较强，周期性最为明显，而 5～10 a 时间尺度的信号能量相对偏弱，周期性变化特征不是很明显。具体来说，降水量在 30 a 左右年代际变化的震荡周期最为显著，形成了两个高震荡周期和一个低震荡中心，高震荡周期位于 1962～1976 年以及 2002～2013 年，降水量在这两个时期内呈现出正相位，表明降水量增多；而 1982～1996 年降水量呈现出负相位，表明年降水量减少。5～10 a 时间尺度信号能量较弱，年正负相位转换周期较短且周期性更替变化不太显著。图 3.8(b)显示赤水河水文站降水量分别对应着 30 a、10 a 以及 48 a 的峰值，其中 30 a 赤水河水文站降水量的方差值最大，说明 30 a 是赤水河水文站降水量变化的第一主周期，而 10 a 是第二主周期，48 a 是第三主周期，其中第一主周期在小波周期图中的变化最为显著。

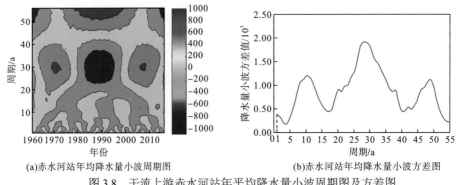

(a)赤水河站年均降水量小波周期图   (b)赤水河站年均降水量小波方差图

图 3.8　干流上游赤水河站年平均降水量小波周期图及方差图

3.1.3　干流中游茅台站变化特征

1. 年际变化

1) 年际变化及其阶段特征

赤水河流域茅台站 1960~2015 年的降水量统计特征值见表 3.4。由表 3.4 可知，茅台站多年平均降水量为 847.82 mm，年际变差系数为 0.14，年际变化波动较小。降水量极大值为 1150.70 mm，出现在 1977 年，极小值为 615.70 mm，出现在 1981 年。各年代际降水量变化整体上呈"W"形，共四个阶段，其中 1960~1989 年降水量呈下降趋势，由 20 世纪 60 年代的 905.97 mm 下降到 80 年代的 842.13 mm；之后出现小幅反弹，增加到 90 年代的 846.45 mm；90 年代后降水量呈现减少趋势；2011~2015 年后降水量又出现小幅回升。流域降水量变差系数的范围为 0.08~0.24，变幅较大，其中 2011~2015 年降水量的变差系数最大，其值为 0.24，说明此时期降水量变化剧烈。从表 3.4 中可知，1980~1989 年以及 2011~2015 年的极值比较大，分别为 1.73 和 1.82，说明这两个时期降水量的年际变化较大。

表 3.4　干流中游茅台站不同年份降水量变化特征

年份	年均流量/mm	极大值(年份)/mm	极小值(年份)/mm	极值比	年际变差系数
1960~1969	905.97	1081.80(1967)	781.40(1963)	1.38	0.11
1970~1979	903.96	1150.70(1977)	720.70(1976)	1.60	0.15
1980~1989	842.13	1065.90(1987)	615.70(1981)	1.73	0.17
1990~1999	846.45	974.00(1995)	753.40(1991)	1.29	0.10
2000~2010	785.57	917.00(2008)	747.50(2009)	1.23	0.08
2011~2015	802.84	1131.20(2014)	623.20(2013)	1.82	0.24
平均	847.82	1150.70(1977)	615.70(1981)	1.87	0.14

2) 降水量年际变化趋势及其阶段特征

由图 3.9 可以看出，茅台站自 20 世纪 60 年代以来多年平均降水量呈大幅减少趋势，减少的速率为 2.3418 mm/a，显著大于流域上游和流域下游降水量的减少趋势，20 世纪 90 年代茅台站的多年平均降水量多高于平均值，90 年代之后降水量急剧减少。1977 年流域降水量达到了多年降水量的最大值，而 1982 年降水量为多年的最小值。P 值为 0.18，没有达到显著性为 0.05 的水平，说明茅台站降水量变化呈现出不显著减少的趋势。

由图 3.10(a)和表 3.5 可以看出，Kendall 秩相关系数检验的 M 值为 2.776，说明茅台站 1960~2015 年降水量呈现出显著减少趋势(M 值大于 1.96)。用 R/S 分析法中的 Hurst 指数预测茅台站降水量变化后的未来趋势，通过计算可以得出 Hurst 指数值为 0.5864，小于茅台站径流量的 Hurst 指数值(0.6402)，说明茅台站降水量的持续性小于其径流量，同时也表明未来降水量变化与历史时期和现在保持相同的趋势，即茅台站未来年份的降水量呈现出持续性递减的特征。结合 M 值与 Hurst 指数分析，若赤水河流域茅台站的气候变化和人类活动保持现在的变化趋势或者降水量变化更为剧烈时,流域的降水量仍然继续保持显著递减状态。从图 3.10(b)中可以看出,茅台站降水量时间序列在 n=18 a 时(曲线出现明显转折点)出现了明显的拐点(降水量出现拐点的时间与径流量出现拐点的时间相同),说明降水量时间序列的平均循环周期 T 值为 18 a。T 值表征了流域降水量时间序列系统对初始条件的平均记忆长度,即赤水河流域茅台水文站降水量时间序列与径流量时间序列都将在 18 a 后完全失去对初始条件降水量或者径流量的依赖。

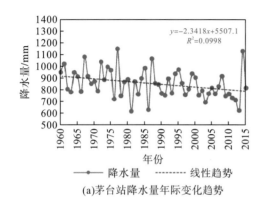

(a)茅台站降水量年际变化趋势

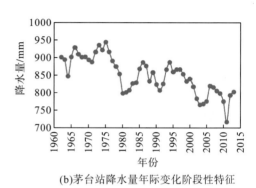

(b)茅台站降水量年际变化阶段性特征

图 3.9 干流中游茅台站降水量年际变化趋势及其阶段性特征

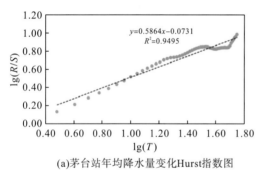

(a)茅台站年均降水量变化Hurst指数图

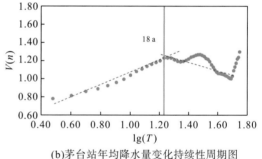

(b)茅台站年均降水量变化持续性周期图

图 3.10 干流中游茅台站年平均降水量变化 Hurst 指数及其持续性周期图

表 3.5 干流中游茅台站年平均降水量变化趋势及其检验

水文站	Kendall 秩相关系数				累积滤波器法	Hurst 指数	未来趋势	持续时间/a
	M 值	趋势	Ma	显著性				
茅台站	2.776	下降	1.96	显著	减少	0.5864	持续减少	18

3)降水量突变年份

由图 3.11(a)可以看出,茅台站多年平均降水量变化具有明显的阶段性特征。多年降水量累积距平值在 1977 年达到最大值,与赤水站降水量最大值出现的时间(1997 年)相吻合,说明茅台站降水量发生突变的时间与赤水站发生突变的时间具有一定的联系。由茅台站的降水量累积距平值在 1977 年发生突变可知,茅台站的降水量时间序列关系可能在此年份发生了改变,因此本书将流域的降水量分为两个大的阶段,分别为 1960~1977

年的丰水阶段(多年平均降水量 915.76 mm)和 1997~2015 年的枯水阶段(多年平均降水量为 823.07 mm),突变年份后的降水量较突变年份前的降水量减少了 10.12%。以突变年 1977 年为基础,本书使用 Sen 趋势以及 M-K 检验方法分别对突变点前后茅台站的降水量进行趋势分析,从图 3.11(b)中可知,1977 年以前茅台站的上升速率为 1.51 mm/a,1997 年以后下降速率为 1.87 mm/a,其中突变年份前后茅台站的降水量都没有达到 Z 值为 1.96(P=0.05)的显著性水平,说明茅台站降水量自 1977 年以后呈现出不显著减少的趋势。为了更好地验证流域降水量的突变年份,本书采用滑动 T 检验法对茅台站的降水量进行检验。从滑动 T 检验所识别出的突变点可知,突变年份也为 1977 年［图 3.11(c)］。

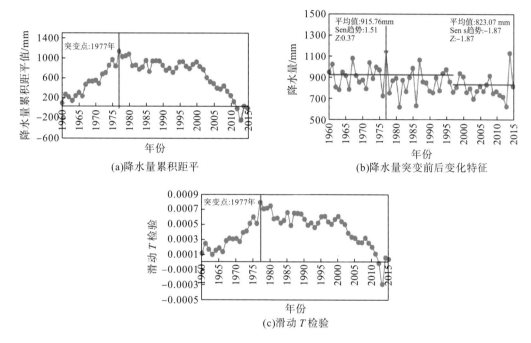

(a)降水量累积距平　　(b)降水量突变前后变化特征

(c)滑动 T 检验

图 3.11　干流中游茅台站年均降水量累积距平、突变前后特征及滑动 T 检验

2. 季节变化

由图 3.12 和表 3.6 可以看出,茅台站多年季节降水量除春季外其他几个季节都呈现出减少趋势,递减趋势的大小顺序为夏季(1.1475 mm/a)>冬季(0.8973 mm/a)>秋季(0.3764 mm/a)。通过 Kendall 秩相关系数检验可以看出,夏季和冬季多年降水量的 M 值分别为 2.308 和 2.079,达到了 Z 值为 1.96(P=0.05)的显著性水平,而春季和秋季多年平均降水量的 M 值分别为 0.893 和 0.599,没有达到 Z 值为 1.96(P=0.05)的显著性水平,说明茅台站的降水量自 1960 年以来,夏季和冬季的降水量呈现出显著下降的趋势,春季降水量呈现不显著上升的趋势,而秋季降水量呈现不显著下降的趋势。本书使用 Hurst 指数方法对茅台站春季、夏季、秋季以及冬季降水量的未来趋势进行预测,预测值分别为 0.5603、0.5863、0.6311 和 0.7509,都大于 0.5,表明流域四季降水量的变化趋势与历史时期和现在保持一致,其中冬季的 Hurst 指数值最大,代表未来时期冬季的降水量持

续性降低最为显著。结合 M 值与 Hurst 指数值的分析结果可知，未来时期，赤水河流域茅台站春季的降水量将会呈现出持续不显著增加的趋势，秋季降水量呈现持续不显著减少的趋势，而夏季和冬季降水量呈现出持续显著减少的趋势。

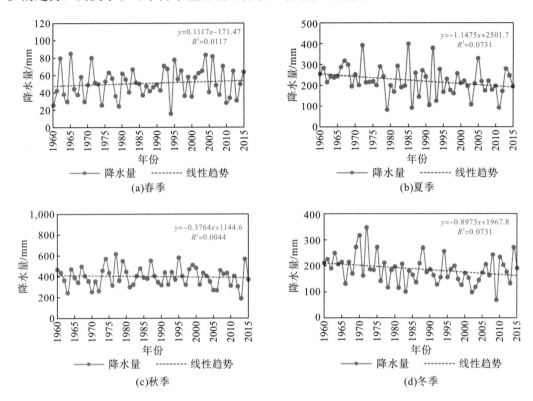

图 3.12　干流中游茅台站降水量季节变化

表 3.6　干流中游茅台站年平均降水量变化趋势及其检验

| 季节 | Kendall 秩相关系数 | | | | 累积滤波器法 | Hurst 指数 | 未来趋势 | 持续时间/a |
	M 值	趋势	Ma	显著性				
春季	0.893	上升	1.96	不显著	上升	0.5603	持续上升	14
夏季	2.308	下降	1.96	显著	减少	0.5863	持续减少	14
秋季	0.599	减少	1.96	不显著	减少	0.6311	持续减少	22
冬季	2.079	下降	1.96	显著	减少	0.7509	持续减少	20

从图 3.13 中可以看出，茅台站秋季降水量时间序列的持续性时间在 22 a 尺度上出现最大的循环周期，说明秋季降水量时间序列系统对初始条件平均记忆长度的时间最长，即秋季降水量时间序列在 22 a 之后将完全失去对初始降水量条件的依赖；而春季和夏季茅台站降水量时间序列对初始条件平均记忆长度的时间最短，均为 14 a，说明春季和夏季降水量时间序列对初始条件依赖的循环周期和记忆时间较弱。

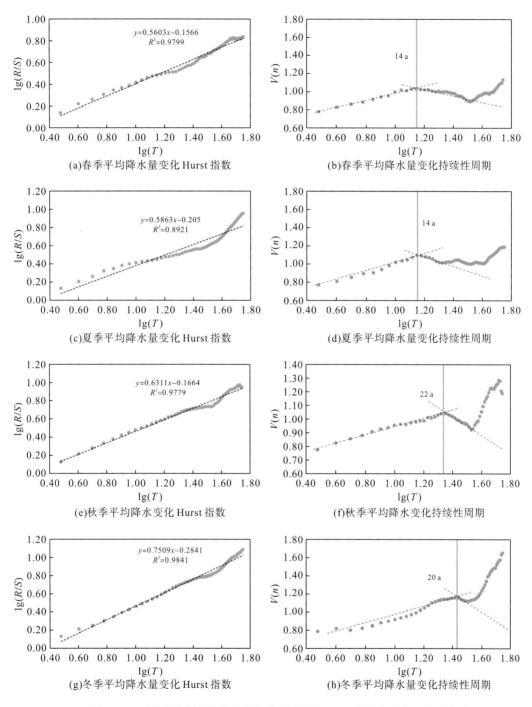

图 3.13　干流中游茅台站季节平均降水量变化 Hurst 指数及其持续性周期图

3. 降水量不同时间尺度小波分析

从图 3.14(a)中可以看出，茅台站降水量在不同时间尺度上呈现出丰枯交替变化的特征，且年降水量时间序列具有较强的多时间尺度特征，主要表现为 5～15 a 和 25～45 a 的震荡周期，其中 25～45 a 震荡周期的信号能量相对较强，周期性最为明显，而 5～15 a 时间尺度的信号能量相对偏弱，周期性变化特征不明显。具体来说，降水量在 30 a 左右年代际变化的震荡周期最为显著，形成了两个高震荡周期和一个低震荡中心，高震荡周期位于 1963～1975 年以及 2002～2013 年，降水量在这两个时期内呈现出正相位，表明降水量增多；而 1980～1998 年降水量呈现出负相位，表明年降水量减少。5～15 a 时间尺度信号能量较弱，年正负相位转换周期较短且周期性更替变化不太显著。图 3.14(b) 显示赤水河流域茅台站降水量分别对应着 30 a、8 a 以及 43 a 的峰值，其中 30 a 茅台站降水量对应的方差值最大，说明 30 a 是茅台站降水量变化的第一主周期，而 8 a 是第二主周期，43 a 是第三主周期，其中第一主周期在小波周期图上的变化最为显著。

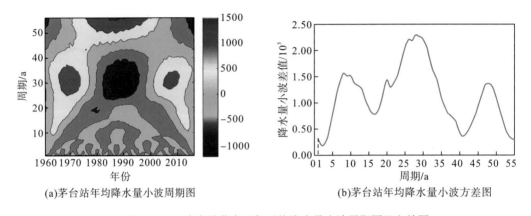

(a)茅台站年均降水量小波周期图   (b)茅台站年均降水量小波方差图

图 3.14 干流中游茅台站年平均降水量小波周期图及方差图

3.1.4 干流下游赤水站变化特征

1. 年际变化

1) 年际变化及其阶段特征

赤水河流域下游赤水站 1957～2015 年的降水量统计特征值见表 3.7。由表 3.7 可知，赤水站多年平均降水量为 1177.33 mm，年际变差系数为 0.15，年际变化波动较小。降水量极大值为 1621.60 mm，出现在 1968 年，极小值为 845.00 mm，出现在 2011 年。各年代际降水量整体上呈现出两个阶段，其中 1957～1969 年降水量呈现出上升趋势，由 20 世纪 50 年代的 1205.48 mm 上升到 20 世纪 60 年代的 1244.88 mm，之后降水量呈现出下降趋势，但是下降的幅度不大，由 60 年代的 1244.88 mm 下降到 2010～2015 年的 1110.46 mm，下降了 10.80%。流域降水量变差系数的变化范围为 0.10～0.21，1960～1969 年降水量的变差系数最大，其值为 0.21，说明 20 世纪 60 年代降水量年际变化剧烈。从表 3.7 中可知，1960～1969 年以及 2011～2015 年的极值比较大，分别为 1.83 和 1.56，说明这两个时期降水量的年际变化较大。

表 3.7　干流下游赤水站不同年份降水量变化特征

年份	平均值/mm	极大值(年份)/mm	极小值(年份)/mm	极值比	年际变差系数
1957~1959	1205.48	1365.60(1957)	1025.35(1958)	1.33	0.14
1960~1969	1244.88	1621.60(1968)	884.60(1963)	1.83	0.21
1970~1979	1214.49	1414.90(1977)	960.80(1971)	1.47	0.14
1980~1989	1167.36	1383.80(1988)	953.50(1987)	1.45	0.13
1990~1999	1150.64	1390.90(1999)	914.10(1994)	1.52	0.15
2000~2010	1147.97	1329.30(2005)	911.60(2001)	1.46	0.10
2011~2015	1110.46	1321.70(2015)	845.00(2011)	1.56	0.17
平均	1177.33	1621.60(1968)	845.00(2011)	1.92	0.15

2)降水量年际变化趋势及其阶段特征

由图 3.15 可以看出,赤水站自 20 世纪 60 年代以来多年平均降水量呈现出持续下降趋势,下降的速率为 1.99 mm/a,20 世纪 90 年代赤水站的多年平均降水量多高于平均值,之后降水量变幅较小,1990 年以前多年平均降水量波动幅度较大,1995 年之后多年平均降水量波动幅度较小。1968 年的降水量达到了多年降水量的最大值,而 2011 年降水量为多年的最小值。P 值为 0.18,没有达到显著性为 0.05 的水平,说明赤水河流域赤水站降水量变化呈现出不显著减少的趋势。

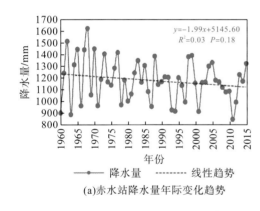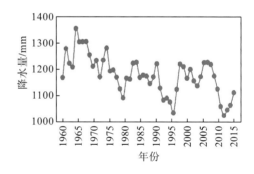

图 3.15　干流下游赤水站降水量年际变化趋势及其阶段性特征

由图 3.16(a)和表 3.8 可以看出,Kendall 秩相关系数检验的 M 值为 1.274,说明赤水河流域赤水站 1960~2015 年的降水量呈现出不显著减少趋势。用 R/S 分析法中的 Hurst 指数预测赤水河流域赤水站降水量变化后的未来趋势,通过计算可以得出 Hurst 指数值为 0.5862,小于赤水站径流量(0.6983)和输沙量(0.7908)的 Hurst 指数值,说明赤水站降水量变化的持续性小于其径流量和输沙量,同时也表明未来降水量变化与历史时期和现在保持相同的趋势,即赤水站未来年份的降水量呈现出持续递减的特征。结合 M 值与 Hurst 指数分析,若赤水河流域赤水站的气候变化和人类活动保持现在的变化趋势或者降水量变化更为剧烈时,流域的降水量仍然继续保持不显著递减状态。从图 3.16(b)中可以看出，赤水站降水量时间序列在 $n=10$ a 时（曲线出现明显转折点）出现了明显的拐点（降水量出现拐点的时间与输沙量出现拐点的时间相同），说明降水量时间序列的平均循环周期 T 值为 10 a。T 值表征了流域降水量时间序列系统对初始条件的平均记忆长度，即赤水站降水量与输沙量的时间序列都将在 10 a 后完全失去对初始条件降水量或者输沙量的依赖。

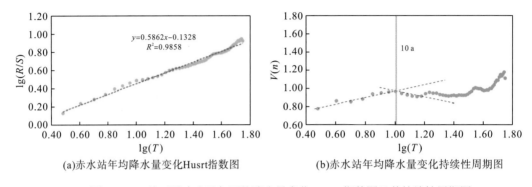

(a)赤水站年均降水量变化Husrt指数图　　(b)赤水站年均降水量变化持续性周期图

图 3.16　干流下游赤水站年平均降水量变化 Hurst 指数图及其持续性周期图

表 3.8　干流下游赤水站年均降水量变化趋势及其检验

水文站	Kendall 秩相关系数				累积滤波器法	Hurst 指数	未来趋势	持续时间/a
	M 值	趋势	Ma	显著性				
赤水站	1.274	下降	1.96	不显著	减少	0.5862	持续减少	10

3）降水量突变年份

由图 3.17(a)可以看出，赤水站多年平均降水量变化具有明显的阶段性特征。多年降水量累积距平值在 1977 年达到最大值，与其输沙量累积距平最大值出现的时间（1977年）相吻合，说明赤水站输沙量发生突变的时间与降水量发生突变的时间具有一定联系。由赤水站降水量累积距平值在 1977 年发生突变可知，赤水站的降水量时间序列关系可能在此年份发生了改变，因此本书将赤水站的降水量分为两个大的阶段，分别为1960～1977 年的丰水阶段（多年平均降水量 1231.76 mm）和 1977～2015 年的枯水阶段（多年平均降水量为 1152.07 mm），突变年份后的降水量较突变年份前的降水量减少了 6.47%。以突变年 1977 年为基础，本书使用 Sen 趋势以及 M-K 检验方法分别对突变点前后赤水站的降水量进行趋势分析，从图 3.17(b)中可知，1977 年以前赤水站降水量的上升速率为 2.74 mm/a，1977 年以后下降速率为 0.76 mm/a，其中突变年份前后赤水站的降水量变化都没有达到 Z 值为 1.96（$P=0.05$）的显著性水平，说明赤水站降水量自 1977 年以后呈现出不显著减少的趋势。为了更好地验证赤水站降水量的突变年份，本书采用滑动 T 检验方法对赤水站的降水量进行检验。从滑动 T 检验所识别出的突变点可知，突变年份也为 1977 年［图 3.17(c)］。

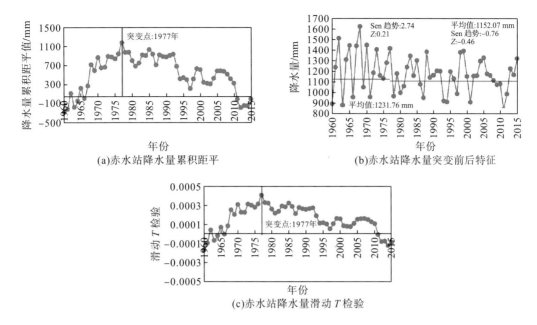

(a)赤水站降水量累积距平　　　　　　(b)赤水站降水量突变前后特征

(c)赤水站降水量滑动 T 检验

图 3.17　干流下游赤水站降水量累积距平、突变前后特征及其滑动 T 检验

2. 季节变化

由表 3.9 和图 3.18 可知，赤水站多年季节降水量都呈现出减少趋势，递减趋势的大小顺序为秋季（0.9649 mm/a）＞冬季（0.6584 mm/a）＞春季（0.3392 mm/a）＞夏季（0.2546 mm/a）。通过 Kendall 秩相关系数检验可以看出，春季多年降水量的 M 值为 2.460，达到了 Z 值为 1.96（P=0.05）的显著性水平，而夏季、秋季和冬季多年降水量的 M 值分别为 0.337、0.533 和 1.328，均没有达到 Z 值为 1.96（P=0.05）的显著性水平，说明自 1960 年以来，赤水站春季的降水量呈现出显著下降的趋势，而夏季、秋季和冬季的降水量没有达到显著下降的水平。本书使用 Hurst 指数方法对赤水站春季、夏季、秋季以及冬季降水量的未来趋势进行预测，预测值分别为 0.5756、0.5744、0.5884 和 0.7702，都大于 0.5，表明赤水站四季降水量的变化趋势与历史时期和现在保持一致，其中冬季的 Hurst 指数值最大，代表未来时期冬季的降水量持续降低最为显著。结合 M 值与 Hurst 指数值的分析结果可知，未来时期，赤水站春季的降水量将会呈现出持续且显著减少的趋势，而夏季、秋季和冬季的降水量将会呈现出持续但不显著减少的趋势。从图 3.19 中可以看出，赤水站冬季降水量时间序列对初始条件不存在依赖性，夏季和秋季降水时间序列的持续性时间在 13 a 尺度上都出现最大的循环周期，说明夏季和秋季降水量时间序列系统对初始条件平均记忆长度的时间最长，即夏季和秋季降水量时间序列在 13 a 之后将完全失去对初始降水量条件的依赖，而春季赤水站降水量时间序列对初始条件平均记忆长度的时间最短，仅为 8 a，说明春季降水量时间序列对初始条件依赖的循环周期和记忆时间较弱。

表 3.9　干流下游赤水站年平均降水量变化趋势及其检验

季节	Kendall 秩相关系数				累积滤波器法	Hurst 指数	未来趋势	持续时间/a
	M 值	趋势	Ma	显著性				
春季	2.460	下降	1.96	显著	减少	0.5756	持续减少	8
夏季	0.337	下降	1.96	不显著	减少	0.5744	持续减少	13
秋季	0.533	下降	1.96	不显著	减少	0.5884	持续减少	13
冬季	1.328	下降	1.96	不显著	减少	0.7702	持续减少	—

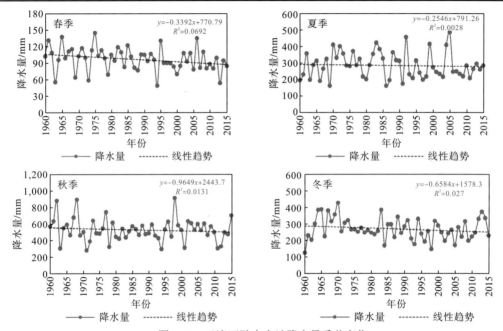

图 3.18　干流下游赤水站降水量季节变化

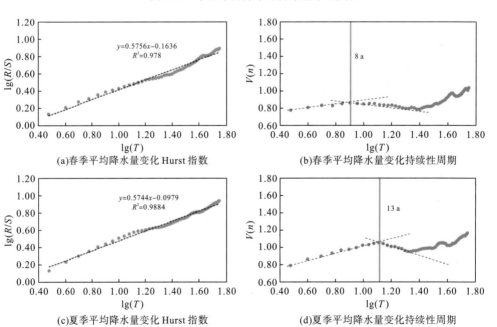

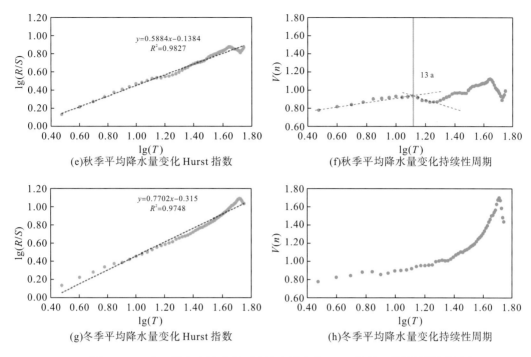

图 3.19　干流下游赤水站季节平均降水量变化 Hurst 指数及其持续性周期图

3. 降水量不同时间尺度小波分析

从图 3.20(a)中可以看出，赤水站降水量在不同时间尺度上呈现出丰枯交替变化的特征，且年降水量时间序列具有较强的多时间尺度特征，主要表现为 5～10 a 和 25～40 a 的震荡周期，其中 25～40 a 震荡周期的信号能量相对较强，周期性最为明显，而 5～10 a 震荡周期的信号能量相对偏弱，周期性变化特征不是很明显。具体来说，降水量在 30 a 左右年代际变化的震荡周期最为显著，形成了两个高震荡周期和一个低震荡中心，高震荡周期位于 1963～1975 年以及 2000～2013 年，降水量在这两个时期内呈现出正相位，表明降水量增多；而 1982～1998 年降水量呈现出负相位，表明降水量减少。5～10 a 时间尺度信号能量较弱，年正负相位转换周期较短且周期性更替变化不太显著。图 3.20(b)显示赤水

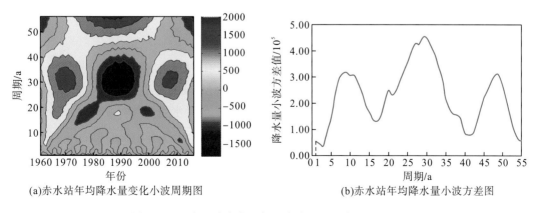

(a)赤水站年均降水量变化小波周期图　　　　　　　(b)赤水站年均降水量小波方差图

图 3.20　干流下游赤水站年平均降水量小波周期图及方差图

河流域赤水站降水量分别对应着 30 a、7 a 以及 43 a 的峰值，其中 30 a 对应的方差值最大，说明 30 a 是赤水站降水量变化的第一主周期，而 7 a 是第二主周期，43 a 是第三主周期，其中第一主周期在小波周期图上的变化最为显著。

3.1.5 支流二郎坝站变化特征

1. 年际变化

1) 年际变化及其阶段特征

桐梓河流域二郎坝站 1975～2015 年的降水量统计特征值见表 3.10。由表 3.10 可知，桐梓河流域二郎坝站多年平均降水量为 825.51 mm，年际变差系数为 0.18，年际变化波动较小。降水量极大值为 1132.70 mm，出现在 1990 年，极小值为 608.10 mm，出现在 1993 年。各年代际降水量整体上呈现出降低趋势，其中 1975～2010 年降水量下降幅度不大，由 20 世纪 70 年代的 864.58 mm 下降到 2000～2010 年的 828.77 mm，下降了 4.14%；之后呈现出显著减少趋势，由 2000～2010 年的 828.77 mm 减少到 2011～2015 年的 740.83 mm，减少了 10.61%。流域降水量变差系数的变化范围为 0.12～0.24，2011～2015 年降水量的变差系数最大，其值为 0.24，说明 2010 年以后降水量变化剧烈。从表 3.10 中可知，1990～1999 年以及 2011～2015 年的极值比较大，分别为 1.86 和 1.78，说明这两个时期降水量的年际变化较大。

表 3.10　支流桐梓河流域二郎坝站不同年份降水量变化特征

年份	平均值/mm	极大值(年份)/mm	极小值(年份)/mm	极值比	变差系数
1975～1979	864.58	1064.30(1977)	650.10(1978)	1.64	0.18
1980～1989	845.01	1054.00(1982)	672.80(1986)	1.57	0.15
1990～1999	848.35	1132.70(1990)	608.10(1993)	1.86	0.20
2000～2010	828.77	966.70(2000)	667.80(2009)	1.45	0.12
2011～2015	740.83	1091.70(2014)	611.60(2012)	1.78	0.24
平均	825.51	1132.70(1990)	608.10(1993)	1.86	0.18

2) 降水量年际变化趋势及其阶段特征

由图 3.21 可以看出，二郎坝站自 20 世纪 70 年代以来多年平均降水量呈现出减少趋势，减少的速率为 3.10 mm/a，20 世纪 90 年代赤水河流域的多年平均降水量多高于平均值，90 年代之后降水量变幅较小，1990 年以前多年平均降水量波动幅度较大，1999 年之后多年平均降水量波动幅度较小。1990 年的降水量达到了多年降水量的最大值，而 1993 年的降水量为多年的最小值。P 值为 0.09，没有达到显著性为 0.05 的水平，说明桐梓河流域二郎坝站降水量变化呈现出不显著减少的趋势。

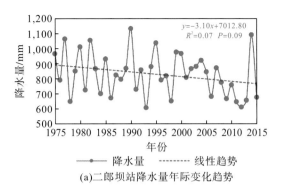

(a)二郎坝站降水量年际变化趋势

(b)二郎坝站降水量年际变化阶段性特征

图 3.21　支流桐梓河流域二郎坝站降水量年际变化趋势及其阶段性特征

由图 3.22(a)和表 3.11 可以看出，Kendall 秩相关系数检验的 M 值为 1.704，说明桐梓河流域二郎坝站 1975～2015 年的降水量呈现出不显著减少的趋势。用 R/S 分析法中的 Hurst 指数预测桐梓河流域二郎坝站降水量变化后的未来趋势，通过计算可以得出 Hurst 指数值为 0.5758，小于桐梓河流域二郎坝站径流量(0.7412)和输沙量(0.8217)的 Hurst 指数值，说明桐梓河流域二郎坝站降水量的持续性小于其径流量和输沙量，同时也表明二郎坝站未来降水量变化与历史时期和现在保持相同的趋势，即桐梓河流域二郎坝站未来年份的降水量呈现出持续递减的特征。结合 M 值与 Hurst 指数分析，若桐梓河流域的气候变化和人类活动保持现在的变化趋势或者降水量变化更为剧烈时，流域的降水量仍然继续保持不显著递减状态。从图 3.22(b)中可以看出，二郎坝站降水量时间序列在 $n=16$ a 时(曲线出现明显转折点)出现了明显的拐点，说明降水量时间序列的平均循环周期 T 值为 16 a。T 值表征了流域降水量时间序列系统对初始条件的平均记忆长度，即桐梓河流域二郎坝站降水量时间序列在 16 a 后将完全失去对初始条件降水量的依赖。

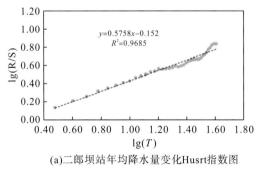

(a)二郎坝站年均降水量变化Husrt指数图

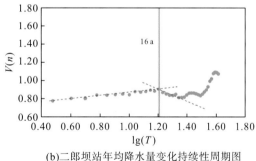

(b)二郎坝站年均降水量变化持续性周期图

图 3.22　支流桐梓河流域二郎坝站年平均降水量变化 Hurst 指数及其持续性周期图

表 3.11　支流桐梓河流域二郎坝站年平均降水量变化趋势及其检验

| 水文站 | Kendall 秩相关系数 | | | | 累积滤波器法 | Hurst 指数 | 未来趋势 | 持续时间/a |
	M 值	趋势	Ma	显著性				
二郎坝站	1.704	下降	1.96	不显著	减少	0.5758	持续减少	16

3)降水量突变年份

由图 3.23(a)可以看出，桐梓河流域二郎坝站多年平均降水量变化具有明显的阶段性特征。多年降水量累积距平值在 2005 年达到最大值，说明桐梓河流域二郎坝站的降水量累积距平值在 2005 年发生突变，由此可知流域的降水量时间序列关系可能在此年份发生了改变，因此本书将流域的降水量分为两个大的阶段，分别为 1975～2005 年的丰水阶段(多年平均降水量 856.71 mm)和 2005～2015 年的枯水阶段(多年平均降水量为753.45 mm)，突变年份后的降水量较突变年份前的降水量减少了 12.05%。以突变年 2005年为基础,本书使用 Sen 趋势以及 M-K 检验方法分别对突变点前后桐梓河流域二郎坝站的降水量进行趋势分析，从图 3.23(b)中可知，2005 年以前二郎坝站降水量的上升速率为 0.38 mm/a，2005 年以后下降速率为 11.73 mm/a，其中突变年份前后桐梓河流域二郎坝站的降水量都没有达到 Z 值为 1.96(P=0.05)的显著性水平，说明桐梓河流域二郎坝站降水量自 2005 年以后呈现出不显著减少的趋势。为了更好地验证流域降水量的突变年份，本书采用滑动 T 检验方法对桐梓河流域二郎坝站的降水量进行检验。从滑动 T 检验所识别出的突变点可知，突变年份也为 2005 年〔图 3.23(c)〕。

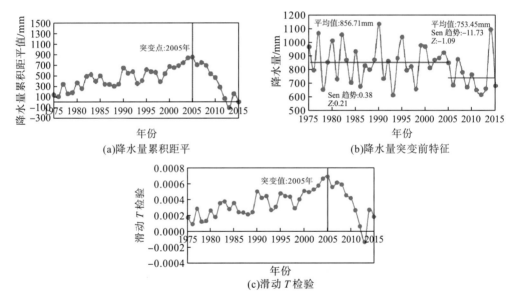

图 3.23　支流桐梓河流域二郎坝站降水量累积距平、突变前后特征及其滑动 T 检验

2. 季节变化

由图 3.24 和表 3.12 可以看出，二郎坝站多年季节降水量除夏季外都呈现出减少趋势，递减趋势的大小顺序为秋季(1.9383 mm/a)＞冬季(0.9568 mm/a)＞春季(0.3471 mm/a)。通过Kendall 秩相关系数检验可以看出，春季、夏季、秋季和冬季多年平均降水量的 M 值分别为1.575、0.295、1.704 和 0.939，都没有达到 Z 值为 1.96(P=0.05)的显著性水平，说明桐梓河流域二郎坝站四季的降水量自 1975 年以来都没有达到显著下降或上升水平。本书使用 Hurst指数法对桐梓河流域二郎坝站春季、夏季、秋季以及冬季降水量的未来趋势进行预测，预测

值分别为 0.7040、0.3577、0.7041 和 0.5362，Hurst 指数值除夏季外都大于 0.5，表明流域春季、秋季以及冬季降水量的变化趋势与历史时期和现在保持一致，其中秋季的 Hurst 指数值最大，代表未来时期秋季的降水量持续性降低最为明显；而夏季的降水量变化趋势与历史时期和现在保持相反趋势。结合 M 值与 Hurst 指数值的分析结果可知，未来时期，桐梓河流域二郎坝站夏季的降水量将会呈现出反持续且不显著增加趋势（即持续性不显著减少趋势），而春季、秋季和冬季的降水量将会呈现出持续但不显著减少趋势。从图 3.25 中可以看出，二郎坝站夏季和冬季降水量时间序列对初始条件不存在依赖性，春季和秋季降水量时间序列对初始条件存在依赖性。秋季降水时间序列的持续性时间在 25 a 尺度上出现最大的循环周期，说明秋季降水量时间序列系统对初始条件平均记忆长度的时间最长，即秋季降水量时间序列在 25 a 之后将完全失去对初始降水量条件的依赖；而春季降水量时间序列对初始条件平均记忆长度的时间较短，其值为 16 a，说明春季降水量时间序列对初始条件依赖的循环周期和记忆时间较弱；夏季和冬季降水量则不存在周期和记忆性。

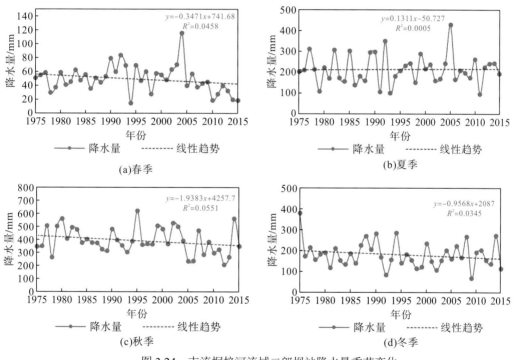

图 3.24　支流桐梓河流域二郎坝站降水量季节变化

表 3.12　支流桐梓河流域二郎坝年平均降水量变化趋势及其检验

季节	Kendall 秩相关系数				累积滤波器法	Hurst 指数	未来趋势	持续时间/a
	M 值	趋势	Ma	显著性				
春季	1.575	下降	1.96	不显著	减少	0.7040	持续减少	16
夏季	0.295	上升	1.96	不显著	增加	0.3577	持续减少	—
秋季	1.704	下降	1.96	不显著	减少	0.7041	持续减少	25
冬季	0.939	下降	1.96	不显著	减少	0.5362	持续减少	—

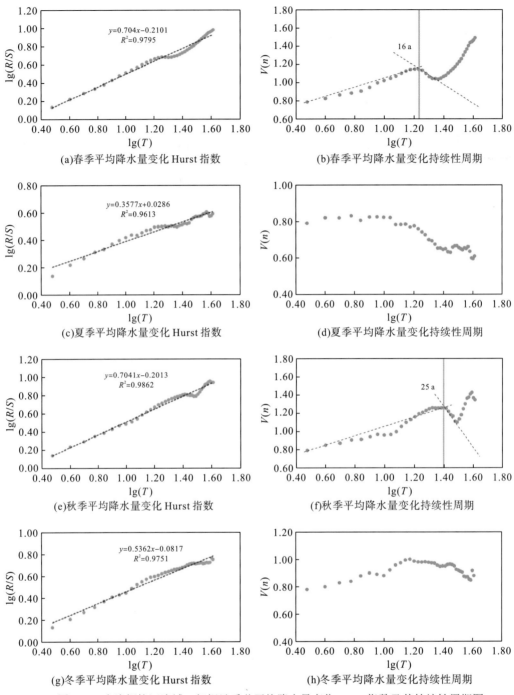

图 3.25　支流桐梓河流域二郎坝站季节平均降水量变化 Hurst 指数及其持续性周期图

3. 降水量不同时间尺度小波分析

从图 3.26(a)中可以看出，桐梓河流域二郎坝水文站降水量在不同时间尺度上呈现出丰枯交替变化的特征，且年降水量时间序列具有较强的多时间尺度特征，主要表现为 0～5 a 和 18～32 a 的震荡周期，其中 18～32 a 震荡周期的信号能量相对较强，周期性最为明显，而 0～5 a 震荡周期的信号能量相对偏弱，周期性变化特征不是很明显。具体来说，降水量在 20 a 左右年代际变化的震荡周期最为显著，形成了两个高震荡周期和一个低震荡中心，高震荡周期位于 1976～1985 年以及 2005～2013 年，降水量在这两个时期内呈现出正相位，表明降水量增多；而 1989～2001 年降水量呈现出负相位，表明年降水量减少。0～5 a 时间尺度信号能量较弱，年正负相位转换周期的更替变化不太显著。图 3.26(b) 显示桐梓河流域二郎坝站降水量对应的峰值为 21 a，说明 21 a 是桐梓河流域二郎坝站降水量变化的主周期。

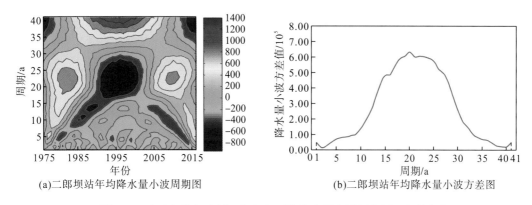

(a)二郎坝站年均降水量小波周期图　　　　　(b)二郎坝站年均降水量小波方差图

图 3.26　支流桐梓河流域二郎坝年平均降水量小波周期图及方差变化图

3.2　气温变化特征

3.2.1　气温年际变化特征

从图 3.27 中可知，赤水河流域多年平均气温呈现出增加趋势，增加的速率为 0.013℃/a，Z 值为 2.95，表明研究区多年气温达到了显著性为 0.01 的水平(Z=2.58)。通过累积距平和滑动 T 检验的结果可知，多年气温的突变年份为 1998 年，突变前后气温的变化也没有达到显著性水平，其中 1998 年以前气温呈现出减少趋势，减少的速率为 0.003℃/a，1998 年之后气温呈现出增加趋势，增加的速率为 0.03℃/a。

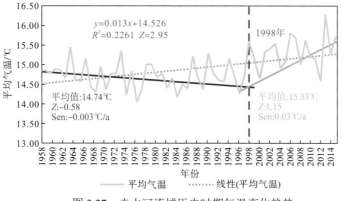

图 3.27　赤水河流域历史时期气温变化趋势

3.2.2 气温年内变化特征

从图3.28中可知，研究区年内气温呈现缓慢上升趋势，波动程度较小。具体来讲，旬均温表现出明显的正态分布，年初和年末旬均温较低，其中3旬出现多年旬均温的最小值，其值为2.67℃，21旬出现多年旬均温的最大值，为23.50℃，13旬多年旬均温出现小的波动。从多年旬气温的空间分布图(图3.29)可以看出，多年旬气温年内最大值分布于赤水河流域的西北部地区，这部分地区主要处于云贵高原向四川盆地的过渡地区，常年温度保持较高。而在流域的东南部地区平均气温较低，年内气温较低，这部分地区大多处于贵州的高原地带，海拔较高导致气温垂直分布明显，因此气温的空间分布存在显著差异。

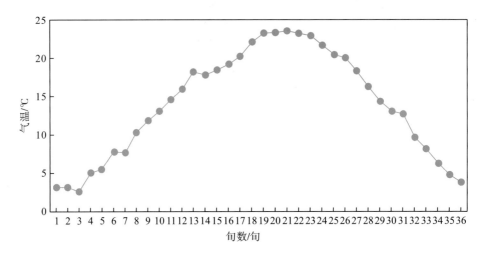

图3.28 流域多年旬气温年内变化特征

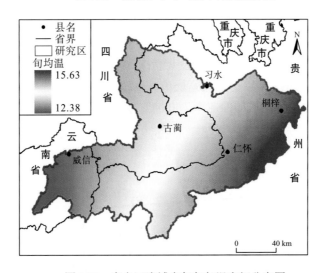

图3.29 赤水河流域多年旬气温空间分布图

3.3　蒸散发变化特征

3.3.1　蒸散发年际变化特征

由图 3.30 可知,赤水河流域多年平均蒸散量呈现出下降趋势,减少的速率为 3.0365 mm/a,Z 值为 5.18,表明研究区多年气温达到了显著性为 0.01 的水平(Z=2.58)。通过累积距平和滑动 T 检验的结果可知,多年蒸散量的突变年份为 1978 年,突变前后蒸散量的变化都达到了显著性为 0.01 的水平,其中 1978 年以前蒸散发呈现出显著增加趋势(Z=4.49),增加的速率为 24.49 mm/a,1978 年之后蒸散量呈现出减少趋势,减少的速率为 5.65 mm/a。

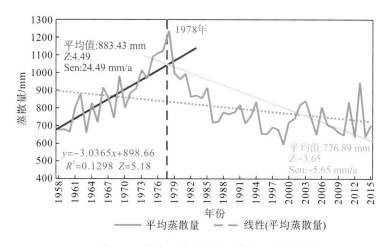

图 3.30　赤水河流域历史时期气温变化趋势

3.3.2　蒸散发年内变化特征

从图 3.31 中可知,研究区年内蒸散量表现出双峰结构,年初和年末月蒸散量较低,其中第一个峰值出现在 5 月份,第二个峰值出现在 8 月份,其值为 143.85 mm,7 月份和 8 月份由于赤水河流域处于夏季,相比全年的植被蒸散发量较高,而 12 月、1 月以及 2 月由于处于冬季,植被大部分已经枯萎,因此蒸散作用相对较弱。

3.3.3　蒸散发数据探讨

本书在对赤水河流域多年平均蒸发量进行分析时,使用的数据是流域断面赤水站的实际监测数据,该蒸发数据的原始数据有部分缺失值,因此本书借助张氏公式对流域的蒸发量进行了插补计算。需要注意的是实际监测数据中的蒸散发量是水面蒸散发量,是使用 E601 蒸发器进行测量的,而用张氏公式计算实际蒸散发量时使用的参数是区域的降水量以及植被覆盖度,这两种数据在进行相互弥补时,应考虑数据的使用范围和适用性问题。

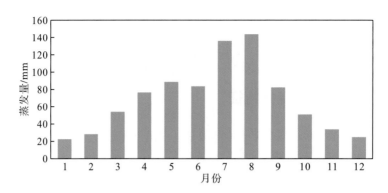

图 3.31   流域多年月蒸发量年内变化特征

赤水河流域处在大娄山北面背风坡，云雾多、风力小，所以水面蒸发量小，流域多年平均水面蒸发量一般在 700 mm 左右。蒸发量大体是下游地区小，而中上游地区大。水面蒸发量的年内分配主要受年内温度、湿度及风的季节变化影响。经实测资料分析，多年平均最大月蒸发量多发生在 5 月和 6 月，最小月蒸发量均发生在 1 月。水面蒸发量年际变化较为稳定，最大与最小年蒸发量的比值多为 1.2～1.5。

赤水河流域陆地蒸发量的变化范围为 500～650 mm。赤水河中游地区陆地蒸发量相对较大，上、下游地区相对较小。从本章研究中所得出的结果可以看出，赤水河流域气温上升，但是蒸散量则呈现出下降趋势，即在赤水河流域存在着"蒸发悖论"问题。蒸发悖论是全球气温上升而蒸散量呈现出减少的现象（Roderick and Farquhar, 2002）。目前众多学者对实测蒸发量资料和根据 Penman-Monteith 公式计算得到的蒸腾蒸发量（ET）进行了分析，在全国尺度（Yin et al., 2010）、西北地区（曹雯等，2012）、黑河流域（马宁等，2012）、渭河流域（Zuo et al., 2012）、黄土高原（Li et al., 2012）以及青藏高原（Liu et al.，2011）等区域都得出了蒸发量随着气温的升高而呈现出下降的趋势。此外，部分学者也关注到了 ET 的变化与气象要素的变化（风速减少、太阳辐射量减少等）以及人类活动的变化（农业灌溉面积、地表下垫面性质变化等）有直接关系，但是目前关于"蒸发悖论"的内在机理尚无定论。因此未来应注重对赤水河流域蒸发悖论的内在机理进行研究，揭示哪些因素是导致赤水河流域蒸发量减少的主导因素。

干旱指数是反映各地气候干湿程度的一种指标，当干旱指数大于 1 时，说明蒸发能力大于降水量，气候偏干旱，指数越大，干旱程度越严重；反之，当干旱指数小于 1 时，说明降水量超过蒸发能力，气候偏湿润。赤水河流域干旱指数变化范围为 0.5～1.0，下游地区小于中上游地区。

本书尚未涉及赤水河流域蒸散发量月内分布情况的驱动机制、流域陆面蒸散发及其导致的区域干旱情况，因此未来还需要加强在这方面的研究工作。

第4章　赤水河流域人类活动变化过程及其特征

4.1　人类活动的表现形式

人类活动主要体现在流域内水土资源的开发利用、兴修建筑、水土保持、植被恢复、水利工程建设和工商业生产等活动。其中，开发利用主要表现为旅游开发、资源利用等；兴修建筑具体表现为开矿、建厂、伐木、开拓各种管道、公路修建、城镇化建设等；水土保持主要是梯田和淤地坝建设、植林种草、农田灌溉等活动；水利工程建设主要表现为挖渠、建设大中型水利工程、兴修水库和大坝等；工商业生产活动以化工、电力、竹木、造纸、造船、机械、印刷、皮革、服装、森工、制砖、采煤、食品加工等工业门类较齐全的乡镇企业的诸多生产活动为主。这些人类活动改变了流域下垫面条件，如地形、地质、土壤和植被状态，造成水土流失。人类活动的影响极为复杂，表现形式多样，大多数形式的人类活动会造成土地利用类型的变化。因此，大部分人类活动的变化规律都可归结为土地利用的变化，并被认为是人类活动的主要表现形式。

4.2　土地利用变化及模拟方法

4.2.1　土地利用模拟方法

1. 数据来源与预处理

1）Landsat 数据

本书首先使用研究区 30 m 分辨率的 DEM 数据对赤水河流域的范围进行了划分与界定，在此基础上考虑到遥感数据的可获得性，同时结合遥感数据的时效性，通过美国地质勘探局（United States Geological Survey）官方网站（http://glovis.usgs.gov/）获取了研究区 1980 年、1990 年、2000 年、2010 年以及 2015 年共 5 期遥感影像，其中 1980 年的遥感数据来源于 Landsat 卫星的 Landsat MSS 传感器数据，1990 年和 2000 年的遥感数据来源于 Landsat TM 传感器数据，2010 年的遥感数据来源于 Landsat ETM 传感器数据，而 2015 年的遥感数据则来源于 Landsat8 OLI 传感器数据。每一期的遥感影像主要包括四景，涉及的行列号分别为 P128 R41、P128 R40、P127 R41 和 P127 R40，在选取遥感数据时规定每期影像的云量小于 10%。其中，1980 年遥感数据的空间分辨率为 60 m×60 m，南北空间跨度约为 170 km，东西空间跨度约为 183 km，该产品主要分为四个波段。1990 年和 2000 年的 Landsat TM 遥感数据，南北空间跨度约为 170 km，东西空间跨度约为 183 km，主要包括 7 个波段，其中 1～5 波段和 7 波段的空间分辨率为 30 m×30 m，6 波段为热红外波段，空间分辨率为 120 m×120 m。2010 年的 Landsat ETM+遥感影像数据，南北空间跨度约为 170 km，东西空间跨度约为 183 km，共有 8 个波段，其中 1～5 波段和 7 波段的空间分辨率为 30 m，6 波段的空间分辨率为 60 m，8 波段的空间分辨率为 15 m。2015 年流域的遥感数据来源于 Landsat-8 OLI 传感器数据，这个传感器在空间和光谱分辨率等方面与 Landsat 1～7 波段的基本参数保持一致，共有 11 个波段，1～7 波段和 9～11 波段的空间分辨率为 30 m，8 波段为全色波段，空间分辨率为 15 m，扫描宽度为 185 km×185 km。

2）遥感图像处理平台选择

赤水河流域地处云贵高原，地貌类型复杂，既有典型的喀斯特地貌，又有非喀斯特地貌，在喀斯特地貌中既有喀斯特高原地貌又有喀斯特槽谷地貌。对于如此复杂的地貌类型区，在选择遥感图像处理平台时，面临的一个主要问题是：在进行遥感图像处理时如何提高解译的精度，使解译的结果与现实相吻合。因此，选择合适的遥感图像处理平台就显得至关重要。通过对比 ERDAS9.2、ENVI5.3、PCI9.0 和 DRISI15.0 几大遥感图像处理软件的优缺点，最终选择 ENVI5.3 遥感图像处理软件对赤水河流域的遥感图像进行预处理，而在土地利用预测与模拟时选用的是 IDRISI15.0 遥感图像处理软件与 CLUE-S 相结合的土地利用预测模型。

ENVI（the environment for visualizing images）是美国 Exelis Visual Information Solutions 公司的主要产品。它是由遥感领域的专家利用交互式数据语言（interactive data language，IDL）进行编程所开发的功能极其强大的遥感图像处理软件。它能快速、便捷、准确地从遥感影像中提取用户所需的信息。ENVI 软件目前已经广泛应用于科研、环境保护、气象、石油矿产勘探、农业、林业、牧业、医学、国防与安全、地球环境科学、公用设施管理、遥感工程、城市与区域规划等。

3）空间坐标系统

本书在进行赤水河流域土地利用面积统计、NDVI 区域统计、流域提取、图件矢量化和配准以及各种时空数据的分析处理时，都需要将不同的空间投影信息以及不同的坐标系统统一转换到一个坐标体系下，因此首先需要确定研究区的基准面、大地坐标以及投影系统。此外，本书还使用了研究区的 1∶25 万基础地理信息数据，这套数据产品包括最基础的居民点、道路、河网、水库以及自然保护区等 MapInfo 格式数据，在进行数据分析前，首先需要在 MapInfo 软件的通用转换器中将其转换成 ArcGIS 10.2 所能识别的 Shpfile 文件格式。在转换过程中，MapInfo 通用转换器的工具必须要设置其英文路径，之后生成的矢量数据文件才能进行下一步的数据分析，否则在进行转换时软件会报错。

另外，本书在对赤水河流域的基础地理坐标系统进行定义时，选用的坐标系统为 GCS_WGS_1984，基准面采用 D_WGS_1984。由于本书要统计各种矢量图件的面积，因此投影坐标系统要定义为阿尔伯斯投影，详细的投影坐标参数如下：

Projected Coordinate System:　　　Chishuihe projections
Projection:　　　　　　　　　　　Albers
False_Easting:　　　　　　　　　　500000.00000000

False_Northing:	0.00000000
Central_Meridian:	105.0000000
Standard_Parallel_1:	25.00000000
Standard_Parallel_2:	47.00000000
Latitude_Of_Origin:	0.00000000
Linear Unit:	Meter
Geographic Coordinate System:	GCS_WGS_1984
Datum:	D_WGS_1984
Prime Meridian:	Greenwich
Angular Unit:	Degree

4）图像预处理

遥感图像预处理是图像分类处理工程中非常重要的部分，其主要目的是通过相关技术处理改善图像的质量，保证遥感成果数据的可靠性，这些步骤都是为遥感图像分类奠定基础。

（1）数据预处理前期操作。

数据预处理操作部分主要包括降噪处理、薄云处理以及阴影处理三个步骤。首先，由于传感器的因素，一些获取的遥感图像中会出现周期性噪声，必须将其消除或减弱后数据方可使用。其次，由于天气原因，对于有些遥感图形中出现的薄云可以进行减弱处理。最后，由于太阳高度角，有些图像会出现山体阴影，可以采用比值法将其消除。

（2）几何校正。

通常获取的遥感数据产品都是 Level2 级产品，为使其位置准确定位，在使用遥感图像数据前，必须对其进行几何精校正。另外，由于研究区位于赤水河流域，地形起伏较大，因此还必须对其进行正射校正。几何校正包括几何粗校正和几何精校正，几何粗校正是针对几何畸变，地面接收站在提供给用户资料前，已按常规处理方案对接收到的卫星运行姿态、传感器性能指标、大气状态、太阳高度角等进行了校正用户无须再进行几何粗校正，但用户在使用遥感图像前必须对图像进行几何精校正，几何精校正有以下三种处理方法。

①图像对图像的校正：利用已知准确地理坐标和投影信息的遥感图像数据，对原始的遥感影像进行校正，使待校正的遥感影像具有准确的地理坐标和投影信息。

②图像对地图的校正：利用已知准确地理坐标和投影信息的扫描地形图或矢量地形图，对原始遥感影像进行校正，使其具有准确的地理坐标和投影信息。

③图像对已知地面控制点的校正：利用已知准确地理坐标和投影信息的坐标点或地面控制点，对原始遥感影像进行校正，使其具有准确的地理坐标和投影信息。

ENVI5.3 中主要有 Image to Image 和 Image to Map 方法可以对遥感图像进行校正，本书在进行遥感图像的几何校正过程中选择了 Image to Map 方法。在进行图像处理前多采用地面控制点的方法进行几何精校正，地面控制点的选取本书使用了贵州省的 1∶5 万地形图，控制点选择的标准一般是选取公路转折点以及河流的交叉点，一般控制点的数量以 30～40 个为准。

（3）大气校正。

太阳辐射通过大气以某种方式入射到地表物体表面，然后反射回传感器，由于大气气溶胶、地形以及邻近地物等的影响，使得原始影像包含物体表面、大气以及太阳等信息的综合作用。如果想要了解某一物体表面的光谱属性，必须将它的反射信息从大气和太阳的信息中分离出来，这就需要进行大气校正。

在进行图形处理时本书选用 ENVI5.3 的 FLAASH 大气校正模块。ENVI 中的 FLAASH 是基于 MODTRAN5 的辐射传输模型。MODTRAN 模型由大气校正算法研究的领先者光学成像研究所——波谱科学研究所(Spectral Sciences, Inc)和美国空军实验室(air force research laboratory)共同研发。FLAASH 采用 MODTRAN4+辐射传输模型，该算法精度高，任何有关影像的标准 MODTRAN 大气模型和气溶胶类型都可以直接使用。

（4）影像拼接与裁剪。

如果研究区的遥感图像是跨多景遥感图像，还必须在计算机上进行图像镶嵌才能获取整体图像。镶嵌时除对各景图像进行几何校正外，还需要在接边上进行局部的高精度几何配准处理，并且使用直方图匹配的方法对重叠区内的色调进行调整。当接边线选择好并完成拼接后，还需对接边线两侧做进一步的局部平滑处理。由于赤水河流域范围较大，仅凭一幅影像无法完全覆盖整个地区，所以需利用 ENVI 图像拼接功能将多幅图像拼接，生成一幅合成影像。图 4.1～图 4.5 为赤水河流域不同年份遥感影像拼接效果图。

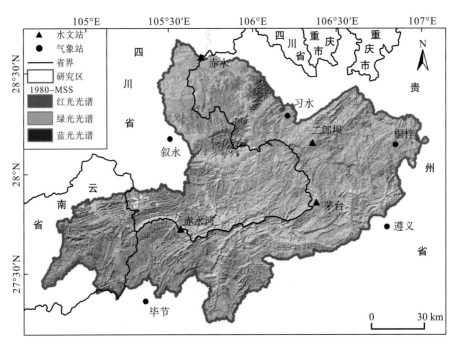

图 4.1　1980 年研究区遥感图像拼接图

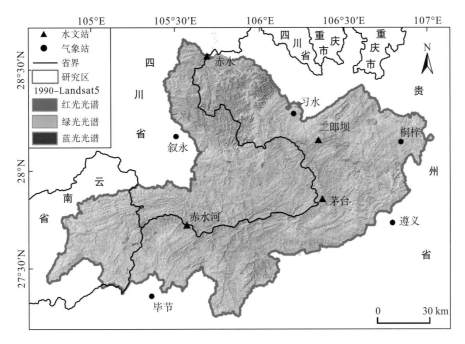

图 4.2　1990 年研究区遥感图像拼接图

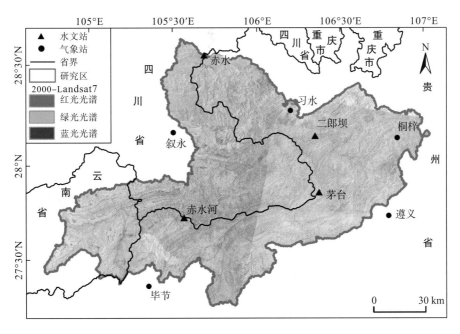

图 4.3　2000 年研究区遥感图像拼接图

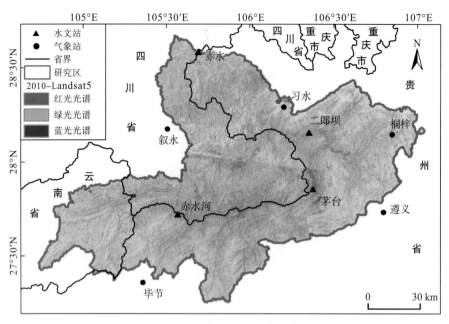

图 4.4　2010 年研究区遥感图像拼接图

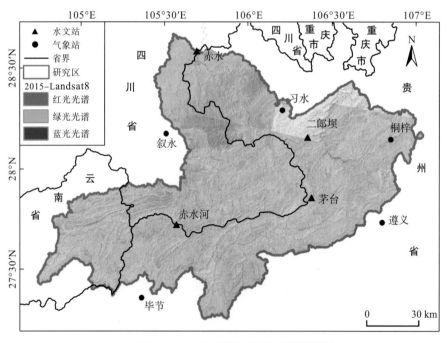

图 4.5　2015 年研究区遥感图像拼接图

2. 遥感图像解译方法探索

遥感图像分类是指通过综合分析遥感影像的光谱特征、几何特征、物理特征，对影像上所记录的各种地类进行甄别，从而揭示地物的质量和数量的分布特征以及它们之间的相互关系，进而研究它们之间的发生发展过程和分布规律，也可以表述为根据图像特征来识别它们所代表的地类性质。目前遥感图像解译主要借助计算机进行自动识别，解译的方法主要分为监督分类和非监督分类两种。但是在实际工作中，计算机解译的结果常常需要人工手段进行处理，这就需要在实际工作中综合运用计算机解译和人工解译方法。

1) 土地利用分类系统建立

土地利用分类数据是开展全球气候变化、生态环境监测、区域土壤侵蚀分析的基础性数据，而土地利用分类系统则是以土地利用方式、结构及其功能的相似性特征和差异性特征，对土地利用状况进行级别划分而形成的系统。目前国内外机构和学者依据不同的目的建立了不同的土地利用分类系统，其中欧洲的土地利用分类系统侧重于从土地利用规划的角度对土地利用进行分类，而北美则倾向于从土地利用功能的角度对区域的土地利用进行分类。

(1) 国外的土地利用分类系统主要分为普适性分类系统、区域性分类系统以及具体案例研究性分类系统。普适性的分类系统主要有联合国粮食及农业组织的 LCCS(land cover classification) 和国际地圈-生物圈计划(IGBP)的土地利用分类系统；区域性分类系统主要有欧洲环境机构的 CORINE 分类系统、美国的 Anderson 分类系统及佛罗里达的 FLUCCS 分类系统；区域案例性分类系统主要是马里兰大学大西洋地区中心基于 Landsat 数据建立的土地利用分类系统。

(2) 国内最早的土地利用分类系统为 1937 年金陵大学 Buck 编写的 "Land Use in China"。20 世纪 40 年代初，地理学家任美锷首先提出土地利用分类概念。2000 年中国科学院编制了全国 1∶100 万土地利用类型图，此土地利用类型图分为 10 个一级类。2001 年国土资源部(现自然资源部)颁布了全国统一的土地利用分类体系。2007 年，我国颁布了《土地利用现状分类标准》(GB/T 21010—2007)。

(3) 本书在考虑赤水河流域实际情况的基础上，参照生态环境部和中国科学院联合发布的《全国生态环境十年变化(2000~2010 年)调查评估报告》中遥感数据的分类体系，将研究区的土地利用分为耕地、林地、灌木林地、草地、建设用地以及水体 6 大类(表 4.1)。由于赤水河流域的未利用地较少，因而本书在进行土地利用分类时未对其进行考虑。

表 4.1　赤水河流域土地利用类型解译标志

土地利用	土地利用类型信息识别	土地利用类型图像属性描述特征
耕地	耕地主要分布于赤水河流域两侧、喀斯特高原地带、槽谷区内部，同时建设用地的周边也有大量的耕地分布；光谱色调不均匀，其形状也不均匀	
林地	林地主要分布于喀斯特山地地区；光谱色调呈深绿色，形状不规则，但是色调均匀	
灌木林地	灌木林地主要分布于喀斯特山地的低海拔地区，同时河谷向山地的过渡地带分布较多；光谱色调呈亮绿色，形状不规则	
草地	草地夹杂分布于灌木林地和林地之间，也有少量分布在喀斯特平原与槽谷的交错地带，形状破碎；光谱色调呈暗黄色、暗红色	

土地利用	土地利用类型信息识别	土地利用类型图像属性描述特征
水体	水体主要分布于河谷地区,光谱色调呈浅蓝色、深蓝色或者深黑色,形状弯曲,边界清晰	
建设用地	建设用地主要分布于喀斯特高原地区,耕地内部;光谱色调呈灰色,形状不规则	

2) 土地利用遥感解译方法

在遥感图像的解译方法中一般目视解译的精度相对较高,但是目视解译的效率低,且费时、费力,难以在大尺度上进行应用。计算机解译方法一般分为监督分类和非监督分类两种,但是由于喀斯特地区地形地貌的复杂性,土地利用斑块的复杂性、镶嵌性以及破碎性,应用常规的计算机解译方法解译的精度较低。因此,本书综合监督分类与非监督分类方法的优点,选用了适合喀斯特地区的遥感图像处理方法,即分类与回归决策树(classification and regression tree,CART)方法(Hansen et al.,1996;魏新彩等,2012)。

CART 方法是计算机数据挖掘算法中的一种,最早由 Breman 等提出并在经济学与统计学中得到广泛应用,之后在计算机图像处理中也得到了快速发展。CART 采用的是一种监督分类的学习算法,用户在使用之前必须先构建一个样本数据集对 CART 的数据进行评估。而决策树是计算机分类预测算法中的一种,它是通过对一个已知的序列生成一系列二叉树来实现对图像像元的分类,每一个新的类别再通过二叉树进行两类划分,依次类推直到满足条件为止。

1984 年 Breman 提出 CART 的构建方法,这种方法采用经济学中的基尼系数作为测试变量的标准,通过对样本数据进行循环分析,最终获取二叉树形式的决策树结构。其算法原理(谢俊平和杨敏华,2011)如下:

$$\text{Gini\_index} = 1 - \sum_{j}^{J} P^2(j/h) \qquad (4.1)$$

$$P(j/h) = \frac{n_j(h)}{n(h)} \sum_{j}^{J} P(j/h) = 1 \qquad (4.2)$$

式中,$P(j/h)$ 指从样本数据集中任意抽取一个样本时,测试变量值 h 属于第 j 类的概率;$n_j(h)$ 为样本中测试变量为 h 时数据第 j 类的样本个数;$n(h)$ 为训练样本数据中测试变量值 h 的样本个数;j 指分类的类别数。

分类与回归决策树从许多输入样本属性中选择一个或多个属性变量作为二叉树的分裂变量,之后将测试变量重新分给各个分支,重复此过程建立回归决策树;对分类决策树进行裁剪,得到一系列分类树,然后用测试数据对分类树进行测试,最后选取最优的分类树。图 4.6 为分类与回归决策树的实现方法。

3) CART 分类结果后处理与精度评价

遥感分类结果常常含有一些细碎的小斑块,这些小斑块的存在使结果看起来既不美观,又是后续分析中不需要的,ENVI5.3 增加了一个对分类结果进行小斑块处理的工具,可以将小的、邻近的斑块聚合成大的斑块,对于处理分类结果中包含的小斑块非常有效。

常用的分类后处理椒盐噪声的方法有以下几种：①Classification Aggregation（聚合类别）；②Clump Classes（合并类别）；③Majority/Minority Analysis（最大位/最小位分析）；④Sieve Classes（筛选分类）。本书选用 Classification Aggregation 方法对遥感分类结果进行后处理。

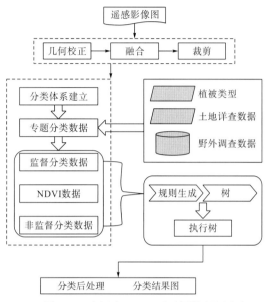

图 4.6　研究区 CART 遥感图像解译流程

　　应用 ENVI5.3 中的 CART 生成研究区的土地利用分类图后（图 4.7），需要对分类结果进行精度评价。当前，土地利用解译结果精度评价所使用的指标有用户精度、制图精度、错分误差、漏分误差以及 Kappa 系数等（陈曦，2008）。本书通过计算机在生成的土地利用图上进行随机抽样，抽样样本点控制在 500 个点左右，实地的野外观测验证数据是使用 91 卫星地图的高分辨率卫星数据生成的，通过对赤水河流域的影像进行精度评价，2010 年的评价结果见表 4.2。

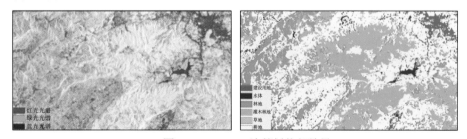

图 4.7　ENVI5.3 决策树执行结果

表 4.2　赤水河流域分类精度评价表（2010 年）

土地类型	耕地	林地	灌木林地	草地	建设用地	水体
制作精度	0.7821	0.8136	0.7257	0.7325	0.8217	0.7562
用户精度	0.7238	0.7858	0.7421	0.7562	0.8238	0.7453
错分精度	0.2013	0.1628	0.2206	0.1765	0.1572	0.1208
漏分精度	0.1875	0.1428	0.1651	0.1251	0.1967	0.2052

续表

土地类型	耕地	林地	灌木林地	草地	建设用地	水体
总体分类精度=79.68%						
Kappa 系数=0.7752						

　　从表 4.2 中可以看出，赤水河流域 2010 年的土地利用解译精度符合要求，因此使用此方法可以解译赤水河流域其他年份的土地利用图。本书应用 CART 方法对赤水河流域 1980 年、1990 年、2000 年、2010 以及 2015 年的遥感影像进行了分类，分类后的土地利用类型图如图 4.8～图 4.12 所示。

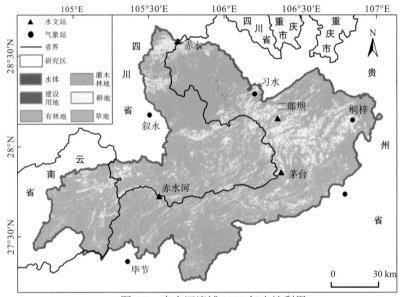

图 4.8　赤水河流域 1980 年土地利用

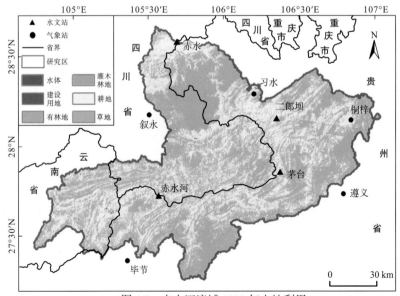

图 4.9　赤水河流域 1990 年土地利用

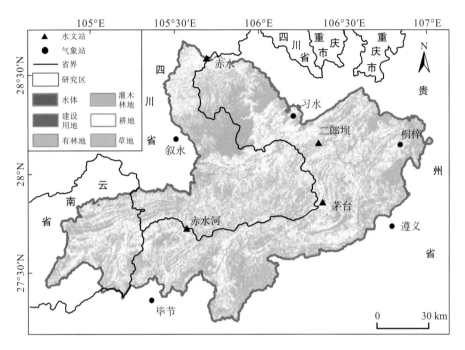

图 4.10　赤水河流域 2000 年土地利用

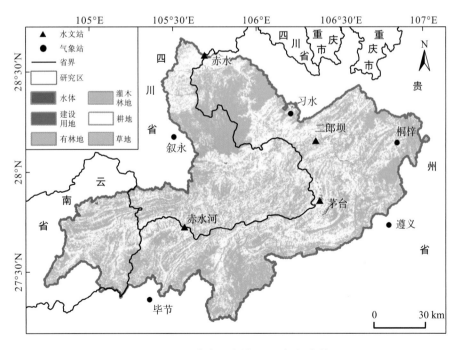

图 4.11　赤水河流域 2010 年土地利用

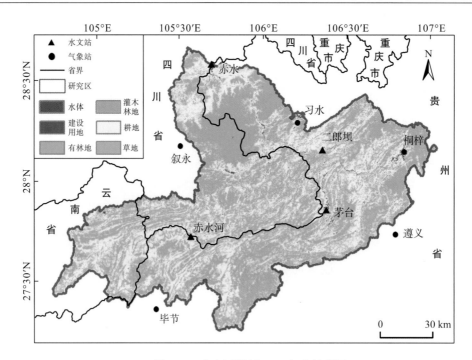

图 4.12　赤水河流域 2015 年土地利用

3. 土地利用分析方法

1) 土地利用结构变化方法

本书采用变化贡献率(吕春艳等，2006)、变化强度指数(Wang et al., 2004)对赤水河流域土地利用结构的时间变化特征进行度量。

(1) 土地利用变化贡献率是表征某一类土地利用面积占该时期土地利用变化总面积的百分比，计算公式如下：

$$B_i = \frac{|Y_{bi} - Y_{ai}|}{\sum |Y_{bi} - Y_{ai}|} \times 100\% \tag{4.3}$$

式中，B_i 代表研究时期内第 i 种土地利用类型变化的贡献率；Y_{ai}、Y_{bi} 分别代表研究初期和研究末期第 i 种土地利用类型的面积。

(2) 变化强度指数是表征某一空间单元在研究时段内每种土地利用类型变化占研究区土地总面积的比例。这个指标实质上可以反映研究时段内土地利用变化的强弱或趋势。

$$A_i = \frac{|Y_{bi} - Y_{ai}|}{U} \times 100\% \tag{4.4}$$

式中，A_i 代表研究时期内第 i 种土地利用类型的变化强度；Y_{ai}、Y_{bi} 分别代表研究初期和研究末期第 i 种土地利用类型的面积；U 代表流域土地利用总面积。

2) 土地利用空间变化方法

GIS 的主要特点是它具有空间分析功能，这是 GIS 区别于其他数据处理系统的本质特征。而叠置分析作为 GIS 空间分析中的重要功能，就是将包含感兴趣的空间要素对象的多

个数据层进行叠加,产生一个新要素图层,新图层综合了原来多层实体要素所具有的属性
特征(图4.13)。本书在对赤水河流域不同时期的土地利用进行空间分析时主要采用ArcGIS
中的叠置操作命令。具体操作流程是从 ArcGIS 中选择"ArcToolbox",选择工具箱中
"Overlay"下的"Intersect"选项,打开对话框后点击"Input Features"命令,将两个时
期不同的土地利用类型图加载进去,"Output Feature Class"选择输出结果的文件路径,
"Join Attributes"属性对话框选择所有字段。

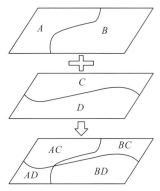

图 4.13　GIS 叠置分析操作及其思路

不同土地利用类型的时空动态变化过程可以通过土地利用类型的马尔科夫转移矩阵
来定量表征,这种转移矩阵可以很清楚地描述不同土地利用类型在两个时期的转变过程。
通过 GIS 的叠置分析操作可以快速得出研究区不同时期土地利用转移和变化的空间转移
矩阵和不同地类之间的转移过程和趋势。转移矩阵表示为(许岚和赵羿,1993)

$$U = \begin{bmatrix} U_{11} & U_{12} & ... & U_{1n} \\ U_{21} & U_{22} & ... & U_{2n} \\ M & M & & M \\ U_{n1} & U_{n2} & ... & U_{nn} \end{bmatrix}$$

式中,U 为流域内土地利用总面积;n 为不同土地利用类型的个数;i、j 分别表示研究初
期和末期不同的土地利用类型,U_{ij} 为 k 时期第 i 种土地利用类型转变为($k+1$)时期第 j 种
土地利用类型的面积总量变化。土地利用转移矩阵的空间变化含义如图 4.14 所示。

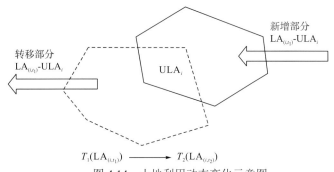

$T_1(\mathrm{LA}_{(i,t_1)}) \longrightarrow T_2(\mathrm{LA}_{(i,t_2)})$

图 4.14　土地利用动态变化示意图

注:图中,$T_1(\mathrm{LA}_{(i,t_1)})$ 表示 t_1 时刻土地利用类型面积,$T_2(\mathrm{LA}_{(i,t_2)})$ 表示 t_2 时刻土地利用类型面积,

ULA_i 表示 t_1 和 t_2 两个时刻土地利用变化面积。

3）土地利用驱动力分析方法及尺度选择

土地利用的时空差异性主要受自然因素、经济因素以及社会因素的综合影响。一般来说大尺度上的自然因素如气候、地貌以及地质背景对土地利用变化提供了物理模板，而社会和经济因素一般在区域或者较小尺度上的土地利用分析中起决定性作用（邬建国，2000）。其中自然因素一般包括影响土地利用变化的地质地貌、坡度、海拔、土壤的有机质和水分含量、降水量、气温等生态环境变量；经济因素主要包括区域的 GDP、第一产业产值、第三产业产值、人均收入等指标，这些要素的驱动会使土地利用朝着对人类有利的方向发展；社会因素是指除自然因素和经济因素以外的所有因素，一般包括区域的法律法规、政策以及风俗习惯等。

在现实世界里，土地利用的时空变化特征以及驱动机制一般是由多种自然因素以及社会经济因素共同作用的结果，具有复杂性、非线性以及异质性等特点。不同自然以及社会经济因素在不同的尺度上对土地利用变化的影响机理以及作用方式存在显著差异，因此，在进行区域土地利用变化分析时，就必然要考虑一个问题，即研究区的空间尺度以及粒度是如何界定的。不同的空间尺度以及空间分辨率下对研究对象进行研究时所得出的结果会有明显不同，这就是通常所说的尺度效应。另外，当一种空间现象在不同的尺度之间进行转换时，原有的理论模型和方法或许有效或许无效，所以必然存在尺度选择和尺度转换问题（Holling，1992）。因此本书在对赤水河流域典型区的土地利用进行模拟和分析时，首先根据数据的可获得性、时效性以及真实性有针对性地选取影响研究区土地利用变化的自然与人文因素，然后在对不同典型区的土地利用最佳模拟尺度进行选择的基础上分析了流域典型区土地利用变化的驱动机制。土地利用驱动力分析不仅为探索赤水河流域土地利用变化的内在机制提供了参考，而且为区域土地规划、石漠化治理、生态建设以及土地资源的合理利用提供理论指导以及方法借鉴。

土地利用变化驱动力分析方法一般有定性分析和定量分析两种。在自然系统中，土地利用的影响因素如气候、地质、地貌、区域水文过程以及水文循环等被认为是主要的驱动因素，但是它们对于区域的土地利用变化过程一般是在较长的时间尺度上才起作用，在较短的时间尺度上一般不太容易做定量分析。在较短的时间尺度上可以综合考虑自然因素、社会经济因素以及人文因素对土地利用变化进行定量分析。土地利用变化及其影响因素之间的定量分析方法，一般有线性回归分析法、主成分分析法以及多元线性回归分析法。这些回归分析方法在选择变量时一般将土地利用类型 Y 定义为因变量，而将驱动力因素 X 作为自变量，用某种回归函数拟合因变量 Y 与自变量 X 之间的回归系数，该类回归方法称为经典线性回归方法。另一种定量分析方法则是将土地利用类型 Y 值进行二值化处理，如二值化为 0 和 1，这时一般不能用经典回归分析方法进行处理，而要选择 Binary Logistic 回归分析方法进行分析。原因在于经典回归分析方法一般以行政单元进行统计回归分析，分析结果往往不能反映行政单元的空间异质性，另外，经典统计回归方法对驱动因子的解释变量能力略显不足。综上所述，本书选择了 Binary Logistic 回归分析方法（王济川和郭志刚，2001）对赤水河流域不同土地利用类型的时空异质性特征及其驱动机制进行定量分析。

4) Binary Logistic　回归分析方法

根据因变量取值类别不同，Logistic 回归方程可以分为 Binary Logistic 回归分析和 Multinomial Logistic 回归。Multinomial Logistic 回归模型中因变量可以取多个值，而 Binary Logistic 回归分析方法是根据一个或者多个连续型或者属性型的自变量来分析和预测 0 或 1 的二值品质型因变量的多元量化分析方法，这种方法属于概率性非线性回归分析方法。目前该方法已经广泛应用于经济学、统计学、社会学以及自然地理学等诸多学科。与线性回归方法相比，该方法具有以下优点。

(1) 利用多元线性回归分析方法分析多变量之间的关系或者进行模型预测时，一个最基本的假设是要求自变量应该是连续型定距变量，但是在实际的应用过程中很难达到这种要求，大多数自变量是非连续型定距变量，尤其是当因变量是 0 或 1 的品质型变量时，就无法用一般的多元线性回归分析方法，这时就只能借助 Binary Logistic 回归分析方法。

(2) 虽然多元线性回归分析方法可以做趋势分析以及预测分析，但是多元线性回归分析的预测值不能作为概率值解释变量；线性判别分析方法虽然可以对自变量进行直接分组预测，但是在进行预测分析时，线性判别分析方法要求自变量具有正态分布特征以及两组协变量的方差相等。但是 Binary Logistic 回归分析方法是二分类因变量(因变量 Y 只取 0 和 1 两个值)进行回归分析时经常使用的统计分析方法，与一元线性回归分析方法或者多元线性回归分析方法不同，它是一种非线性回归分析方法，而且这种方法的参数轨迹采用的是最大似然估计方法。

(3) 最大似然法是一种点估计方法，该方法假设从样本总体中随机抽取 n 个样本观测值后，最合理的参数估计量应该是从该模型中抽取的该 n 组样本观测值的概率最大值，而不是像最小二乘法那样得到使模型能最好地拟合样本数据的参数估计量。

本书在对赤水河流域土地利用进行驱动因素分析以及尺度模拟和尺度选择时所选用的方法是 Binary Logistic 回归方程。一般区域每一种土地利用类型的栅格图像都可以通过技术方法进行离散，成为 0 值和 1 值变量，0 值表示这种土地利用类型在研究区域内不出现，而 1 值表示这种土地利用类型在研究区域内出现。Binary Logistic 回归方程中的解释变量称为自变量，这种自变量可以是温度、降水、地形地貌等影响土地利用变化的自然因素，也可以是 GDP、人口、工业生产总值等社会经济变量。

图像中某种土地利用类型出现概率的表达式可以表征为

$$P = \frac{\exp(\beta_0 + \beta_1 x_1 + \beta_2 x_2 + \beta_3 x_3 + L + \beta_m x_m)}{1 + \exp(\beta_0 + \beta_1 x_1 + \beta_2 x_2 + \beta_3 x_3 + L + \beta_m x_m)} \tag{4.5}$$

式中，P 代表出现该种土地利用类型的概率；x 为自变量或者解释变量；β_0 为常数项；β_m 为 Logistic 回归方程的回归系数。回归方程的解释情况可以用 Pontius 提出的 ROC (relative operating characteristics) 曲线值进行检验(王济川和郭志刚，2001)。

设 $Z = \beta_0 + \beta_1 X_1 + \beta_2 X_2 + L + \beta_n X_n$，则 Z 值与 P 值之间的 Logistic 曲线图如图 4.15 所示。

从图 4.15 可以看出，当 Z 值趋向于正无穷时，P 值接近于 1；当 Z 值趋向于负无穷时，P 值取向于 0；P 值为 0～1 时，函数曲线是以点 (0,0.5) 为中心对称的 S 形曲线。

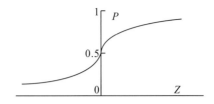

图 4.15 Logistic 回归分析曲线图

对 P 进行对数变换，可以将 Logistic 回归方程表示为以下线性形式：

$$\lg\left(\frac{P}{1-P}\right) = \beta_0 + \beta_1 x_1 + \beta_2 x_2 + \beta_3 x_3 + \text{L} + \beta_m x_m \tag{4.6}$$

式中，P 代表出现该种土地利用类型的概率；x 为自变量或者解释变量；β_0 为常数项；β_m 为 Logistic 回归方程的回归系数。

5) 驱动力因素选择标准

土地利用的时空差异性主要受自然因素、经济因素以及社会因素的综合影响，不同土地利用类型的变化以及转移的时空格局都是自然因素以及社会经济因素共同作用的结果。因此，本书在选择赤水河流域典型区土地利用驱动因素的过程中首先考虑典型区土地利用类型及其变化特点，同时结合研究区的具体情况，本着自然因素以及社会经济因素可获得性、时效性以及科学性相结合的原则进行选取。

在选择赤水河流域典型区土地利用变化驱动因子时，首先需要考虑的是选取什么样的驱动因子才能使驱动因素的选取既具有科学性又具有可靠性。由于涉及土地利用变化的驱动因素和影响因素有很多，不可能全部都选取，而且选择所有影响土地利用变化的驱动因子既不科学，也不可能实现。另外，在 Binary Logistic 回归方程中，若影响因素过多会使过多的变量产生多重共线性问题。因此在选取赤水河流域两个典型区土地利用影响因素的过程中主要遵循三个原则：①驱动因子的可获得性；②驱动因子可以定量化表达；③驱动因子能够代表研究区土地利用变化的实际情况。

本书根据上述标准，并参考前人的经验选取了 6 大类 14 个影响因子对赤水河两个典型区土地利用变化与驱动因素进行 Binary Logistic 回归分析。表 4.3 为 6 大类影响因素的来源及其简要说明。

表 4.3 土地利用驱动因素及其来源

驱动因子类型	具体指标	选取依据	数据来源
地形地貌	海拔 (DEM)、坡度 (DEM 衍生数据)	大地形、大地貌对土地利用以及景观格局的形成起决定性作用	地理空间数据云网站 ASTER GDEM V2 的数字高程模型数据 (http://www.gscloud.cn/)
气候	多年平均降水量/mm 多年平均气温/℃	气候以及局地小气候一般是土地利用以及景观格局的限制性因素	中国气象科学数据共享服务网，日降水和日气温数据 (http://data.cma.cn/)
土壤	土壤有机质含量	土壤有机质含量反映土壤肥力的大小，土壤肥力大小对局地景观格局起决定性作用	中国科学院南京土壤研究所 (http://www.issas.ac.cn/)

驱动因子类型	具体指标	选取依据	数据来源
可达性	距道路距离、距居民点距离、距乡镇距离、距城镇距离、距河网距离以及距铁路站点距离	反映土地利用类型驱动力的自然属性指标	赤水河流域基础信息数据经过整理后在 ArcGIS 中进行数据处理得到
人口及灯光	人口数量灯光指数	对土地利用类型起到扰动或制约作用	中国科学院地理科学与资源研究所 DMSP（defense meteorological satellite program）灯光指数 http://www.ngdc.noaa.gov/dmsp/download.html
经济	国内生产总值	对土地利用或景观格局具有扰动作用	中国科学院地理科学与资源研究所

　　本书在对影响因子进行栅格化处理的过程中，首先将影响因素进行分类整理，分类整理的数据一般包括矢量点状要素、矢量线状要素、矢量面状数据以及栅格数据格式文件。其中，矢量点状数据中的可达性因素主要选择赤水河流域两个典型区的县城、城镇、居民点以及铁路站点等要素。矢量线状要素主要选择线状河流以及线状道路。这部分的矢量点状数据和矢量线状数据主要来源国家地理信息局的 1∶25 万基础地理信息数据库。矢量面状数据主要是研究区的喀斯特区域分布图，由于赤水河流域的典型区都处于喀斯特地区，喀斯特地区不同的地质背景以及岩性背景决定了地表的景观覆被类型，因此在选择土地利用驱动力因素时考虑了岩性这个驱动因素。得到研究区的矢量点状要素、矢量线状要素以及矢量面状要素后，通过 GIS 空间分析中的欧式距离工具对所有的矢量数据进行量算，这样就可以得到研究区的可达性驱动因子数据。而研究区的降水和气温栅格数据则是利用贵州省、云南省、四川省的降水以及气温日值数据进行处理，之后将处理成的年值数据连接到矢量气象站点上，通过 GIS 中的地统计学方法进行插值得到。研究区的土壤有机质数据来源于中国科学院南京土壤研究所，得到矢量数据后通过 GIS 中的矢量转栅格命令将其转换为研究区的栅格尺度大小。研究区的灯光指数数据来源于美国 NASA 网站，数据的空间分辨率为 1000 m，但这个数据不能直接使用，必须将其重采样到研究区的尺度大小，这样才能满足后续的研究需求。最后使用研究区的 MASK 掩膜数据文件对所有生成的栅格数据进行掩膜，形成覆盖研究区的栅格土地利用驱动力因子文件（表 4.4，图 4.16）。

表 4.4　桐梓河流域土地利用变化驱动因子力编号及其定义

驱动力因子编号	驱动力因子	驱动力因子描述
X_1	坡度	数字高程模型 DEM 在 GIS 中衍生出来的数据
X_2	土壤有机质含量	对土壤肥力的描述
X_3	距铁路站点的距离	量算每一个像元到铁路站点中心的距离
X_4	DEM	采用黄海高程面生成的数据，来源于地理空间数据云
X_5	灯光指数数据	表征城市发展状况以及经济发展程度的指标
X_6	距居民点的距离	量算每一个像元到居民点中心的距离

驱动力因子编号	驱动力因子	驱动力因子描述
X_7	距喀斯特岩性中心的距离	表征区域喀斯特覆盖程度的指标
X_8	人口数据	
X_9	降水量数据	云南、四川以及贵州气象站点插值
X_{10}	距水系中心的距离	量算每一个像元到水系中心的距离
X_{11}	距道路中心的距离	量算每一个像元到道路中心的距离
X_{12}	距城镇中心的距离	量算每一个像元到城镇中心的距离
X_{13}	气温数据	云南、四川以及贵州气象站点插值
X_{14}	GDP 数据	国内生产总值(单位：元)

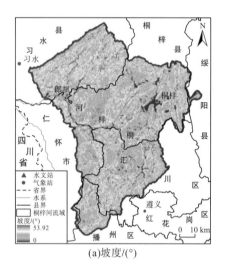

(a)坡度/(°)

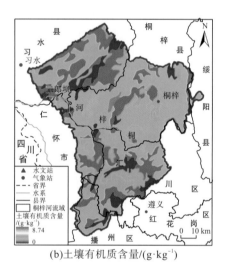

(b)土壤有机质含量/(g·kg^{-1})

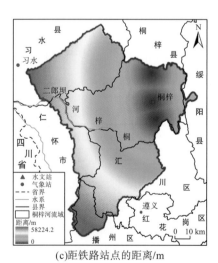

(c)距铁路站点的距离/m

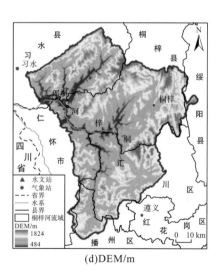

(d)DEM/m

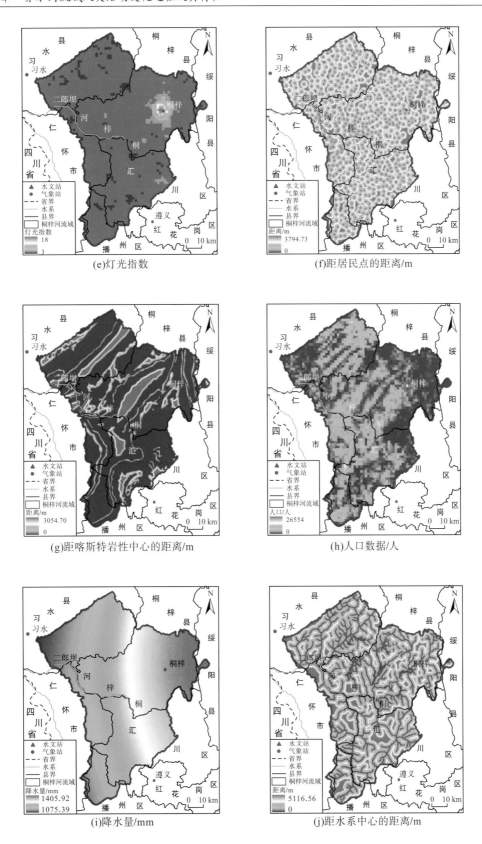

(e)灯光指数

(f)距居民点的距离/m

(g)距喀斯特岩性中心的距离/m

(h)人口数据/人

(i)降水量/mm

(j)距水系中心的距离/m

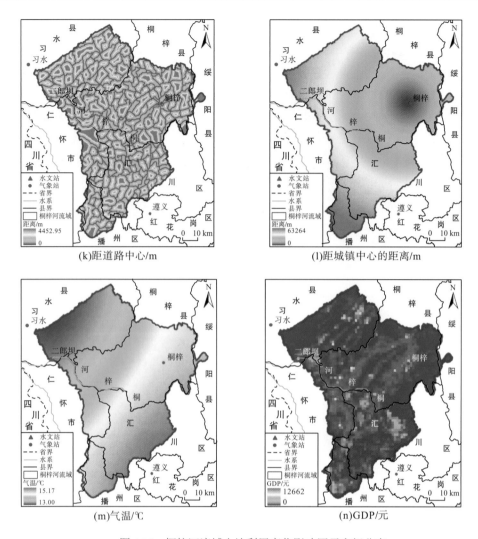

图 4.16　桐梓河流域土地利用变化影响因子空间分布

4. 土地利用未来情景模拟方法

土地利用未来情景变化模型是区域土地利用变化格局和未来情景分析的有力工具，目前，国内外学者开发了许多土地利用模型用于模拟和研究区域的 LUCC（Veldkamp and Fresco, 1996; Verburg et al., 2002; Jenerette and Wu, 2001; Gobin et al., 2002; Liu and Andersson, 2004; Manson, 2005）。其中，CLUE-S 模型在土地利用研究模拟和未来情景设置中应用比较广泛，然而，目前许多学者在应用此模型构建区域适宜性图集的过程中，是将区域的土地利用以年为单位，将不同土地利用类型的变化过程分为一系列离散的过程，依据研究区各种土地利用类型的年平均转化率来识别不同土地利用类型的转换概率，这种方法确定的适宜性图层很难反映研究区各种土地利用驱动力因子对研究区土地利用变化格局的影响。综上，本书首先使用 Binary Logistic 回归方程计算研究区不同土地利用类型与驱动力因子之间的回归系数，然后以此回归系数为基础，通过方程拟合计算出每种土地利用类型的转移概率图像，并将不同土地利用类型的概率图像进行组合形成适宜性图层，在此基础上构建转换概率适宜性图集并对未来的土地利用情景进行模拟。

CLUE-S（the conversion of land use and its effects at small region extent）模型是由荷兰的 Verburg 教授及其研究团队在 CLUE 模型的基础上进行开发的。CLUE-S 模型与 CLUE 模型的最大区别在于它主要应用于小尺度的土地利用模拟和预测。该模型的主要假设条件是区域的土地利用主要是由土地利用的需求文件进行驱动的，区域的土地利用格局一般与土地利用需求文件以及该地区的社会经济环境处于动态平衡中。CLUE-S 模型的详细简介和实现步骤详见摆万奇等（2005）。

1）模型的主要组成部分

CLUE-S 模型的架构由空间分析模块和非空间数据模块两个部分组成（张永民等，2004）（图 4.17）。其中，空间分析模块包括各种土地利用的驱动因子栅格数据文件、土地利用类型栅格文件、土地利用转换概率适宜性图集以及土地利用转换的规则和规范；非空间数据模块主要包括研究区的土地利用需求文件，该土地利用需求文件是以区域的社会经济发展水平为标准进行设置的，这个模块主要是通过空间分析模块对土地利用需求文件进行分配，从而达到区域不同土地利用类型在时空以及数量上的优化配置，非空间数据模块的土地利用需求文件一般可以通过系统动力学、灰色线性方法以及马尔科夫链计算得到。

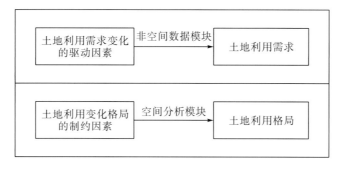

图 4.17　CLUE-S 模型结构示意图

2）模型运行数据文件及其格式

（1）模型运行所需数据文件标准。

CLUE-S 模型在运行过程中要求所有的土地利用数据以及影响土地利用变化的驱动力因子文件及其构建的适宜性图集必须统一到相同的分辨率下，因此本书首先通过 GIS 软件建立一个栅格掩膜文件，之后使用 GIS 空间分析中的"Extract to Mask"命令将所有的栅格图像裁剪到相同的分辨率尺度上。因为模型运行的过程中全部是以文本的 ASCII 栅格图像进行计算的，因此本书使用 GIS 中的"Raster to ASCII"进行转换。

（2）运行参数文件及其说明。

CLUE-S 模型输入文件及说明见表 4.5，具体如下。

表 4.5　CLUE-S 模型输入文件及说明

文件名	说明
main 1	模型模拟的主文件
alloc.Reg	Binary Logistic 回归方程文本文件
allow.txt	土地利用转换规则文件
region_park*.fil	区域限制性因子文件(*代表不同的限制性因子文件)
demand.in*	土地利用需求设置输入文件(*代表不同情景的土地利用需求文件)
Prob*	基于 Binary Logistic 回归方程计算的概率图像(*代表研究区不同土地利用类型的转换概率)
Cov-all.0	模型模拟初始年份的土地利用类型
Sclgr*	模型模拟所需的驱动力因子文件(*代表驱动力的序号,从 0 开始计数)

①main1 模型运行主文件设置见表 4.6。

表 4.6　main1 模型运行主文件设置

行数	参数内容	所需参数格式
1	区域土地利用类型个数	整型
2	模拟土地利用的区域个数	整型
3	Binary Logistic 回归方程驱动力最大数	整型
4	模型筛选的驱动力因子总数量	整型
5	行数	整型
6	列数	整型
7	栅格面积(单位为公顷)	浮点型
8	X 坐标	浮点型
9	Y 坐标	浮点型
10	土地利用类型编码数量,从 0 开始	整型
11	土地利用转换弹性系数	浮点型
12	迭代变量	浮点型
13	土地利用模拟的初始年份	整型
14	动态驱动力因子数及编码	整型
15	输出文件选择	1,−2 或 2 选其一
16	特定区域回归选择	0,1 或 2 选其一
17	土地利用历史设定初值	0,1 或 2 选其一
18	邻近区域选择	0,1 或 2 选其一
19	区域特定优先值	整型

②alloc1.Reg Binary Logistic 回归方程参数文件设置。alloc1.Reg 文件的参数文件主要由 Logistic 回归方程的系数确定,该系数是由研究区每一种土地利用二值栅格图像与所筛选的驱动力因子文件进行回归得到。在具体计算过程中首先通过重分类工具对每种土

地利用栅格数据文件进行重分类，这样就可以形成每一种土地利用类型的栅格二值化数据。同样将影响研究区各种土地利用变化的驱动力因子文件进行栅格化处理，驱动力文件与土地利用栅格文件通过"Raster to ASCII"码格式转换成二进制文本文件。转换完成后对土地利用类型文件进行重命名，重命名时土地利用类型的文件从 0 开始进行命名。本书通过 CLUE-S 模型中的 convert.exe 插件转换成单列文件，转换完成后就可以将单列文件结果读入 SPSS 19.0 软件中。在 SPSS 19.0 软件中，从分析菜单下选择 Binary Logistic 方程回归菜单，弹出回归分析菜单，首先将每一种土地利用类型的二值化数值放到因变量对话框中，将影响因子文件即驱动力因子文件放到协变量对话框中，在进入的方法中选择前向进入方法。需要注意的是，要在保存的对话框中设置输出的概率图像，如果不进行设置，回归方程的概率结果就不能与土地利用的真实值进行 ROC 曲线值验证。alloc.Reg 文件参数主要由三部分构成。第一部分，设置行 1：每一种土地利用类型的编号，从 0 开始，否则报错；第二部分，设置行 2：每一种土地利用类型的 Logistic 回归方程系数；第三部分，设置行 3：不同土地利用类型回归方程的驱动力因子数值以及驱动力解释编码也是从 0 开始。

③allow.txt 土地利用转换文件设置。在对未来土地利用进行多情景、多尺度分析和预测时，某种土地利用类型由于政府决策以及规划方式是不能转化为其他类型的，对于这些参数的设置主要是通过 allow.txt 参数文件完成。此文件是一个 $n×n$ 维的土地利用类型转换矩阵，这个转换矩阵一般由 0 和 1 两个数值组成。0 表示研究区内该种土地利用类型不可以转换为其他土地利用类型，1 表示研究区内该种土地利用类型可以转换为其他土地利用类型（表 4.7）。该参数文件在默认情况下允许所有的土地利用类型都可以进行转换。

表 4.7　allow.txt 文件主要参数

土地利用类型	水体	建设用地	林地	灌木林地	耕地	草地
水体	1	1	1	1	1	1
建设用地	0	0	0	0	0	0
林地	1	1	1	1	1	1
灌木林地	1	1	1	1	1	1
耕地	1	1	1	1	1	1
草地	1	1	1	1	1	1

④region_park*.fil 文件参数设置。region_park*.fil 参数文件是二进制格式的区域约束性文件，该约束性文件包括 0 和-9998 两种数据格式。0 代表研究区各种土地利用类型之间都可以在这个区域进行转换；-9998 一般代表研究区各种土地利用类型之间在这个区域都不能进行转换。region_park*.fil 参数文件是模型的必备文件，一般在进行区域土地利用模拟时，假如这个区域约束性文件不存在，需要设置一个全 0 的栅格二进制文件。

⑤demand.in*文件参数设置。这个参数文件是土地利用的需求设置文件，模型要求输入时此文件必须是 ASCII 文件格式。这个文件的第一行设置为本次模拟的时间跨度，也就是模拟的年份；第二行设置为研究区不同土地利用类型的需求数量。

⑥Cov-all.0 文件参数设置(模拟起始年份土地利用类型文件)。该文件为模型在进行模拟时研究区的土地利用起始年二进制文件,该文件包括行号、列号、X坐标、Y坐标、像元大小以及具体的土地利用数值。具体的土地利用数值以土地利用编码方式进行排列,本书设置的初始年土地利用类型编码为:水体= 1、建设用地= 2、林地= 3、灌木林地= 4、耕地= 5、草地= 6。

⑦Sclgr*驱动力文件设置。该文件也是 ASCII 文件格式,模型中具体进行命名时按照表 4.4 的顺序制作成"*.fil"文件。

3)转换弹性系数

转换弹性系数表示研究区各种土地利用类型在进行模拟时相互之间转换的概率大小,该指标可以用两个数值进行表征,分别为 0 和 1。1 代表该种土地利用类型在模拟时很难进行转换,如建设用地转换为耕地;0 代表该种土地利用类型在模拟时可以在不同地类之间进行转换,如耕地,在条件允许的情况下可以转换为建设用地,也可以转换为林地或者草地。0~1 的数值代表转换的概率大小,越接近 0 代表土地利用类型之间转换的可能性越大;反之,越接近 1,代表此种土地利用类型转换为其他土地利用类型的概率或者可能性越小。

4)动态模拟过程

动态模拟是根据研究区不同土地利用的适宜性图层构建的,该适宜性图层由 Binary Logistic 回归方程进行拟合,在土地利用变化规则以及初始状态土地利用类型图分布的基础上,根据研究区总概率 TPROP 大小对各种土地利用类型进行空间分配,这种空间匹配是通过逐步迭代过程实现的(图 4.18),具体实现过程如下:

$$\text{TPROP}_{i,u} = P_{i,u} + \text{ELAS}_u + \text{ITER}_u \tag{4.7}$$

式中,u 表示土地利用类型;i 表示每种土地利用类型中的栅格像元;ELAS_u 表示弹性系数;ITER_u 表示迭代系数。

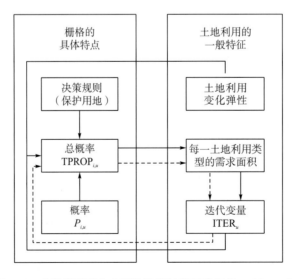

图 4.18　土地利用变化分配的迭代过程示意图(Lambin et al., 2001)

4.2.2　赤水河流域土地利用变化

1. 赤水河流域土地利用数量变化特征

本书对赤水河流域人类活动变化过程进行分析时主要以土地利用变化分析为主。土地利用变化是人类活动变化的主要表现形式，通过对赤水河流域 1980～2015 年的土地利用数量、土地利用空间变化以及土地利用程度综合指数变化进行分析，可以揭示赤水河流域36 年来土地资源数量的变化特征以及在不同地类之间转化的特点。在此基础上通过土地利用的流转分析方法探索不同土地利用图谱之间的转变过程及其转变的热点地区，通过分析找出目前土地利用过程中存在的问题，为赤水河流域的土地利用总体规划、流域的土地资源可持续利用、流域生态治理、生态水文效应以及生态建设提供理论和数据支撑。由于研究区的范围较大且 36 年来赤水河流域土地利用结构的变化特征和强度的区域差异性巨大，为了更好地揭示流域不同区域的土地利用变化特征，本书在后期的设计过程中选取了典型区进行重点剖析，同时结合课题组的前期研究以及收集的数据资料，对典型区土地利用的时空变异特征进行了定量分析。为了研究的便捷性以及更好地进行不同尺度的分析，对土地利用类型进行了统一编码，详见表 4.8。

表 4.8　1980～2015 年赤水河流域及其典型区土地利用代码表

土地类型（代码）	水体(1)	建设用地(2)	林地(3)	灌木林地(4)	耕地(5)	草地(6)
土地利用类型描述	沼泽	城镇建设用地	常绿阔叶林	人工灌木林地	旱地	灌丛草地
	湿地	农村居民点	常绿针叶林	天然灌木林地	水浇地	荒草地
	陆地水体		落叶阔叶林		水田	人工草地
	滩地水体		针阔混交林			

1）土地利用时间变化特征

本书主要从两个方面对流域土地利用变化的时间差异性特征进行分析，一方面是从不同土地利用类型的数量变化特征进行分析；另一方面是从土地利用的结构特征进行分析。对区域的土地利用面积变化以及比例变化特征进行分析，有助于从流域的整体尺度上把握研究区的土地利用动态变化特征。

在 ArcMap10.2 中，通过对赤水河流域 1980 年、1990 年、2000 年、2010 年以及 2015 年5 个时期不同土地利用类型的面积数据进行统计，可以得出赤水河流域不同土地利用类型面积 36 年来的总体变化趋势和变化过程。赤水河流域不同年份的土地利用面积及其占比见表 4.9。

表 4.9　赤水河流域土地利用类型解译数据

土地利用类型	1980 年		1990 年		2000 年		2010 年		2015 年	
	面积/km²	比例/%	面积/km²	比例/%	面积/km²	比例/%	面积/km²	比例/%	面积/km²	比例/%
水体	4.69	0.03	39.93	0.24	40.08	0.24	36.23	0.22	51.78	0.31

土地利用类型	1980 年		1990 年		2000 年		2010 年		2015 年	
	面积/km²	比例/%	面积/km²	比例/%	面积/km²	比例/%	面积/km²	比例/%	面积/km²	比例/%
建设用地	6.80	0.04	27.87	0.17	47.11	0.29	55.96	0.34	182.20	1.11
林地	6737.00	40.88	6002.40	36.43	5169.76	31.37	5595.46	33.96	6420.01	38.96
灌木林地	6074.90	36.87	1656.58	10.05	1727.81	10.49	2058.29	12.49	1993.10	12.10
耕地	3497.25	21.22	7190.98	43.64	8293.95	50.33	7737.02	46.95	6530.62	39.63
草地	157.71	0.96	1560.59	9.47	1199.64	7.28	995.40	6.04	1300.65	7.89
合计	16478.35	100.00	16478.35	100.00	16478.35	100.00	16478.35	100.00	16478.35	100.00

依据景观生态学原理，林地、灌木林地以及耕地是赤水河流域的主要基质。由表 4.9 可以看出，赤水河流域在 1980～2015 年不同土地利用类型面积发生了不同程度的变化。总体上耕地面积变化经历了两个大的阶段，其中 1980～2000 年耕地面积呈现出急剧上升趋势，面积由 1980 年的 3497.25 km² 增加到 2000 年的 8293.95 km²，而 2000～2015 年赤水河流域的耕地面积呈现出急剧下降趋势，由 2000 年的 8293.95 km² 下降到 2015 年的 6530.62 km²。36 年间，林地面积变化也呈现出两个阶段，转折的阈值点也在 2000 年，其中，1980～2000 年林地面积呈现出下降趋势，面积比例由 1980 年的 40.88% 下降到 2000 年的 31.37%；2000～2015 年林地面积呈现出上升趋势，其面积比例由 2000 年的 31.37% 上升到 2015 年的 38.96%，几乎与 1980 年的面积比例持平。灌木林地面积也呈现出下降与上升两个阶段，其转折的阈值点出现在 1990 年，1990 年以前赤水河流域的灌木林地面积由 1980 年的 6074.90 km² 下降到 1990 年的 1656.58 km²；1990 年后灌木林地面积整体上呈现出上升趋势，其面积由 1990 年的 1656.58 km² 上升到 2015 年的 1993.10 km²。建设用地面积，一直呈现出急剧上升的趋势。

为了更好地揭示赤水河流域不同土地利用类型在 36 年的变化过程，本书以 2000 年为时间间断点，分别绘制了 1980～2000 年、2000～2015 年以及 1980～2015 年不同土地利用类型的面积增加和面积减少图，通过面积的增加与减少图可以很直观地看出流域不同土地利用类型面积的转换关系。在数据处理过程中，本书使用 ArcMap10.2 中的 ArcTool Box 工具下的空间叠加(Intersect)命令实现面积增减图的数据处理。

从图 4.19～图 4.24 可以看出，不同时期各种土地利用类型的面积变化比较剧烈，其中 1980～2000 年以及 1980～2015 年面积增加的土地利用类型主要为耕地类，且 1980～2000 年耕地面积的增幅明显大于 1980～2015 年耕地面积的增幅。2000～2015 年面积增加的土地利用类型中以林地和灌木林地增加的斑块比重最大，这也印证了赤水河流域实施的退耕还林、石漠化综合治理等生态建设项目自 2000 年之后取得了显著成效。

由图 4.20、图 4.22、图 4.24 可以看出，1980～2000 年林地面积减幅最大，其次为灌木林地，其主要原因在于 1980～2000 年林地和灌木林地主要转换成了耕地，致使区域的林地和灌木林地大量减少。从 1980～2015 年来各种土地利用类型面积总体的减少趋势看，赤水河流域上游主要以林地和灌木林地减少为主，流域中游的仁怀市和桐梓县以耕地减少为主，流域中下游则以灌木林地和耕地的减少为主。

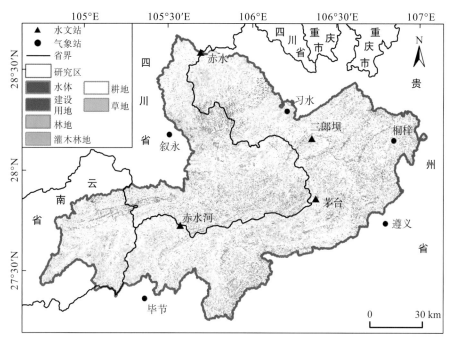

图 4.19 赤水河流域 1980～2000 年土地利用类型面积增加区域分布图

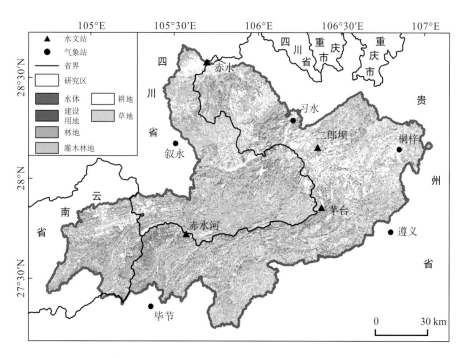

图 4.20 赤水河流域 1980～2000 年土地利用类型面积减少区域分布图

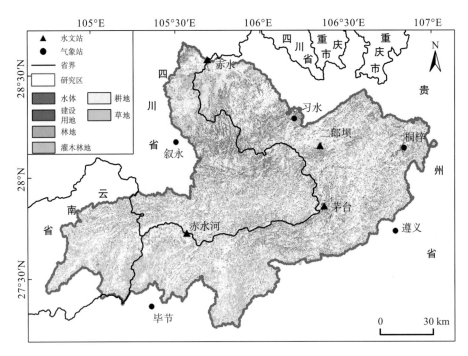

图 4.21   赤水河流域 2000～2015 年土地利用类型面积增加区域分布图

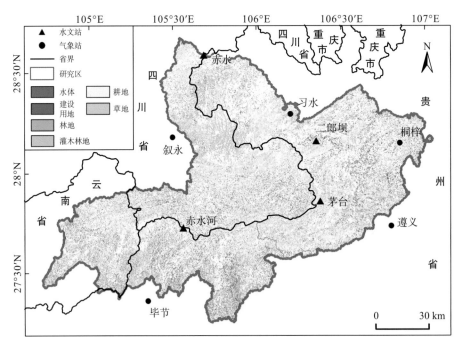

图 4.22   赤水河流域 2000～2015 年土地利用类型面积减少区域分布图

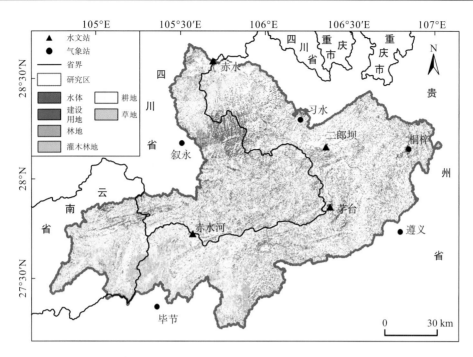

图 4.23 赤水河流域 1980~2015 年土地利用类型面积增加区域分布图

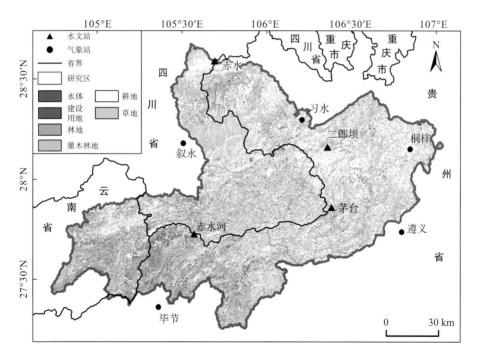

图 4.24 赤水河流域 1980~2015 年土地利用类型面积减少区域分布图

在分析流域土地利用变化总体趋势时，为了从宏观上把握赤水河流域 1980~2015 年的土地利用变化状况，本书编制了土地利用变化幅度表来反映不同土地利用类型的变化过

程及其变化趋势。不同土地利用变化幅度的计算公式如下:

$$K_t = \frac{Y_b - Y_a}{Y_a}$$

式中,Y_a、Y_b 分别为研究区初期和末期某一土地利用类型的面积,km^2;K_t 为研究期内某一土地利用类型的变化幅度。

从表 4.10 可以看出,1980~2015 年,灌木林地和林地主要转化为耕地和草地。在转入的地类中,建设用地的土地利用面积变化幅度最大,高达 25.79,其面积由 1980 年的 6.80 km^2 提升到 2015 年的 182.20 km^2,转入面积为 175.40 km^2;其次为水体,面积增加了 47.09 km^2,变化幅度高达 10.05。在转出的地类中,灌木林地的转出面积最大,而林地的转出面积最小。

表 4.10 1980~2015 年赤水河流域土地利用面积及变化幅度

土地利用面积	水体	建设用地	林地	灌木林地	耕地	草地
1980 年面积/km^2	4.69	6.80	6737.00	6074.90	3497.25	157.71
2015 年面积/km^2	51.78	182.20	6420.01	1993.10	6530.62	1300.65
36 年面积变化/km^2	47.09	175.40	-316.99	-4081.80	3033.37	1142.94
变化幅度	10.05	25.79	-0.05	-0.67	0.87	7.25

2) 土地利用结构变化特征

根据上述两个公式,本书对赤水河流域 1980~2015 年的土地利用结构变化特征进行了计算,计算结果见表 4.11。

表 4.11 1980~2015 年赤水河流域土地利用结构变化特征

土地利用类型	1980 年面积/km^2	2015 年面积/km^2	1980~2015 年面积变化绝对值/km^2	变化贡献率/%	变化强度指数/%
水体	4.69	51.78	47.09	0.54	0.29
建设用地	6.80	182.20	175.40	1.99	1.06
林地	6737.00	6420.01	316.99	3.60	1.92
灌木林地	6074.90	1993.10	4081.80	46.40	24.77
耕地	3497.25	6530.62	3033.37	34.48	18.41
草地	157.71	1300.65	1142.94	12.99	6.94
合计	16478.35	16478.36	8797.59	100.00	—

从表 4.11 中可以看出,1980~2015 年赤水河流域各种土地利用类型中耕地、灌木林地和草地的面积变化相对较大,其中灌木林地减少的面积最大,1980~2015 年减少了 4081.80 km^2,对土地利用结构变化的贡献率高达 46.40%,变化强度指数也达到了 24.77%。耕地和草地的变化表现出增加趋势,研究期内面积分别增加了 3033.37 km^2 和 1142.94 km^2,对土地利用结构变化的贡献率分别为 34.48%和 12.99%,变化强度指数分别为 18.41%和

6.94%。研究时段内，林地表现出减少趋势，36 年间林地面积减少了 316.99 km²，对土地利用结构变化的贡献率为 3.6%，变化强度指数为 1.92%。建设用地表现出增加趋势，36 年间建设用地面积增加了 175.40 km²，对土地利用结构变化的贡献率为 1.99%，变化强度指数为 1.06%。

　　总体来说，赤水河流域不同土地利用类型中变化最大的是灌木林地，其次为耕地和草地。而林地、建设用地和水体变化较小，三者变化贡献率之和未超过 7%(图 4.25)。以上结果反映出赤水河流域在 36 年间的土地利用结构变化中，灌木林地的变化起主导作用，耕地和草地变化次之。

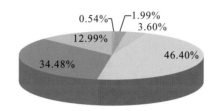

图 4.25　赤水河流域 1980～2015 年土地利用结构变化贡献率

2. 赤水河流域土地利用空间变化特征

　　赤水河流域土地利用变化见表 4.12 和图 4.26。

表 4.12　1980～2015 年赤水河流域土地利用转移矩阵

		草地	耕地	灌木林地	建设用地	林地	水体	1980 年合计/km²	占有率/%
草地	A_{ij}/km²	12.38	100.05	9.12	5.30	30.29	0.63		
	B_{ij}/%	7.85	63.41	5.78	3.36	19.20	0.40	157.79	0.96
	C_{ij}/%	0.95	1.53	0.46	2.91	0.47	1.22		
耕地	A_{ij}/km²	221.18	2610.79	159.68	110.73	368.66	26.50		
	B_{ij}/%	6.32	74.65	4.57	3.17	10.54	0.76	3497.54	21.23
	C_{ij}/%	17.02	39.97	8.01	60.82	5.74	51.23		
灌木林地	A_{ij}/km²	534.84	2490.98	1300.99	30.02	1713.74	4.49		
	B_{ij}/%	8.80	41.00	21.42	0.49	28.21	0.07	6075.07	36.87
	C_{ij}/%	41.16	38.13	65.24	16.49	26.70	8.68		
建设用地	A_{ij}/km²	0.21	2.15	0.20	1.65	1.11	1.47		
	B_{ij}/%	3.03	31.74	2.97	24.26	16.30	21.71	6.78	99.98
	C_{ij}/%	0.02	0.03	0.01	0.90	0.02	2.85		
林地	A_{ij}/km²	530.67	1327.68	524.15	33.92	4305.13	14.95		
	B_{ij}/%	7.88	19.71	7.78	0.50	63.91	0.22	6736.50	40.88
	C_{ij}/%	40.84	20.33	26.28	18.63	67.07	28.90		

续表

		草地	耕地	灌木林地	建设用地	林地	水体	1980 年合计/km²	占有率/%
水体	A_{ij}/km²	0.01	0.53	0.00	0.43	0.01	3.69	4.68	0
	B_{ij}/%	0.23	11.38	0.08	9.23	0.31	78.77		
	C_{ij}/%	0.00	0.00	0.00	0.00	0.00	0.00		
2015 年合计/km²		1299.30	6532.20	1994.15	182.05	6418.94	51.72	16478.35	100
占有率/%		7.88	39.64	12.10	1.10	38.95	0.31		

注：表中，行代表 k 时刻第 i 种土地覆被类型，列代表 k+1 时刻第 j 种土地覆被类型；$B_{ij} = A_{ij} \times 100 \Big/ \sum_{i=1}^{7} A_{ij}$，代表 k 时刻第 i 种土地覆被类型转变 k+1 时刻 j 种土地覆被类型的比例；$C_{ij} = A_{ij} \times 100 \Big/ \sum_{i=1}^{7} A_{ij}$，代表 k+1 时刻第 j 种土地覆被类型由 k 时刻的 i 种土地覆被类型转化的比重。

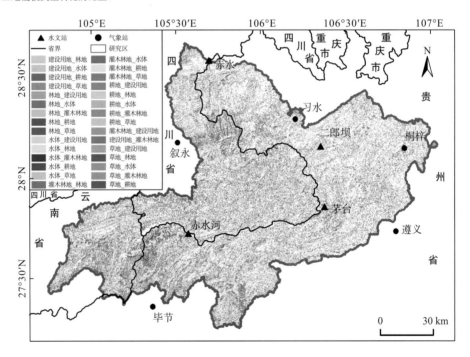

图 4.26　1980～2015 年研究区土地利用转移矩阵

　　在上述地类之间的转换关系中，转出面积占 1980 年的面积比例大小顺序为：林地（40.88%）＞灌木林地（36.87%）＞耕地（21.23%）＞草地（0.96%）＞建设用地（0.04%）；而转入面积占 2015 年的面积比例大小顺序为：耕地（39.64%）＞林地（38.95%）＞灌木林地（12.10%）＞草地（7.88%）＞建设用地（1.10%）。

　　综上，研究区 1980～2015 年草地面积主要由林地和灌木林地转换而来，主要流向耕地；耕地主要由灌木林地、林地和草地转换而来，主要流向草地、灌木林地和林地；林地主要由灌木林地和耕地转换而来，主要流向草地。

3. 赤水河流域土地潜力开发程度分析

目前，国内外学者从不同角度对土地利用开发程度进行了相关论述，并且取得了丰硕的成果。其中以土地利用开发模型角度为主的学者主要是德国的冯屠能，他开发出了针对农业区的土地利用开发强度模型，其他学者也基于此模型开发了许多著名的土地利用开发强度模型，如图解模型、重力模型、引力模型以及极化模型(雷木·巴哈德·曼德尔，1986)。另外还有以中国县级土地利用总体规划中提出的土地利用程度指标体系构建的土地开发程度指标(钱铭，1992)，但是这种方法不能描述区域整体的土地利用程度。因此，刘纪远(1992)按照自然和社会综合体将土地利用程度分为 4 级并进行赋值，构建了新的土地利用程度数量化表征方法。其赋值见表 4.13，计算公式如下：

$$L_a = \sum_{i=1}^{n} C_i \times A_i \tag{4.8}$$

式中，L_a 表示土地利用程度综合指数；A_i 表示第 i 级的土地利用程度分级指数；C_i 表示第 i 级土地利用程度分级百分比。

表 4.13　土地利用程度分级指标表

土地利用程度分级	林草水用地级	农业用地级	建设用地级
土地类型	灌木林地、林地、草地	耕地	城市、交通及工矿
指数 A_i	2	3	4

根据表 4.13，通过计算，本书编制了赤水河流域不同时期的土地利用程度分级图，具体如图 4.27～图 4.31 所示。

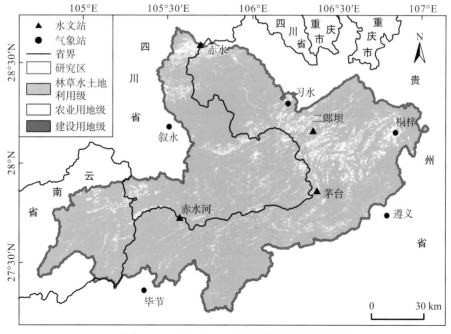

图 4.27　研究区 1980 年土地利用程度分级图

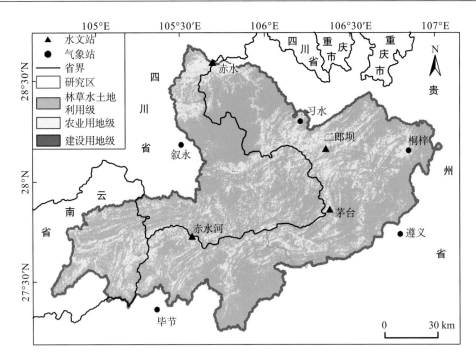

图 4.28　研究区 1990 年土地利用程度分级图

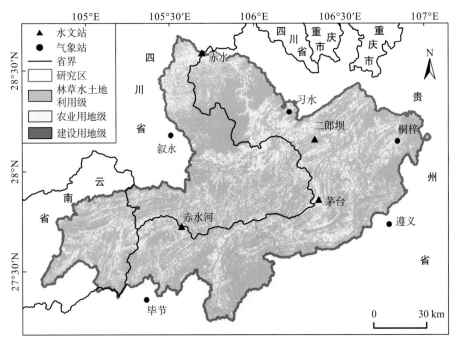

图 4.29　研究区 2000 年土地利用程度分级图

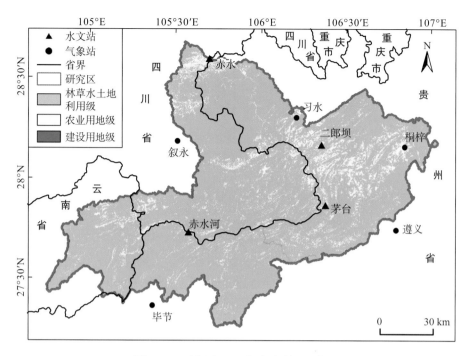

图 4.30　研究区 2010 年土地利用程度分级图

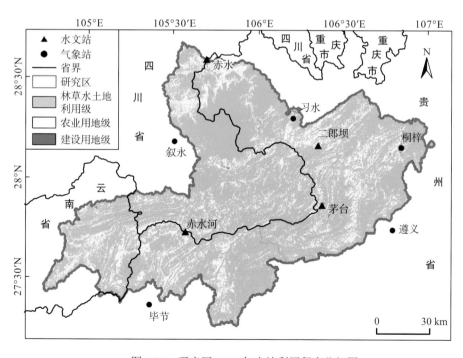

图 4.31　研究区 2015 年土地利用程度分级图

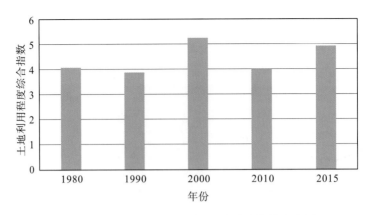

图 4.32　研究区土地利用程度综合指数变化图

从图 4.32 可以看出，赤水河流域在过去的 36 年中，土地综合开发利用程度经历了四个阶段：1990～2000 年和 2010～2015 年为上升阶段；1980～1990 年和 2000～2010 年为下降阶段。其中 1990～2000 年土地开发利用程度呈现出显著上升趋势，由 1990 年的 3.88 上升到 2000 年的 5.25，上升了 35.31%；而 2010～2015 年研究区的土地开发利用程度上升幅度较小；2000～2010 年土地利用程度综合指数呈现出显著下降趋势，这与该时期退耕还林、石漠化综合治理工程的实施有很大关系。

4.2.3　典型区桐梓河流域土地利用变化及模拟

1. 桐梓河流域土地利用变化

1）桐梓河流域土地利用数量变化特征

(1) 土地利用时间变化特征。

在 ArcMap10.2 中，通过对桐梓河流域 1980 年、1990 年、2000 年、2010 年以及 2015 年 5 个时期各类土地利用类型的面积数据进行统计，可以得出桐梓河流域土地利用在 1980～2015 年的总体变化趋势和变化过程。桐梓河流域不同年份的各类土地利用面积计算结果见表 4.14。

表 4.14　桐梓河流域土地利用类型解译数据

土地利用类型	1980 年		1990 年		2000 年		2010 年		2015 年	
	面积/km²	比例/%	面积/km²	比例/%	面积/km²	比例/%	面积/km²	比例/%	面积/km²	比例/%
水体	0.47	0.01	1.38	0.04	8.15	0.26	6.79	0.21	11.38	0.36
建设用地	0.26	0.01	2.80	0.09	7.80	0.25	6.07	0.19	54.84	1.72
林地	1170.16	36.76	1221.60	38.38	1059.09	33.27	1115.80	35.05	1206.18	37.89
灌木林地	1129.29	35.48	392.31	12.33	406.50	12.77	480.81	15.11	427.42	13.43
耕地	860.29	27.03	1219.89	38.32	1498.99	47.09	1395.98	43.86	1295.36	40.70
草地	22.62	0.71	345.12	10.84	202.56	6.36	177.65	5.58	187.91	5.90
合计	3183.09	100	3183.09	100	3183.09	100	3183.09	100	3183.09	100

由表 4.14、图 4.33 可以看出，1980～2015 年桐梓河流域各类土地利用类型面积变化显著。与赤水河流域耕地面积变化趋势大体相同，桐梓河流域的耕地面积变化同样经历了两个大的阶段，其中 1980～2000 年桐梓河流域耕地面积呈现出急剧上升趋势，由 1980 年的 860.29 km² 增加到 2000 年的 1498.99 km²；2000～2015 年桐梓河流域的耕地面积呈现出急剧下降趋势，由 2000 年的 1498.99 km² 下降到 2015 年的 1295.36 km²，研究期末耕地面积相对于 1980 年保持增长趋势。研究期内，1980～2015 年，桐梓河流域林地面积的变化趋势与赤水河流域林地面积的变化趋势有着显著差别，赤水河流域林地整体变化经历了两个阶段，转折阈值点为 2000 年(1980～2000 年呈现下降趋势，2000～2015 年呈现上升趋势)，而桐梓河流域林地面积的变化则经历了三个阶段，其中 1980～1990 年林地面积显著上升，由 1980 年的 1170.16 km² 上升到 1990 年的 1221.60 km²，之后有林地面积呈现减少趋势，而 2000 年之后由于实施了退耕还林以及石漠化综合治理工程，林地面积大幅上升，由 2000 年的 1059.09 km² 增加到 2015 年的 1206.18 km²，几乎与 1980 年的林地面积持平。灌木林地面积在 36 年间整体呈下降趋势，其转折的阈值点出现在 1990 年，1990 年

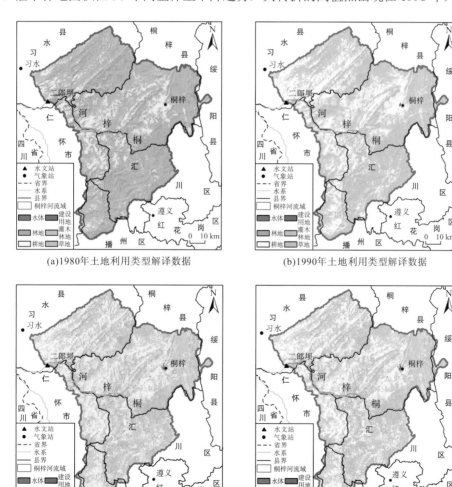

(a)1980年土地利用类型解译数据　　　　　　　(b)1990年土地利用类型解译数据

(c)2000年土地利用类型解译数据　　　　　　　(d)2010年土地利用类型解译数据

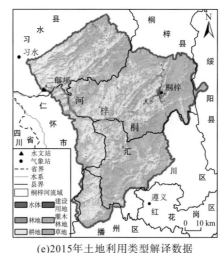

(e)2015年土地利用类型解译数据

图4.33 桐梓河流域不同年份土地利用类型解译数据

以前桐梓河流域的灌木林地面积由1980年的1129.29 km² 下降到1990年的392.31 km²，达到过去36年中的最低值，1990年后灌木林地面积呈现出波动上升趋势，由1990年的392.31 km² 上升到2010年的480.81 km²，之后呈现略微下降趋势，总的来说，灌木林地自1990年之后上升幅度减慢。桐梓河流域草地面积的变化同样经历了先上升后下降两个大的阶段，其转折的阈值点发生在1990年。36年来建设用地面积一直呈现出急剧上升的趋势。

从图4.34可以看出，桐梓河流域不同时期各种土地利用类型面积变化的差异较大。其中各种土地利用类型面积增加的趋势与赤水河流域整体的变化趋势相吻合，1980~2000年以及1980~2015年面积增加的土地利用类型主要为耕地，且1980~2000年的增幅明显大于2000~2015年的增幅；2000~2015年以林地和灌木林地面积增加的斑块比重最大，但是建设用地面积在桐梓县的增加趋势也很显著［图4.34(a)、(c)、(e)］。这也印证了桐梓河流域实施的退耕还林以及石漠化综合治理等生态建设项目自2000年之后取得了显著成效，但是建设用地占用耕地在局部地区仍然很突出，尤其是在县城周边地区。

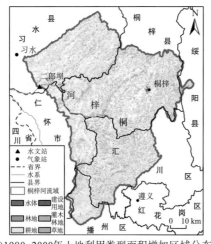
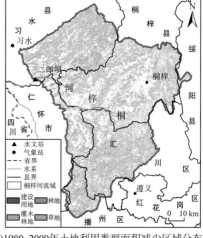

(a)1980~2000年土地利用类型面积增加区域分布图　　　(b)1980~2000年土地利用类型面积减少区域分布图

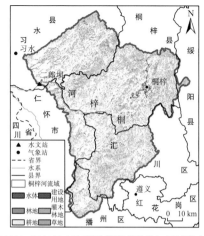
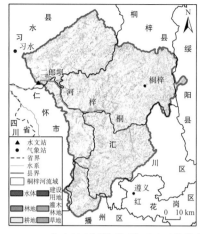

(c)2000~2015年土地利用类型面积增加区域分布图　(d)2000~2015年土地利用类型面积减少区域分布图

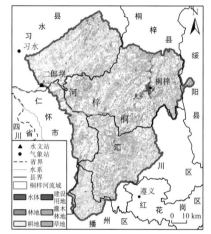
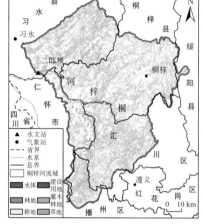

(e)1980~2015年土地利用类型面积增加区域分布图　(f)1980~2015年土地利用类型面积减少区域分布图

图 4.34　桐梓河流域不同时期土地利用类型面积增减区域分布图

从图 4.34(b)、(d)、(f)中可以看出，1980~2000 年灌木林地面积减幅最大，其次为林地，其主要原因在于 1980~2000 年，流域人口增加，同时人为砍伐森林的现象突出，造成林地和灌木林地向耕地转换成为可能；1980~2000 年桐梓河流域上游的桐梓县以林地和灌木林地减少为主，而流域北部和南部以灌木林地和林地的减少为主。

本书在分析桐梓河流域土地利用变化总体趋势时，为了从宏观上把握桐梓河流域过去 36 年的土地利用变化状况，编制了土地利用变化幅度表来反映桐梓河流域不同土地利用类型的变化过程及其变化趋势。

表 4.15　1980~2015 年桐梓河流域土地利用面积变化幅度

土地利用面积	水体	建设用地	林地	灌木林地	耕地	草地
1980 年面积/km²	0.47	0.26	1170.16	1129.29	860.29	22.62
2015 年面积/km²	11.38	54.84	1206.18	427.42	1295.36	187.91
36 年面积变化/km²	10.91	54.58	36.02	−701.87	435.07	165.30
变化幅度	23.12	207.68	0.03	−0.62	0.51	7.31

从表 4.15 可知，1980～2015 年，灌木林地主要转化为耕地、草地和建设用地。在转入的地类中，建设用地的土地利用面积变化幅度最大，高达 207.68，转换面积由 1980 年的 0.26 km² 提升为 2015 年的 54.84 km²；其次为水体，1980～2015 年，桐梓河流域水体的面积增加了 10.91 km²，变化幅度高达 23.12。

（2）土地利用空间变化特征。

桐梓河流域土地利用变化见表 4.16 和图 4.35。

表 4.16 1980～2015 年桐梓河流域土地利用转移矩阵

		草地	耕地	灌木林地	建设用地	林地	水体	1980 年合计/km²	占有率/%
草地	A_{ij}/km²	1.32	15.10	2.05	0.50	3.60	0.04		
	B_{ij}/%	5.83	66.78	9.06	2.21	15.93	0.19	22.62	0.71
	C_{ij}/%	0.70	1.17	0.48	0.91	0.30	0.38		
耕地	A_{ij}/km²	53.35	669.78	22.52	41.09	67.55	6.01		
	B_{ij}/%	6.20	77.85	2.62	4.78	7.85	0.70	860.29	27.03
	C_{ij}/%	28.39	51.71	5.27	74.92	5.60	52.82		
灌木林地	A_{ij}/km²	64.65	440.04	328.93	4.54	290.49	0.64		
	B_{ij}/%	5.72	38.97	29.13	0.40	25.72	0.06	1129.29	35.48
	C_{ij}/%	34.40	33.97	76.96	8.28	24.08	5.63		
建设用地	A_{ij}/km²	0.01	0.06	—	0.10	0.03	0.06		
	B_{ij}/%	2.74	23.29	0.00	39.73	10.96	23.29	0.26	0.01
	C_{ij}/%	0.00	0.00	0.00	0.19	0.00	0.54		
林地	A_{ij}/km²	68.59	170.06	73.92	8.51	844.48	4.59		
	B_{ij}/%	5.86	14.53	6.32	0.73	72.17	0.39	1170.16	36.76
	C_{ij}/%	36.50	13.13	17.29	15.52	70.01	40.38		
水体	A_{ij}/km²	—	0.32	—	0.10	0.03	0.02		
	B_{ij}/%	0.00	67.94	0.00	20.61	5.34	6.11	0.47	0
	C_{ij}/%	0.00	0.00	0.00	0.00	0.00	0.00		
2015 年合计/km²		187.91	1295.36	427.42	54.84	1206.18	11.38	3183.09	
占有率/%		5.90	40.70	13.43	1.72	37.89	0		100

注：表中，行代表 k 时刻第 i 种土地覆被类型，列代表 $k+1$ 时刻第 j 种土地覆被类型；$B_{ij} = A_{ij} \times 100 \left/ \sum_{i=1}^{7} A_{ij} \right.$，代表 k 时刻第 i 种土地覆被类型转换 $k+1$ 时刻 j 种土地覆被类型的比例；$C_{ij} = A_{ij} \times 100 \left/ \sum_{i=1}^{7} A_{ij} \right.$，代表 $k+1$ 时刻第 j 种土地覆被类型由 k 时刻的 i 种土地覆被类型转化的比重。

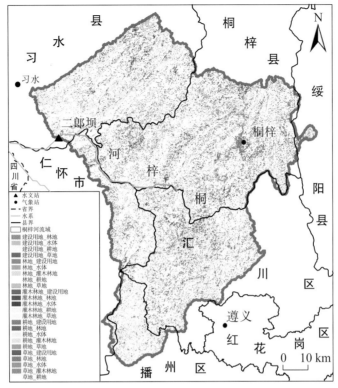

图 4.35　桐梓河流域 1980～2015 年土地利用转移矩阵

综上，桐梓河流域 1980～2015 年草地面积主要由林地、灌木林地和耕地转换而来，主要流向林地和灌木林地；耕地主要由灌木林地和林地转换而来，主要流向草地、林地和建设用地；灌木林地主要由林地转换而来，主要流向耕地。

2) 土地潜力开发程度分析

从图 4.36～图 4.39 可以看出，桐梓河流域在过去的 36 年中，土地综合开发利用程度经历了四个阶段：1990～2000 年和 2010～2015 年为上升阶段，1980～1990 年和 2000～2010 年为下降阶段。其中 1980～1990 年土地开发利用程度呈现显著下降趋势，由 1980年的 4.92 下降到 1990 年的 4.14，下降了 15.85%，而 2010～2015 年研究区的土地开发利用程度呈现出急剧上升的趋势，这与该时期桐梓县建设用地的大幅增加有直接关系。

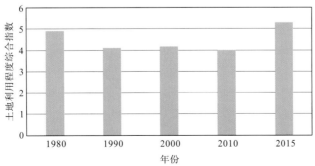

图 4.36　研究区土地利用程度综合指数变化图

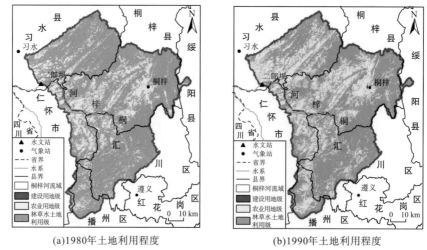

(a)1980年土地利用程度   (b)1990年土地利用程度

图4.37　研究区 1980 年和 1990 年土地利用程度综合指数变化图

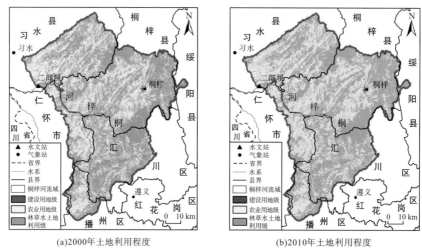

(a)2000年土地利用程度   (b)2010年土地利用程度

图4.38　研究区 2000 年和 2010 年土地利用程度综合指数变化图

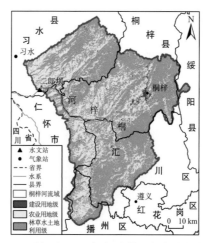

图4.39　研究区 2015 年土地利用程度综合指数变化图

2. 桐梓河流域土地利用变化模拟

2)桐梓河流域土地利用尺度选择结果

通过对 10 种尺度的驱动力因子图像与典型区各种土地利用图像进行 Binary Logistic 回归,就可得出 10 种尺度的 Logistic 回归方程结果,之后利用 SPSS 19.0 对每一结果进行 ROC 检验,可以得到 ROC 统计结果值。图 4.40 为桐梓河流域耕地、灌木林地以及草地在 10 种空间尺度上的 ROC 曲线图。从图中可以看出,不同空间尺度上 ROC 曲线在不同地类之间表现出的特征具有一定的规律性,即随着尺度的增加 ROC 值呈先增加后减少的趋势,而不同的研究区 ROC 曲线所表现出的尺度效应不一致。由图 4.40 可以看出在尺度为 120 m 的空间范围内,ROC 在耕地、灌木林地以及草地的值均达到最大值,分别为 0.85、0.79 和 0.92,说明在 10 种不同尺度的转换效应下,120 m×120 m 是桐梓河流域进行土地利用分析以及土地利用模拟时的最佳空间尺度,在 CLUE-S 模型中本书也选择这种空间尺度进行土地利用的模拟分析。

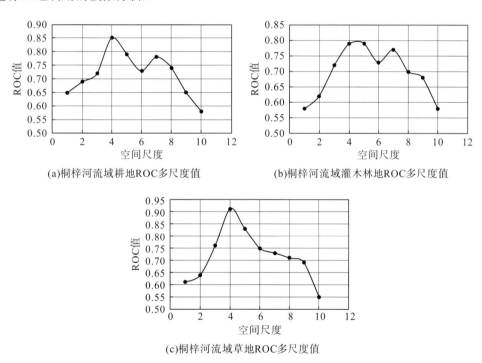

(a)桐梓河流域耕地ROC多尺度值　　　　　　(b)桐梓河流域灌木林地ROC多尺度值

(c)桐梓河流域草地ROC多尺度值

图 4.40　典型区桐梓河流域耕地、灌木林地和草地 ROC 模拟曲线图

3)桐梓河流域 Binary Logistic 回归方程建立

由上述分析可知,桐梓河流域在进行土地利用模拟与格局优化时,特征选择尺度是 120 m×120 m,因此本节将在此尺度下构建典型区桐梓河流域的 Binary Logistic 回归方程。通过对土地利用数据以及影响桐梓河流域的驱动力因子进行 20%的采样,运用 SPSS 19.0 软件进行 Binary Logistic 回归分析,得出了研究区不同土地利用类型的常数项以及各个回

归系数的贡献率，之后对回归分析的预测结果进行 ROC 曲线值的验证。桐梓河流域各种土地利用类型的统计特征值及统计量见表 4.17。

表 4.17　桐梓河流域 Binary Logistic 方程统计特征值及统计量

土地类型	变量	回归方程系数 /10^{-3}	标准差 /10^{-3}	Wald 统计量	自由度	拟合优度检验 /10^{-3}	发生概率
水体	X_1	−96.19	14.60	7.94	1	0.00	1.00
	X_4	−7.64	0.65	85.54	1	0.00	1.00
	X_6	0.47	0.24	3.43	1	49.68	1.07
	X_7	−1.10	0.29	41.58	1	0.13	1.00
	X_{10}	0.83	0.37	23.97	1	23.45	1.01
	常量	1778.32	501.24	21.04	1	0.39	1.00
建设用地	X_1	−68.89	14.80	8.31	1	0.00	1.00
	X_2	−115.31	44.98	142.96	1	10.36	0.85
	X_3	0.18	0.06	10.57	1	2.42	0.38
	X_{12}	0.20	0.06	0.97	1	0.46	129.87
	X_4	−3.74	0.63	25.12	1	0.00	1.00
	X_5	231.38	40.84	20.90	1	0.00	1.00
	X_{14}	0.17	0.06	94.92	1	1.49	1.00
	X_6	0.76	0.26	92.13	1	4.01	1.27
	X_7	−0.60	0.24	17.76	1	14.53	1.00
	X_{11}	1.67	0.40	3.05	1	0.03	1.00
	常量	−21.64	791.93	22.95	1	978.20	1.00
林地	X_1	39.88	1.29	28.84	1	0.00	1.00
	X_2	−10.20	4.00	87.53	1	10.87	0.92
	X_3	−0.06	0.01	9.74	1	0.00	1.10
	X_{12}	−0.04	0.00	8.93	1	0.00	0.37
	X_5	−67.55	20.20	2.12	1	0.83	5737.56
	X_{14}	−0.21	0.08	17.70	1	11.74	1.00
	X_6	−0.15	0.02	21.05	1	0.00	1.00
	X_8	−1.53	0.06	728.27	1	0.00	1.00
	X_9	−3.54	0.56	50.58	1	0.00	0.90
	X_{10}	−0.14	0.02	11.85	1	0.00	1.00
	X_{11}	−0.13	0.02	107.09	1	0.00	1.00
	X_{13}	390.11	30.90	905.70	1	0.00	1.00
	常量	−1540.82	530.46	134.48	1	3.68	1.00
灌木林地	X_1	32.23	1.88	187.41	1	0.00	1.00
	X_2	20.42	6.19	119.82	1	0.96	1.00
	X_3	−0.03	0.00	922.53	1	0.00	1.04
	X_4	3.94	0.09	13.63	1	0.00	1.02
	X_5	−99.65	28.42	10.83	1	0.45	0.81

续表

土地类型	变量	回归方程系数/10⁻³	标准差/10⁻³	Wald 统计量	自由度	拟合优度检验/10⁻³	发生概率
	X_6	−0.12	0.03	14.25	1	0.31	65.92
	X_7	0.20	0.05	8.79	1	0.12	1.00
	X_8	−2.68	0.12	6.86	1	0.00	1.00
	X_9	−3.61	0.67	603.40	1	0.00	1.00
	X_{10}	−0.11	0.03	13.41	1	0.12	0.83
	X_{11}	−0.11	0.03	6.90	1	0.16	1.00
	X_{13}	232.72	40.08	24.64	1	0.00	1.00
	常量	−15725.51	672.28	356.83	1	0.00	1.00
耕地	X_1	−47.14	1.30	5.25	1	0.00	1.00
	X_2	20.02	3.83	14.13	1	0.00	1.00
	X_3	−0.02	0.01	128.06	1	1.09	1.03
	X_{12}	−0.03	0.00	145.21	1	0.00	7.08
	X_4	−1.54	0.06	226.66	1	0.00	0.00
	X_{14}	−0.38	0.06	899.37	1	0.00	1.00
	X_6	−0.32	0.02	35.35	1	0.00	1.06
	X_7	−0.20	0.03	97.65	1	0.00	1.00
	X_8	0.51	0.05	78.72	1	0.00	1.00
	X_9	−4.72	0.58	275.01	1	0.00	1.00
	X_{10}	0.00	0.00	276.28	1	0.00	1.00
	X_{11}	0.00	0.00	285.59	1	0.00	1.00
	X_{13}	−154.00	31.00	160.18	1	0.00	1.00
	常量	10838.00	545.00	239.63	1	0.00	1.00
草地	X_1	−25.03	2.50	791.04	1	0.00	0.97
	X_2	−17.47	7.39	6.50	1	18.10	0.99
	X_4	−0.64	0.09	36.66	1	0.00	0.27
	X_5	−119.81	35.27	144.40	1	0.68	1.00
	X_6	−0.15	0.05	150.50	1	1.04	1.00
	X_7	0.15	0.05	127.13	1	2.32	1.00
	X_8	−0.09	0.03	50.35	1	2.34	0.85
	X_9	0.72	0.36	4.74	1	44.80	1.00
	X_{13}	−208.70	42.70	34.42	1	0.00	1.00
	常量	1071.82	497.37	4.60	1	31.17	1.00

Binary Logistic 回归分析结果中的系数为由 SPSS 19.0 软件进行回归分析所得的相关系数，$\exp(\beta)$ 是 β 系数以 e 为底的指数，其值等于某种事件的发生概率，它是表征某自变量对因变量影响大小的指标，是某种事件的发生概率与不发生概率之间的比值（王济川和郭志刚，2001）。本书将发生概率定义为因变量中土地利用驱动力因子每增加或减少一个单位，各种土地利用类型分布概率的情况[$\exp(\beta)$<1，概率减小；$\exp(\beta)$=1，概率不变；

$\exp(\beta)>1$，概率增加]。因此，可以用 $\exp(\beta)$ 来解释和分析研究区驱动力因子对各种土地利用分布情况的影响状况。

通过水体地类的 Binary Logistic 回归分析结果可知，对桐梓河流域水体地类发生贡献率较为明显的驱动力因子共有 5 个，它们之间的相关系数矩阵值大小不一(表 4.18)。也就是说通过对 14 个影响桐梓河流域土地利用变化的驱动力因子进行回归分析之后发现，影响水体变化的驱动力因子只有 5 个。这个分析结果表明水体的驱动力因子之间存在着明显的多重因子共线性问题，各种影响因子在回归分析的过程中已经通过 Binary Logistic 回归方程进行了剔除。由表 4.18 可以看出，影响桐梓河流域水体的驱动力因子共有 5 个，分别为坡度(X_1)、DEM(X_4)、距居民点的距离(X_6)、距喀斯特岩性中心的距离(X_7)以及距水系中心的距离(X_{10})。其中坡度、DEM 以及距喀斯特岩性中心的距离与水体的相关系数为负数，说明坡度越大、高程越高以及距喀斯特岩性中心的距离越远，该区域的水体越发达，这也是符合自然规律的，表明水域主要分布于地势较低的地带。从桐梓河流域的整体范围看，桐梓河流域为赤水河流域最大的支流，处于典型的喀斯特流域单元中。而距居民点的距离以及距水系中心的距离与桐梓河流域水体地类的相关系数为正值，说明在桐梓河流域这个典型的喀斯特地区居民点以及乡村聚落主要分布于水体或者河流附近。通过观察水系对流域水体地类的 $\exp(\beta)$ 值发现，水系每增加 1 个单位，水体的分布概率就增加 1 个单位。

表 4.18　桐梓河流域水体各个影响因子相关系数矩阵

	常量	X_4	X_1	X_7	X_{10}	X_6
常量	1.00	−0.81	−0.06	−0.32	0.21	−0.48
X_1	−0.06	−0.13	1.00	0.09	−0.21	−0.08
X_4	−0.81	1.00	−0.13	0.18	−0.36	0.02
X_6	−0.48	0.02	−0.08	0.09	−0.01	1.00
X_7	−0.32	0.18	0.09	1.00	−0.06	0.09
X_{10}	0.21	−0.36	−0.21	−0.06	1.00	−0.01

注：表中数据只保留两位有效数字。

通过建设用地的 Binary Logistic 回归分析结果可知，对桐梓河流域建设用地地类发生贡献率较为明显的驱动力因子共有 10 个，它们之间的相关系数矩阵值各不相同(表 4.19)。通过对 14 个影响桐梓河流域土地利用变化的驱动力因子进行回归分析后发现，影响建设用地变化的驱动力因子有 10 个。这个分析结果表明建设用地地类与流域驱动力因子之间的多重因子共线性问题不明显。通过表 4.19 可以看出，影响桐梓河流域建设用地的 10 个驱动力因子分别为坡度(X_1)、土壤有机质含量(X_2)、距铁路站点的距离(X_3)、距城镇中心的距离(X_{12})、DEM(X_4)、灯光指数(X_5)、流域的 GDP(X_{14})、距居民点的距离(X_6)、距喀斯特岩性中心的距离(X_7)以及距道路中心的距离(X_{11})。其中，距铁路站点的距离、灯光指数、流域的 GDP、距居民点的距离以及距道路中心的距离与建设用地的相关系数为正值，表征流域建设用地的扩展与这几个驱动因素有显著的相关性。从相关系数大小看，灯光指数、距道路中心以及居民点的距离与建设用地的相关系数较高，说明灯光指数越大，距道路中心以及居民点的距离越近，建设用地的出现概率越高，这也与事实相符，本书的回归分析结果也验证了这个结果。另外，流域的 GDP 以及距铁路站点的距离也进入了回归方程，说明建设用地的发生不仅与区域的经济总量有关，还受到流域交通便利程度的影响。而桐梓河流域中的坡度、土壤有机质含量、DEM、距喀斯特岩性中心的距离与流域建设用地之间的相关系数为负数，说明桐梓河流域的建设用地主要分布于地势比较平坦的坝地、丘陵谷地或者河谷地区，而非地势较大、坡度较大的山地地区，这也造成了建设用地与耕地之间的供需矛盾日益突出，建设用地与耕地争地的现象频繁发生。通过观察不同驱动力因子对流域建设用地发生概率的 $\exp(\beta)$ 值发现，灯光指数和距道路中心的距离每增加 1 个单位，建设用地的增加比例分别为 1.26 个单位和 1 个单位左右。

表 4.19　桐梓河流域建设用地各个影响因子相关系数矩阵

	常量	X_{14}	X_5	X_4	X_1	X_{11}	X_6	X_{12}	X_3	X_2	X_7
常量	1.00	0.11	-0.49	-0.79	0.00	-0.03	-0.17	0.05	-0.18	-0.19	-0.41
X_1	0.00	0.05	0.15	-0.15	1.00	-0.09	-0.09	-0.02	-0.02	-0.07	0.01
X_2	-0.19	0.07	0.13	-0.07	-0.07	-0.03	0.00	0.00	0.01	1.00	0.11
X_3	-0.18	0.04	-0.13	0.33	-0.02	-0.07	-0.02	-0.98	1.00	0.01	-0.04
X_{12}	0.05	-0.06	0.22	-0.24	-0.02	0.06	0.01	1.00	-0.98	0.00	0.08
X_4	-0.79	-0.02	0.02	1.00	-0.15	-0.06	0.00	-0.24	0.33	-0.07	0.30
X_5	-0.49	-0.54	1.00	0.02	0.15	0.03	-0.07	0.22	-0.13	0.13	0.19
X_{14}	0.11	1.00	-0.54	-0.02	0.05	0.03	0.08	-0.06	0.04	0.07	-0.08
X_6	-0.17	0.08	-0.07	0.00	-0.09	-0.15	1.00	0.01	-0.02	0.00	0.04
X_7	-0.41	-0.08	0.19	0.30	0.01	0.04	0.04	0.07	-0.04	0.11	1.00
X_{11}	-0.03	0.03	0.03	-0.06	-0.09	1.00	-0.15	0.06	-0.07	-0.03	0.04

注：表中数据只保留两位有效数字。

通过林地的 Binary Logistic 方程回归分析结果可知，对桐梓河流域林地地类发生贡献率较为明显的驱动力因子共有 12 个，它们之间的相关系数矩阵值各不相同（表 4.20）。也就是说通过对 14 个影响桐梓河流域土地利用变化的驱动力因子进行回归分析后发现，影响林地变化的驱动力因子有 12 个。这个分析结果表明林地地类与流域驱动力因子之间的多重因子共线性问题不明显。通过表 4.20 可以看出，影响桐梓河流域林地分布的 12 个驱动力因子分别为坡度（X_1）、土壤有机质含量（X_2）、距铁路站点的距离（X_3）、距城镇中心的距离（X_{12}）、灯光指数（X_5）、流域的 GDP（X_{14}）、距居民点的距离（X_6）、流域的人口总量（X_8）、流域的多年平均降水量（X_9）、距水系中心的距离（X_{10}）、距道路中心的距离（X_{11}）以及流域的年平均气温（X_{13}）。其中，流域的土壤有机质含量、距铁路站点的距离、距城镇中心的距离、灯光指数、流域的 GDP、距居民点的距离、流域的人口总量、流域的多年平均降水量以及距水系中心的距离与林地地类的相关系数为负数，说明流域林地的空间分布与这几个驱动因素有显著的负相关性。从相关系数大小看，灯光指数、流域的土壤有机质含量以及流域的多年平均降水量与林地地类的负相关系数相对较大，分别为 -0.067545、-0.010196 和 -0.003535，说明在研究区内灯光指数越小、土壤有机质含量越低，林地的分布概率越高。另一个有趣的发现在于桐梓河流域的林地分布与降水量也呈负相关关系，这表明在喀斯特地区林地的出现概率并不与降水量的大小有直接关系,流域降水量越大的地区林地的分布概率不一定就越高。而流域中的坡度和气温与林地的分布有显著的正相关关系,其中林地的分布与气温的相关系数绝对值在林地的驱动力影响因子中达到最大值,其值为 0.390106,说明在桐梓河流域喀斯特地区林地地类的发生概率一般与气温呈正相关关系,温度越高,林地的出现概率也就越大。而研究区内坡度与林地地类的分布也呈正相关关系,这也符合自然规律,林地一般分布于坡度较大、海拔较高的地方。通过观察不同驱动力因子对流域林地发生概率的 $\exp(\beta)$ 值发现,气温每增加 1 个单位,林地的增加比例最大,其值为 1.48。

表 4.20　桐梓河流域林地各个影响因子相关系数矩阵

	常量	X_1	X_9	X_8	X_{13}	X_3	X_{12}	X_6	X_{10}	X_{11}	X_5	X_2	X_{14}
常量	1.00	-0.13	-0.81	-0.24	0.23	-0.62	0.21	-0.11	0.02	0.05	-0.15	-0.13	0.01
X_1	-0.13	1.00	0.03	0.04	0.06	0.08	-0.09	-0.03	0.10	-0.04	0.03	0.00	0.02
X_2	-0.13	0.00	0.04	0.01	0.05	0.07	-0.06	-0.01	0.08	0.01	-0.01	1.00	-0.02
X_3	-0.62	0.08	0.52	0.09	-0.11	1.00	-0.84	0.07	-0.01	-0.09	-0.10	0.07	0.02
X_{12}	0.21	-0.09	-0.01	0.01	-0.29	-0.84	1.00	-0.06	-0.02	0.04	0.19	-0.06	-0.01
X_5	-0.15	0.03	0.05	-0.01	-0.11	-0.10	0.19	0.00	-0.02	0.02	1.00	-0.01	-0.12
X_{14}	0.01	0.02	0.02	-0.17	-0.03	0.02	-0.01	0.02	0.01	0.00	-0.12	-0.02	1.00
X_6	-0.11	-0.03	0.07	0.14	-0.02	0.07	-0.06	1.00	-0.09	-0.17	0.00	-0.01	0.02
X_8	-0.24	0.04	0.25	1.00	-0.16	0.09	0.01	0.14	0.08	0.06	-0.01	0.01	-0.17
X_9	-0.81	0.03	1.00	0.25	-0.74	0.52	-0.01	0.07	-0.02	-0.09	0.05	0.04	0.01
X_{10}	0.02	0.10	-0.02	0.08	-0.01	-0.01	-0.02	-0.09	1.00	-0.05	-0.02	0.08	0.01
X_{11}	0.05	-0.04	-0.09	0.06	0.08	-0.09	0.04	-0.17	-0.05	1.00	0.02	0.01	0.00
X_{13}	0.23	0.06	-0.74	-0.16	1.00	-0.11	-0.29	-0.02	-0.01	0.08	-0.11	0.05	-0.03

注:表中数据只保留两位有效数字。

通过灌木林地的 Binary Logistic 方程回归分析结果可知,对桐梓河流域灌木林地地类发生贡献率较为明显的驱动力因子也为 12 个,它们之间的相关系数矩阵值大小不一(表 4.21)。也就是说通过对 14 个影响桐梓河流域土地利用变化的驱动力因子进行回归分析后发现,影响桐梓河流域灌木林地变化的驱动力因子有 12 个。这个分析结果表明灌木林地地类与流域驱动力因子之间的多重因子共线性问题也不明显。通过表 4.21 可以看出,影响桐梓河流域灌木林地分布的 12 个驱动力因子分别为坡度(X_1)、土壤有机质含量(X_2)、距铁路站点的距离(X_3)、DEM(X_4)、灯光指数(X_5)、距居民点的距离(X_6)、距喀斯特中心的距离(X_7)、流域的人口总量(X_8)、流域的多年平均降水量(X_9)、距水系中心的距离(X_{10})、距道路中心的距离(X_{11})以及流域的年平均气温(X_{13})。其中,距铁路站点的距离、灯光指数、距居民点的距离、流域的多年平均降水量以及距道路中心的距离与灌木林地地类的相关系数为负数,说明流域灌木林地的空间分布与这几个驱动因素有显著的负相关性。从相关系数大小看,灯光指数和流域的降水量与灌木林地地类的负相关系数相对较大,分别为 -0.099651 和 -0.003608,说明在研究区内灯光指数越小灌木林地的分布概率越高,这也符合自然规律；流域的灯光指数是流域城镇化发展水平的反映，灌木林地也一般远离城市建设用地分布。另一个有趣的发现在于桐梓河流域的灌木林地分布与降水量也呈负相关关系，这表明在喀斯特地区灌木林地的出现概率并不与降水量的大小有直接关系，流域降水量越大的地区灌木林地的分布概率不一定就越高。桐梓河流域中的坡度、土壤有机质含量、DEM、距喀斯特岩性中心的距离以及年平均气温与灌木林地的分布有显著的正相关关系；流域中坡度、DEM 与灌木林地呈正相关关系，这符合常理，说明灌木林地一般分布在坡度较大以及海拔较高的山地地区。而桐梓河流域中气温、土壤有机质含量以及距喀斯特岩性中心的距离与灌木林地的相关系数分别为 0.232719、0.02042 和 0.000204。从这几个正相关关系中检测出距喀斯特岩性中心的距离因子也出现在回归方程中，说明桐梓河流域的灌木林地在喀斯特地区出现的概率也较高。而灌木林地的分布与降水量的相关系数绝对值在灌木林地的驱动力影响因子中达到最大值，说明在桐梓河流域喀斯特地区的灌木林地与林地地类相似，其发生概率一般与气温呈正相关关系，温度越高，灌木林地的出现概率也就越大，土壤有机质含量与灌木林地的正相关系数也较大，表明土壤有机质含量越高，灌木林地出现的概率也就越大。通过观察不同驱动力因子对流域灌木林地发生概率的 $\exp(\beta)$ 值发现，气温每增加 1 个单位，灌木林地的增加比例最大，其值为 1.26。

表 4.21　桐梓河流域灌木林地各个影响因子相关系数矩阵

	常量	X_4	X_1	X_{13}	X_8	X_3	X_9	X_{11}	X_2	X_7	X_{10}	X_6	X_5
常量	1.00	-0.20	-0.16	0.13	-0.22	-0.78	-0.75	0.08	-0.14	-0.09	0.07	-0.12	-0.24
X_1	-0.16	0.09	1.00	-0.01	0.08	0.06	0.07	-0.02	0.02	0.02	0.11	-0.04	0.06
X_2	-0.14	0.02	0.02	0.10	-0.03	0.00	0.01	0.04	1.00	0.01	0.08	0.00	-0.02
X_3	-0.78	0.07	0.06	-0.63	0.09	1.00	0.93	-0.16	0.00	0.03	-0.10	0.06	0.15
X_4	-0.20	1.00	0.09	0.05	0.21	0.07	-0.03	-0.07	0.02	0.10	-0.34	-0.10	0.14
X_5	-0.24	0.14	0.06	-0.08	-0.02	0.15	0.08	0.00	-0.02	0.00	-0.07	0.00	1.00
X_6	-0.12	-0.10	-0.04	-0.04	0.11	0.06	0.10	-0.17	0.00	-0.02	-0.10	1.00	0.00
X_7	-0.09	0.10	0.02	0.06	-0.02	0.03	0.01	-0.01	0.01	1.00	-0.12	-0.02	-0.02
X_8	-0.22	0.21	0.08	-0.07	1.00	0.09	0.17	0.03	-0.03	-0.02	0.03	0.11	-0.02
X_9	-0.75	-0.03	0.07	-0.73	0.17	0.93	1.00	-0.14	0.01	-0.01	0.10		0.08
X_{10}	0.07	-0.34	0.11	-0.02	0.03	-0.10	-0.01	0.03	0.08	-0.12	1.00	-0.10	-0.07
X_{11}	0.08	-0.07	-0.02	0.12	0.03	-0.16	-0.14	1.00	0.04	-0.01	0.03	-0.17	0.00
X_{13}	0.13	0.05	-0.01	1.00	-0.07	-0.63	-0.73	0.12	0.10	0.06	-0.02	-0.04	-0.08

注：表中数据只保留两位有效数字。

通过耕地的 Binary Logistic 回归分析结果可知，对桐梓河流域耕地地类发生贡献率较为明显的驱动力因子有 13 个，它们之间的相关系数矩阵值各不相同（表 4.22）。也就是说通过对 14 个影响桐梓河流域土地利用变化的驱动力因子进行回归分析后发现，影响桐梓河流域耕地变化的驱动力因子为 13 个。这个分析结果表明耕地地类与流域驱动力因子之间的多重因子共线性问题不突出。通过表 4.22 可以看出，影响桐梓河流域灌木林地分布的 13 个驱动力因子分别为坡度（X_1）、土壤有机质含量（X_2）、距铁路站点的距离（X_3）、距城镇中心的距离(X_{12})、DEM(X_4)、流域的 GDP(X_{14})、距居民点的距离(X_6)、距喀斯特岩性中心的距离(X_7)、流域的人口总量(X_8)、流域的多年平均降水量(X_9)、距水系中心的距离(X_{10})、距道路中心的距离(X_{11})以及流域的年平均气温(X_{13})。其中坡度、距铁路站点的距离、距城镇中心距离、DEM、流域的 GDP、距居民点的距离、距喀斯特岩性中心的距离、流域的年平均降水量以及流域的年平均气温与耕地地类的相关系数为负数，说明流域耕地地类的空间分布与这几个驱动因素有显著的负相关性。从相关系数大小看，流域年平均气温、坡度和流域的降水量与耕地地类的负相关系数相对较大，分别为-0.154、-0.047137和-0.004721，说明在研究区内平均气温越高、降水量越大，耕地出现的概率不一定越高；坡度与耕地也呈负相关关系，说明坡度越大的地区越不适合开垦耕地，而坡度较小的地区，耕地出现的概率较高。桐梓河流域土壤有机质含量与耕地的分布概率呈正相关关系，说明在喀斯特地区土壤有机质含量越高，耕地出现的概率也越高。

表 4.22　桐梓河流域耕地各个影响因子相关系数矩阵

	常量	X_4	X_1	X_{13}	X_6	X_9	X_{11}	X_{12}	X_8	X_{10}	X_7	X_{14}	X_2	X_3
常量	1.00	-0.02	-0.14	0.26	-0.09	-0.83	0.01	0.25	-0.19	0.04	-0.09	0.05	-0.13	-0.65
X_1	-0.14	0.10	1.00	0.08	-0.03	0.02	-0.06	-0.11	0.04	0.06	0.05	0.03	-0.01	0.09
X_2	-0.13	-0.03	-0.01	0.05	-0.01	0.04	0.02	-0.06	0.02	0.07	0.04	0.00	1.00	0.07
X_3	-0.65	0.27	0.09	-0.11	0.03	0.50	-0.85	0.12	-0.16	0.04	-0.04	0.07	0.07	1.00
X_{12}	0.25	-0.37	-0.11	-0.28	-0.02	0.00	0.08	1.00	-0.05	0.16	0.04	0.05	-0.06	-0.85
X_4	-0.02	1.00	0.10	0.18	-0.06	-0.16	-0.10	-0.37	0.10	-0.40	0.18	-0.02	-0.03	0.27
X_{14}	0.05	-0.02	0.03	-0.01	-0.01	-0.03	0.00	0.05	-0.48	0.01	0.05	1.00	0.00	-0.04
X_6	-0.09	-0.06	-0.03	-0.01	1.00	0.05	-0.16	-0.02	0.09	-0.05	0.00	-0.01	-0.01	0.03
X_7	-0.09	0.18	0.05	0.03	0.00	0.02	0.04	0.04	-0.05	-0.06	1.00	0.05	0.04	0.00
X_8	-0.19	0.10	0.04	-0.12	0.09	0.18	0.05	0.05	1.00	0.01	-0.05	-0.48	0.02	0.12
X_9	-0.83	-0.16	0.02	-0.75	0.05	1.00	-0.03	0.00	0.18	0.04	0.02	-0.03	0.04	0.50
X_{10}	0.04	-0.40	0.06	-0.05	-0.05	0.04	-0.01	0.16	0.01	1.00	-0.06	0.01	0.07	-0.16
X_{11}	0.01	-0.10	-0.06	0.04	-0.16	-0.03	1.00	0.08	0.05	-0.01	-0.02	-0.02	0.02	-0.10
X_{13}	0.05	0.38	0.26	1.00	0.18	0.26	0.02	-0.48	-0.16	-0.85	-0.01	0.09	0.09	0.07

注：表中数据只保留两位有效数字。

通过草地的 Binary Logistic 回归分析结果可知，对桐梓河流域草地地类发生贡献率较为明显的驱动力因子有 9 个，它们之间的相关系数矩阵值各不相同(表 4.23)。也就是说通过对 14 个影响桐梓河流域土地利用变化的驱动力因子进行回归分析后发现，影响桐梓河流域草地变化的驱动力因子为 9 个。这个分析结果表明草地地类与流域驱动力因子之间的多重因子共线性问题显著。通过表 4.23 可以看出，影响桐梓河流域草地分布的 9 个驱动力因子分别为坡度(X_1)、土壤有机质含量(X_2)、DEM(X_4)、灯光指数(X_5)、距居民点的距离(X_6)、距喀斯特岩性中心的距离(X_7)、流域的人口总量(X_8)、流域的多年平均降水量(X_9)以及流域的年平均气温(X_{13})。其中坡度、土壤有机质含量、DEM、灯光指数、距居民点的距离、流域的人口总量以及流域的多年平均气温与草地地类的相关系数为负数，说明流域草地的空间分布与这几个驱动因素有显著的负相关性。从这些影响因子中可以看出，坡度以及海拔与草地分布的概率有明显的负相关关系,说明在桐梓河流域草地一般分布在海拔较低、坡度较缓的地区。从相关系数大小看,气温和灯光指数与草地地类的负相关系数相对较大,分别为-0.208697 和-0.119809,说明在喀斯特地区气温越高,草地出现的概率越低;而研究区内灯光指数越小草地的分布概率越高,这也符合自然规律,流域的灯光指数是流域城镇化发展水平的反映,草地也一般远离于城市建设用地分布。桐梓河流域的多年平均降水量和距喀斯特岩性中心的距离与草地的分布概率有显著的正相关关系,说明在桐梓河流域的喀斯特地区草地的分布与岩性有极大的关系,草地一般在喀斯特地区出现的概率较高;而流域的降水量与草地的分布概率也呈正相关关系,说明降水越多,流域的草地分布概率就越高。

表 4.23　桐梓河流域草地各个影响因子相关系数矩阵

	常量	X_1	X_4	X_{13}	X_7	X_6	X_2	X_5	X_8	X_9
常量	1.00	-0.18	0.07	-0.71	-0.10	-0.14	-0.14	-0.15	0.10	-0.08
X_1	-0.18	1.00	0.00	0.05	0.06	-0.07	-0.02	0.07	0.01	0.04
X_2	-0.14	-0.02	-0.04	0.07	0.08	0.00	1.00	0.02	0.02	-0.01
X_4	0.07	0.00	1.00	-0.01	0.27	-0.15	-0.04	0.07	0.00	-0.28
X_5	-0.15	0.07	0.07	0.04	0.07	-0.02	0.02	1.00	-0.69	-0.22
X_6	-0.14	-0.07	-0.15	0.00	0.00	1.00	0.00	-0.02	0.05	0.10
X_7	-0.10	0.06	0.27	0.12	1.00	0.00	0.08	0.07	-0.04	-0.16
X_8	0.10	0.01	0.00	-0.03	-0.04	0.05	0.02	-0.69	1.00	0.12
X_9	-0.08	0.04	-0.28	-0.58	-0.16	0.10	-0.01	-0.22	0.12	1.00
X_{13}	-0.71	0.05	-0.01	1.00	0.12	0.00	0.07	0.04	-0.03	-0.58

注:表中数据只保留两位有效数字。

3)桐梓河流域土地利用格局模拟结果

根据计算得到的各种驱动力因子的 Beta 系数,可以得出各驱动因子在回归方程中的回归系数。将其带入 Binary Logistic 回归方程中,得出的桐梓河流域土地利用分布概率的回归方程如下。

(1)水体:

$$\lg\left(\frac{P_0}{1-P_0}\right) = 1.778317 - 0.096191X_1 - 0.007636X_4 + 0.000472X_6$$
$$- 0.001104X_7 + 0.000833X_{10}$$

(2)建设用地:

$$\lg\left(\frac{P_0}{1-P_0}\right) = -0.02164 - 0.068887X_1 - 0.115305X_2 + 0.000176X_3 - 0.003738X_4$$
$$+ 0.231380X_5 + 0.00076X_6 - 0.000595X_7 + 0.001671X_{11} + 0.000197X_{12}$$
$$+ 0.000174X_{14}$$

(3)林地:

$$\lg\left(\frac{P_0}{1-P_0}\right) = -1.5408 + 0.039877X_1 - 0.010196X_2 - 0.000060X_3 - 0.067545X_5$$
$$- 0.000145X_6 - 0.001526X_8 - 0.003535X_9 - 0.000138X_{10}$$
$$- 0.000126X_{11} - 0.000037X_{12} + 0.390106X_{13} - 0.000205X_{14}$$

（4）灌木林地：

$$\lg\left(\frac{P_0}{1-P_0}\right) = -15.7255 + 0.032232X_1 + 0.02042X_2 - 0.000029X_3 + 0.003944X_4$$
$$- 0.099651X_5 - 0.000118X_6 + 0.000204X_7 - 0.002679X_8$$
$$- 0.003608X_9 - 0.000107X_{10} - 0.000114X_{11} + 0.232719X_{13}$$

（5）耕地：

$$\lg\left(\frac{P_0}{1-P_0}\right) = 10.8380 - 0.047137X_1 + 0.020017X_2 - 0.000017X_3 - 0.001544X_4$$
$$- 0.000316X_6 - 0.000196X_7 + 0.000508X_8 - 0.004721X_9 - 0.00003X_{12}$$
$$- 0.154X_{13} - 0.00038X_{14}$$

（6）草地：

$$\lg\left(\frac{P_0}{1-P_0}\right) = 1.07182 - 0.025029X_1 - 0.017474X_2 - 0.000639X_4 - 0.119809X_5 - 0.000146X_6$$
$$+ 0.000148X_7 - 0.000086X_8 + 0.000723X_9 - 0.208697X_{13}$$

将桐梓河流域各种土地利用驱动力栅格数据文件代入上述 6 个土地类型分布概率公式中，利用 ArcGIS 中的栅格计算器可以得出研究区各类土地利用类型的空间分布与概率分布图像，其中某个土地利用类型的概率值越大，表明该种土地利用类型的出现概率越大；反之，该种土地利用类型出现的概率越小。图 4.41 为桐梓河流域的土地利用现状分布与概率分布图。

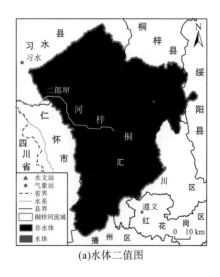

(a)水体二值图

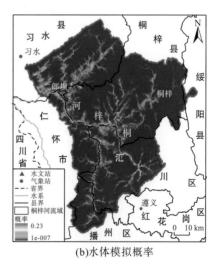

(b)水体模拟概率

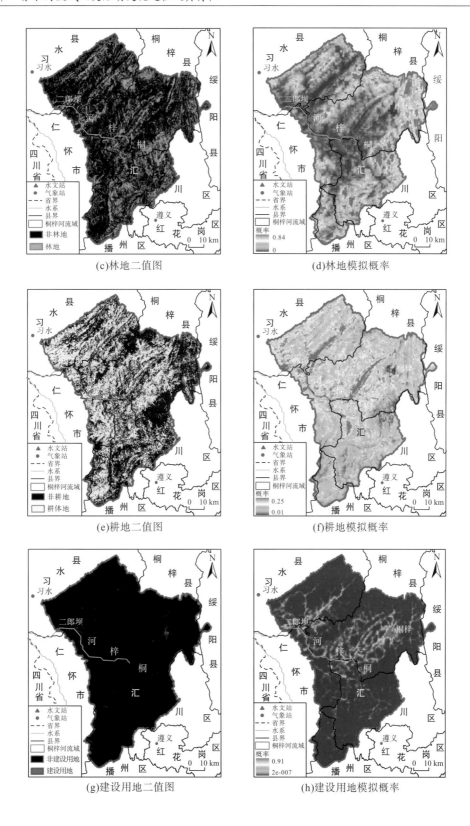

(c)林地二值图　　　　　　　　　　　　　(d)林地模拟概率

(e)耕地二值图　　　　　　　　　　　　　(f)耕地模拟概率

(g)建设用地二值图　　　　　　　　　　(h)建设用地模拟概率

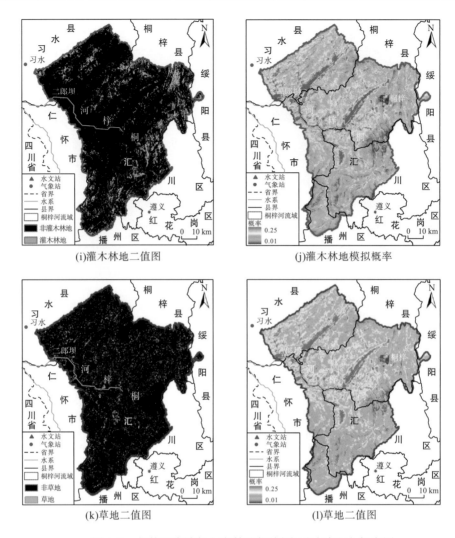

图 4.41　桐梓河流域各土地利用类型空间分布实际与概率图

　　在对桐梓河流域不同土地利用类型进行 Binary Logistic 回归分析后，利用 ROC 曲线检验方法对每一种土地利用类型进行一致性检验。该检验方法根据 ROC 曲线和对角线之间的面积大小来度量预测的结果是否通过检验，一般一个随机模型的 ROC 曲线值为 0.5，而达到理想状态下的 ROC 值为 1。当 ROC 曲线的模拟值达到 1 时，说明模拟的土地利用效果最好，模拟结果与真实的土地利用完全吻合；ROC 值越接近 0，说明模拟的土地利用效果越差。桐梓河流域不同土地利用类型在 0.05 置信水平下所得到的 ROC 统计曲线检验结果如下。

　　(1) 水体的 ROC 统计曲线检验结果如图 4.42 所示。

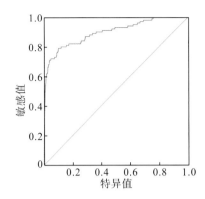

曲线下的面积

检验结果变量：预测概率

面积	标准误[a]	渐进 Sig.[b]	渐近 95% 置信区间	
			下限	上限
0.897	0.019	0	0.860	0.935

a. 在非参数假设下；
b. 零假设：实面积 = 0.5。

图 4.42　桐梓河流域水体模拟 ROC 曲线

（2）建设用地的 ROC 统计曲线检验结果如图 4.43 所示。

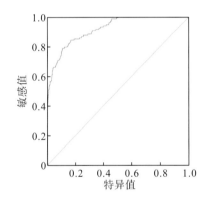

曲线下的面积

检验结果变量：预测概率

面积	标准误[a]	渐进 Sig.[b]	渐近 95% 置信区间	
			下限	上限
0.917	0.012	0	0.893	0.940

a. 在非参数假设下；
b. 零假设：实面积 = 0.5。

图 4.43　桐梓河流域建设用地模拟 ROC 曲线

（3）林地的 ROC 统计曲线检验结果如图 4.44 所示。

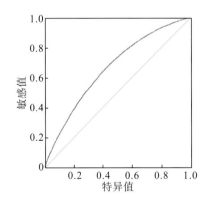

曲线下的面积

检验结果变量：预测概率

面积	标准误[a]	渐进 Sig.[b]	渐近 95% 置信区间	
			下限	上限
0.662	0.003	0	0.657	0.668

a. 在非参数假设下；
b. 零假设：实面积 = 0.5。

图 4.44　桐梓河流域林地模拟 ROC 曲线

（4）灌木林地的 ROC 统计曲线检验结果如图 4.45 所示。

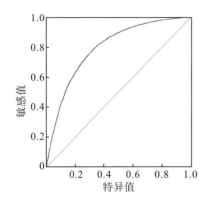

曲线下的面积

检验结果变量：预测概率

面积	标准误[a]	渐进 Sig.[b]	渐近 95% 置信区间	
			下限	上限
0.795	0.003	0	0.789	0.801

a. 在非参数假设下；

b. 零假设：实面积 = 0.5。

图 4.45　桐梓河流域灌木林地模拟 ROC 曲线

(5)耕地的 ROC 统计曲线检验结果如图 4.46 所示。

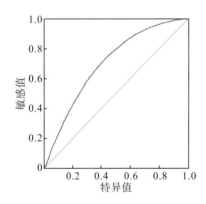

曲线下的面积

检验结果变量：预测概率

面积	标准误[a]	渐进 Sig.[b]	渐近 95% 置信区间	
			下限	上限
0.7	0.002	0	0.695	0.705

a. 在非参数假设下；

b. 零假设：实面积 = 0.5。

图 4.46　桐梓河流域耕地模拟 ROC 曲线

(6)草地的 ROC 统计曲线检验结果如图 4.47 所示。

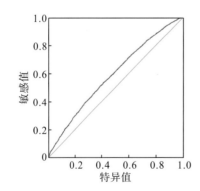

曲线下的面积

检验结果变量：预测概率

面积	标准误[a]	渐进 Sig.[b]	渐近 95% 置信区间	
			下限	上限
0.587	0.006	0	0.576	0.598

a. 在非参数假设下；

b. 零假设：实面积 = 0.5。

图 4.47　桐梓河流域草地模拟 ROC 曲线

4）桐梓河流域 CLUE-S 模型模拟

本书在对桐梓河流域未来土地利用情景进行模拟时，首先对模型所需的参数文件进行设置，参数的设置是否正确直接影响着模型的运行效果。

（1）主要参数（main1）。

行数	设置内容					
1	6					
2	1					
3	12					
4	14					
5	726					
6	621					
7	1.44					
8	329180.28451954					
9	2873489.4166585					
10	0	1	2	3	4	5
11	0.5	1	0.8	0.2	0.6	0.7
12	0	0.45	3			
13	2000	2030				
14	0					
15	1					
16	0					
17	1	5				
18	0					
19	0					

（2）回归方程（alloc1）。

alloc1.Reg 文件的参数主要是由 Binary Logistic 回归方程的系数来设置的，该系数是由桐梓河流域每一种土地利用二值栅格图像与所筛选的驱动力因子文件进行回归所得。

水体编码	0	
Binary Logistic 回归方程常量		1.7783
Binary Logistic 回归方程的解释因子数	5	
Binary Logistic 回归方程的各驱动因子系数		-0.096191	0
		-0.007636	3
		0.000472	5
		-0.001104	6
		-0.000833	9

续表

建设用地编码		1	
Binary Logistic 回归方程常量		−0.0216	
Binary Logistic 回归方程的解释因子数	10		
Binary Logistic 回归方程的各驱动因子系数		−0.068887	0
		−0.115305	1
		0.000176	2
		−0.003738	3
		0.23138	4
		−0.00076	5
		−0.000595	6
		−0.001671	10
		−0.000197	11
		0.000174	13
林地编码		2	
Binary Logistic 回归方程常量		−1.5408	
Binary Logistic 回归方程的解释因子数	12		
Binary Logistic 回归方程的各驱动因子系数		0.039877	0
		−0.010196	1
		−0.00006	2
		−0.067545	4
		0.000145	5
		−0.001526	7
		−0.003535	8
		−0.000138	9
		0.000126	10
		0.000037	11
		0.390106	12
		−0.000205	13
灌木林地编码		3	
Binary Logistic 回归方程常量		−15.7255	
Binary Logistic 回归方程的解释因子数	12		
Binary Logistic 回归方程的各驱动因子系数		0.032232	0
		0.02042	1
		0.000029	2
		0.003944	3
		0.099651	4
		0.000118	5
		0.000204	6
		−0.002679	7
		0.003608	8
		−0.000107	9
		0.000114	10
		0.232719	12

续表

耕地编码		4	
Binary Logistic 回归方程常量		10.838	
Binary Logistic 回归方程的解释因子数	11		
Binary Logistic 回归方程的各驱动因子系数		−0.047137	0
		0.020017	1
		0.000017	2
		−0.001544	3
		−0.000316	5
		−0.000196	6
		0.000508	7
		−0.004721	8
		−0.00003	11
		−0.154	12
		−0.000376	13
草地编码		5	
Binary Logistic 回归方程常量		1.0718	
Binary Logistic 回归方程的解释因子数	9		
Binary Logistic 回归方程的各驱动因子系数		−0.025029	0
		−0.017474	1
		−0.000639	3
		−0.119809	4
		−0.000146	5
		0.000148	6
		0.000086	7
		0.000723	8
		−0.208697	12

（3）土地利用转移矩阵（allow.txt）。

本书假设在研究期内桐梓河流域的建设用地不可以转化成其他土地利用类型，而其他土地利用类型均可以转换成建设用地，具体土地利用转移矩阵设置如下。

	水体	建设用地	林地	灌木林地	耕地	草地
水体	1	1	1	1	1	1
建设用地	0	1	0	0	0	0
林地	1	1	1	1	1	1
灌木林地	1	1	1	1	1	1
耕地	1	1	1	1	1	1
草地	1	1	1	1	1	1

(4)区域约束性因子文件(region_park.fil)。

本书假设桐梓河流域范围内的所有土地利用类型在研究期内都可以进行转换,研究区内不存在生态保护区或者规划区。在设置区域限制性文件的过程中本书首先对研究区的栅格掩膜文件进行重新采样,将栅格掩膜文件是 1 值的全部采样为 0 值,之后可以形成区域约束性因子文件(图 4.48)。具体设置为 0 代表活细胞;−9999 代表没有数据;−9998 代表约束区域;如果有更多的约束区域,应该标记为以下数字:−9998=区域 0、−9997=区域 1、−9996=区域 2 等(最大可以有 98 个区域)。

图 4.48　区域约束性因子文件

(5)土地利用需求文件(demand.in*)。

土地利用需求文件参数设置,需求情景文件在安装目录下所有文件名为“demand.in*”的可以出现在软件选择窗口中,这些文件包括每一年被模拟的土地利用需求量。

此处要注意的一个关键问题是各种土地利用类型编码必须从 0 开始设置,如有 6 种土地利用类型,则土地利用类型编码依次为 L_0、L_1、L_2、L_3、L_4 和 L_5。

土地利用需求文件一般通过线性规划、灰色线性规划、GM(1∶1)等方法进行确定。一般模拟年份不同土地利用类型的面积是采用时间序列分析方法预测未来年份的土地利用数量。本书在确定未来年份土地利用需求数量时主要基于两点假设,一是基于土地利用需求量的历史因素,这些因素在很大程度上决定着未来的土地利用发展趋势,这些历史因素的数量关系在未来一般保持不变或者变化不大;二是未来的土地利用方式表现为渐进式,而不是非跳跃式。本书通过分析桐梓河流域 2000~2015 年的土地利用数据后发现,这 16 年间土地利用的变化趋势是渐进式的,其需求量仍然受到历史因素的制约。因此,本书根据桐梓河流域土地利用的历史数据设置了自然增长情景,对 2030 年的土地利用进行了模拟。土地利用需求文件的实现过程是根据桐梓河流域 2000~2015 年各种土地利用类型的面积、变化趋势以及面积的变化比例,采用线性趋势法来推算出研究区 2030 年的土地利用需求文件参数(表 4.24)。

表 4.24　土地利用需求文件参数　　　　　　　　　　　　（单位：km²）

年份	水体 x_{L_0}	建设用地 x_{L_1}	林地 x_{L_2}	灌木林地 x_{L_3}	耕地 x_{L_4}	草地 x_{L_5}
2000	540.00	526.00	73562.00	28217.00	104163.00	14044
2001	556.40	749.20	74238.87	28315.40	103214.13	13978
2002	572.80	972.40	74915.73	28413.80	102265.27	13912
2003	589.20	1195.60	75592.60	28512.20	101316.40	13846
2004	605.60	1418.80	76269.47	28610.60	100367.53	13780
2005	622.00	1642.00	76946.33	28709.00	99418.67	13714
2006	638.40	1865.20	77623.20	28807.40	98469.80	13648
2007	654.80	2088.40	78300.07	28905.80	97520.93	13582
2008	671.20	2311.60	78976.93	29004.20	96572.07	13516
2009	687.60	2534.80	79653.80	29102.60	95623.20	13450
2010	704.00	2758.00	80330.67	29201.00	94674.33	13384
2011	720.40	2981.20	81007.53	29299.40	93725.47	13318
2012	736.80	3204.40	81684.40	29397.80	92776.60	13252
2013	753.20	3427.60	82361.27	29496.20	91827.73	13186
2014	769.60	3650.80	83038.13	29594.60	90878.87	13120
2015	786.00	3874.00	83715.00	29693.00	89930.00	13054
2016	802.40	4097.20	84391.87	29791.40	88981.13	12988
2017	818.80	4320.40	85068.73	29889.80	88032.27	12922
2018	835.20	4543.60	85745.60	29988.20	87083.40	12856
2019	851.60	4766.80	86422.47	30086.60	86134.53	12790
2020	868.00	4990.00	87099.33	30185.00	85185.67	12724
2021	884.40	5213.20	87776.20	30283.40	84236.80	12658
2022	900.80	5436.40	88453.07	30381.80	83287.93	12592
2023	917.20	5659.60	89129.93	30480.20	82339.07	12526
2024	933.60	5882.80	89806.80	30578.60	81390.20	12460
2025	950.00	6106.00	90483.67	30677.00	80441.33	12394
2026	966.40	6329.20	91160.53	30775.40	79492.47	12328
2027	982.80	6552.40	91837.40	30873.80	78543.60	12262
2028	999.20	6775.60	92514.27	30972.20	77594.73	12196
2029	1015.60	6998.80	93191.13	31070.60	76645.87	12130
2030	1032.00	7222.00	93868.00	31169.00	75697.00	12064

（6）模拟初期土地利用图（Cov_all.0）。

对每种土地利用类型，最初的土地利用配置（0 年）在一个单独的文件中确定：Cov_#.0（#表示该土地利用类型编码，每种土地利用类型都需要准备这样一个文件）。该文件揭示了开始模拟时占优势的土地利用类型的栅格。

编码：0=土地利用类型不在该位置；1=土地利用类型在该位置；-9999=模拟区域之外。本书以 2000 年桐梓河流域的土地利用图为基准，设置了初始时期土地利用类型的空间分布图(图 4.49)。

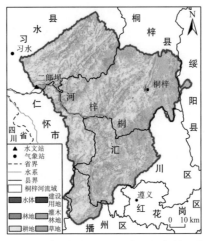

图 4.49　研究区初始时期(2000 年)土地利用类型空间分布

(7)模型模拟驱动力因子文件(Sclgr*)。

本书在对桐梓河流域土地利用的未来情景进行模拟时，结合桐梓河流域研究区的具体情况，从驱动力因子的可获得性、科学性以及可定量化表达选取了 14 个驱动因子对土地利用进行驱动力分析；之后在 ArcMap 中将栅格驱动力因子数据转化为 ASCII 格式数据，并将每个驱动力文件的后缀名统一修改为.fil。桐梓河流域 14 个驱动力因子的具体指标见表 4.25。

表 4.25　桐梓河流域 14 个驱动力因素

驱动力因子	说明
Sclgr0	坡度
Sclgr1	土壤有机质含量
Sclgr2	距铁路站点的距离
Sclgr3	DEM
Sclgr4	灯光指数数据
Sclgr5	距居民点的距离
Sclgr6	距喀斯特岩性中心的距离
Sclgr7	人口数据
Sclgr8	降水量数据
Sclgr9	距水系中心的距离
Sclgr10	距道路中心的距离
Sclgr11	距城镇中心的距离
Sclgr12	气温数据
Sclgr13	GDP 数据

各驱动力因子分布如图 4.50 所示。

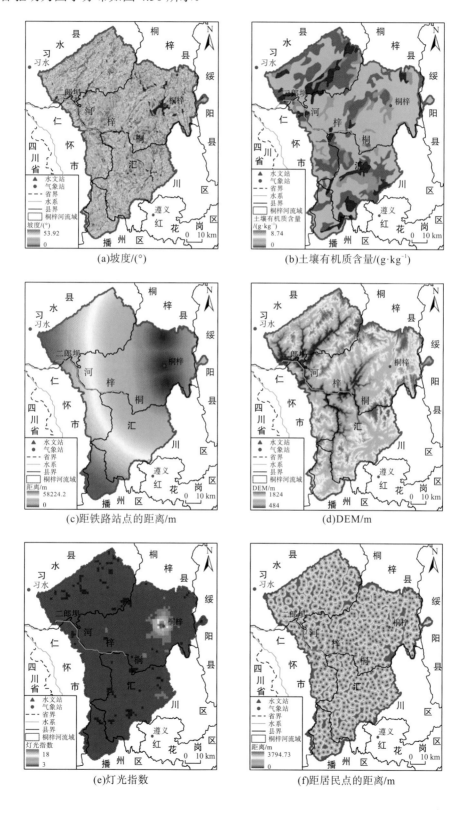

(a)坡度/(°)

(b)土壤有机质含量/(g·kg⁻¹)

(c)距铁路站点的距离/m

(d)DEM/m

(e)灯光指数

(f)距居民点的距离/m

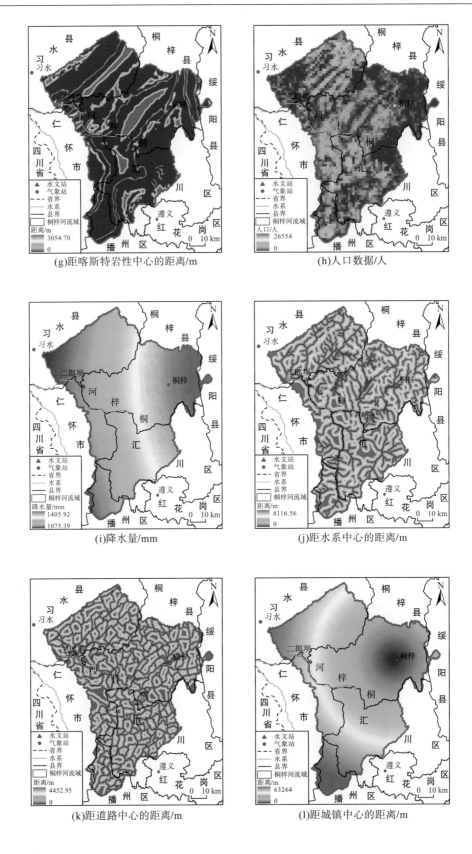

(g)距喀斯特岩性中心的距离/m

(h)人口数据/人

(i)降水量/mm

(j)距水系中心的距离/m

(k)距道路中心的距离/m

(l)距城镇中心的距离/m

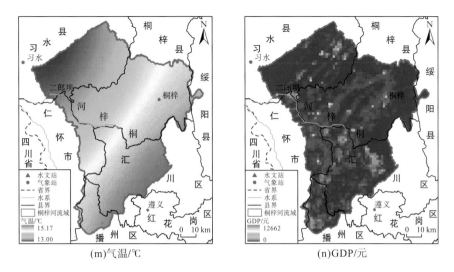

(m)气温/℃   (n)GDP/元

图 4.50 桐梓河流域土地利用驱动力因子分布图

5) 模型结果检验和图谱预测

　　将上述驱动力因子与参数设置文件输入 CLUE-S 模型中，可以得到研究区 2015 年的土地利用预测图(图 4.51)。之后将 2015 的土地利用现状图与 2015 年的模拟图进行 Kappa 指数的精度检验。经过计算可知桐梓河流域的 Kappa 指数为 78.52%，模拟精度较好，证明 CLUE-S 模型可以在这个区域进行应用，因此该模型基本可以满足下一步对桐梓河流域土地利用预测的需要。利用该模型，本书得到了桐梓河流域 2016～2030 年的土地利用预测图(图 4.52)。

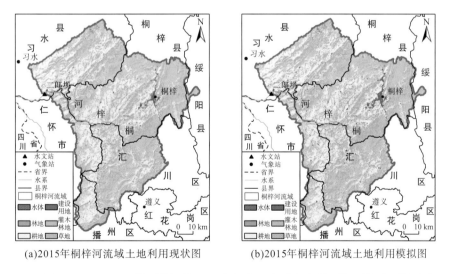

(a)2015年桐梓河流域土地利用现状图   (b)2015年桐梓河流域土地利用模拟图

图 4.51 CLUE-S 模型模拟的 2015 年桐梓河流域土地利用的现状图和模拟图

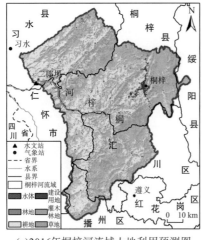

(a)2016年桐梓河流域土地利用预测图

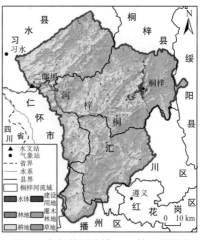

(b)2018年桐梓河流域土地利用预测图

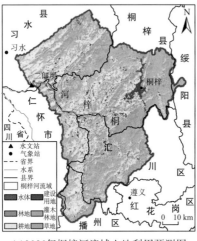

(c)2020年桐梓河流域土地利用预测图

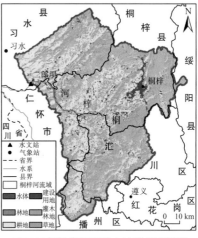

(d)2022年桐梓河流域土地利用预测图

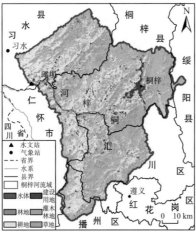

(e)2024年桐梓河流域土地利用预测图

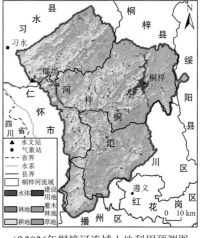

(f)2026年桐梓河流域土地利用预测图

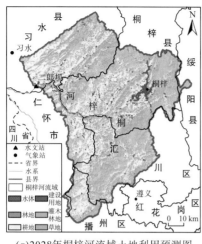
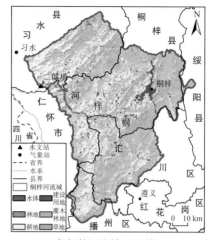

(g)2028年桐梓河流域土地利用预测图　　　　(h)2030年桐梓河流域土地利用预测图

图 4.52　CLUE-S 模型对桐梓河流域未来不同年份土地利用的模拟

4.3　水利工程建设变化

赤水河流域水资源丰富，从 20 世纪 80 年代至今，水利部长江水利委员会、贵阳水利水电勘测设计研究院、中国水利水电第八工程局、四川省水利水电勘测设计研究院以及流域内各省、市、区水利电力部门等都对赤水河主干水系和各大支流进行了大量的勘测、规划、设计工作。赤水河流域的水利工程建设主要包括大坝、电站建设以及沟渠引水设施建设等。

桐梓县天门水电站等小型电站是赤水河流域建立最早的电站。中华人民共和国成立后在支流上兴修了部分小型水电站，1990 年 9 月国务院发布的《关于长江流域综合利用规划简要报告》（国发〔1990〕56 号）中提出，赤水河的主要开发任务是发电和航运，拟定赤水河干流上中游河段七级开发方案，主要兴修的水电站有邻毕节市、古蔺县的磨子塘电站，装机容量 32.6 万 kW；邻仁怀市、古蔺县的湾滩电站，装机容量达 12.0 万 kW；仁怀市的中华咀电站，装机容量 3.9 万 kW；邻习水县、古蔺县的岔角滩电站，装机容量 17.0 万 kW；习水县的淋滩电站，装机容量 4.5 万 kW；赤水市的元厚电站，装机容量 6.5 万 kW；以及丙安电站，装机容量 7.4 万 kW；上述水电站总装机容量 83.9 万 kW。不过这些电站及水库等水利工程规模较小，主要分布在赤水河中下游支流。为了协调和妥善处理长江上游保护与开发之间的关系，保护长江上游珍稀、特有鱼类，国务院办公厅于 2005 年 4 月批准赤水河干流河段及部分支流河段纳入长江上游珍稀特有鱼类国家级自然保护区，干流禁止建设梯级电站，流域水资源开发利用受到限制。

赤水河流域贵州省境内有水库 155 库，其中大型水库 1 座，中型水库 5 座，其余均为小型水库，在赤水河干流上没有修建水库。2001 年赤水河流域部分大中型水库以及参数情况见表 4.26。

表 4.26 赤水河流域部分水库以及参数

序号	水库名称	坐标	所在河流	坝址面积/km²	建成时间	总库容/万 m³	工程规模
1	圆满灌电站水库	106.46E; 28.08N	桐梓河	2230	2009 年	11820	大型
2	杨家园发电站水库	106.38E; 28.16N	桐梓河	3012	2009 年	7770	中型
3	盐津桥水库	106.36E; 27.78N	盐津河	281	2010 年	3480	中型
4	天门河水库	106.86E; 28.15N	桐梓河	203	2009 年	2560	中型
5	香溪口水库	105.75E; 28.35N	枫溪河	173.3	2001 年	1750	中型

近年来，流域内已建成的农田水利工程主要有习水县东风中型水库，连同大量小型水库及渠堰，蓄、引水工程，在相关小型支流水系上兴建了部分水库和拦河小坝，以保障农业灌溉用水。目前，贵州省已明确暂停办理赤水河上游规划兴建水电站项目的有关审批手续，建议云南省、四川省也能尽快明确相关政策，停止在赤水河流域内进行水电开发，禁止在干流上兴建任何大中型水利工程。

4.4 其他人类活动

1. 酿酒

赤水河流域径流损耗特征不同于其他流域，除支流河道小水利工程拦蓄截留、农业灌溉引水、城镇饮水需求增加外，其酿酒产业大规模发展是该流域径流量人为损耗的主要原因。赤水河流域是中国白酒的重要产地。以赤水河为核心方圆 500 km 内汇集了大量名酒企业。根据资料显示，2013 年，赤水河流域仅仁怀市、习水县和古蔺县注册的酒类生产企业已达 390 家。酒类企业对赤水河的依赖直接体现于取水，损耗了大量自然径流。贵州省根据《国务院关于进一步促进贵州经济社会又好又快发展的若干意见》(国发〔2012〕2号)中"利用赤水河流域资源及技术优势，适度发展名优白酒，推动建设全国重要的白酒生产基地"的意见，规划了一批白酒工业园区，仅仁怀市境内就有近 2000 家酿酒企业，且数量仍在不断增加。根据贵州省的相关规划，截至 2015 年年底，白酒产量达到 8 亿 L，年取水量新增 1500 万 t；到 2020 年，白酒产量要达到 13.5 亿 L，年取水量将在 2015 年的基础上增加 3000 万 t。赤水河流域发展白酒产业的积极性很高，大量小型酿酒厂和作坊数量快速增加，随着酿酒产业的规模扩大，酿酒取水需求越来越大，而赤水河是该流域内酿酒产业的主要水源地。

2. 工商业和建筑业

目前，赤水河流域已初步形成了化工、电力、竹木加工、造纸、造船、机械、建筑、建材、酿造、印刷、皮革、服装、森工、食品加工等工业门类较齐全的城市经济体系，工业产品种类近千种。以化工、竹木加工、电力能源为主的三大门类工业已成为工业经济主导力量。近年来，赤水河中上游小煤窑、小纸厂快速发展，仅仁怀市中枢镇、茅台镇和茅坝小区就有大量水泥、制砖、采煤、造纸和酿酒等各类工矿企业。

3. 水保措施

赤水河流域为了恢复生态环境,以保障酿酒水质,多年来实施了大量水保措施,在支流水系增建了大量保水固土措施,植被得到快速恢复,水质得到了保障,来水稳定。尤其是上游地区,生态环境一直以健康稳定的态势发展,中下游的水质水量也随之都有了较大改善。

4. 城镇化

赤水河流域内四川省古蔺县、叙永县和贵州省习水县是国家级贫困县。能源不足、交通不便、水利设施建设滞后是制约流域经济社会发展的重要因素。流域内现有城镇 210 余个,城镇人口 1000 余万人。总体以小城镇为主,缺乏大、中城市,除县城所在地城镇人口较多外,其余各乡镇城镇人口聚集程度均不高,因而城镇体系尚不完善,缺乏区域性中心城市。近年来,赤水河流域城镇化水平已经有很大提高,预计未来流域内城市化率每年增加 2%左右,每年新增城镇人口约 20 万人,主要集中在现有的小城镇,因此,在交通和基础建设方面,人类活动会更加剧烈。

第 5 章　赤水河流域生态系统要素特征过程及价值

　　植被是陆地生态系统的主要组成部分，是地表植物群落的总称，具有固碳释氧、涵养水源、防风固沙等生态系统服务功能，对于维持全球生态安全、保护地球生态环境具有重要作用。归一化植被指数(normalized difference vegetation index，NDVI)是基于绿色植被叶绿素对可见光波段的强吸收和植物细胞组织对近红外波段强反射的原理计算得到的，对植物生物特征变化非常敏感(Tucker, 1979; 赵玉萍等, 2009)，目前在全球植被变化研究中应用最为普遍。由于受地质构造和气候影响，赤水河流域岩溶作用强烈、过程复杂、人为干扰强烈、对环境变化敏感，是我国的生态环境脆弱地区，分析流域植被覆盖动态变化趋势，能为开展喀斯特地区植被生态环境监测提供决策支持。早期在进行植被监测时，主要依靠人工手段调查，该方法的缺点是既耗时又耗力，而且效率低下。随着科学技术的发展，遥感技术逐渐成为监测植被动态变化的主要工具。

　　在估算不同生态系统过程中的生态效应时，本书首先以赤水河流域遥感数据、气象数据、土壤数据以及社会经济数据等为基础，对赤水河流域生态系统服务的物质量进行逐像元的估算，之后运用市场代替法、防护费用法、恢复费用法、影子工程法等对不同时期生态系统的各类生态服务功能的经济价值进行测评，以此根据生态系统结构的变化，把由生态系统结构变化引起的区域生态环境变化损失货币化，从而定量反映区域土地利用变化的环境效应及时空差异特征，并对其变化进行机制和机理分析，在此基础上建立区域绿色经济账户。

　　因此，本章首先分析 NDVI 时空动态变化过程，并在此基础上对植被固碳释氧、水源涵养以及水土保持等服务能力进行估算，进而核算生态系统的生态效应。

5.1　植被时空演变特征

5.1.1　植被数据来源

　　目前国内外学者在植被时空动态变化监测上常用的遥感数据有 NOAA-AVHRR (advanced very high resolution radiometer)、SPOT-VEGETATION(VGT)、EOS-MODIS (moderate resolution imaging spectrorad-iometer)和 Landsat TM 等。其中 TM 或者 ETM 遥感数据因具有高分辨率而得到广泛应用，但其数据在时间分辨率上太低，往往反映的是某一个数据时刻植被状况，难以反映某一个区域植被的时空动态变化。AVHRR GIMMS 数据自 1982 年获取之后，由于其具有长时间序列数据，在大区域的植被动态监测中取得了丰硕成果，但其空间分辨率为 8 km，因此该数据往往被用在大尺度的植被时空动态监测中。SPOT-VGT 数据自 1998 年 4 月开始免费开放，空间分辨率为 1 km，在区域的植被动态监测方面得到了广泛应用。另外，MOD13Q1 数据空间分辨率为 250 m，在小尺度的植被时空动态变化中应用比较广泛。综合以上卫星传感器的时空分辨率及其特点，本书从两个尺度对赤水河流域的植被覆盖进行时空动态分析：在大尺度上本书选择分辨率为 1 km 的 SPOT-VEGETATION 旬数据产品，由于该数据产品每一个月有三旬数据，因此对于揭示植被与气候之间的关系以及计算气候变化与人类活动的贡献率有显著优势；而在另一个空间尺度本书选择了分辨率为 250 m 的 MOD13Q1 遥感数据，该数据由于空间分辨率较高，因此可以分析小尺度上植被时空动态及其与气候之间的关系。

1. SPOT-VEGETATION 数据

为了分析植被对气候变化的响应机理以及估算研究区的植被净初级生产力(net primary productivity，NPP)，本书使用了研究区的 NDVI 遥感数据。书中的 NDVI 遥感数据产品主要涉及两类，其中一类遥感数据产品来源于欧洲联盟委员会赞助的 SPOT-VEGETATION 遥感图像。SPOT-4 卫星于 1998 年 3 月发射，该卫星增加了一个宽视域植被探测仪用于对植被和农作物进行连续监测，于同年 4 月开始接收全球植被数据，此数据的接收工作由瑞典的 Kiruna 地面站负责，而定标系数则由法国 Toulouse 的图像质量监控中心进行相关参数的校正和验证，最后由比利时弗莱芒技术研究所(Flemish Institute for Technological Research，Vito)负责预处理成全球的逐日 1 km 遥感影像数据。该数据的下载网址为：http://www.vgt.vito.be/。该数据产品根据光谱范围分为 4 个波段：B0(蓝波段，430～470 nm)、B2(红波段，610～680 nm)、B3(近红外波段，780～890 nm)和 SWIR(短波红外波段，1580～1750 nm)。该数据产品包括原始的数据产品 VGT-P 和合成产品 VGT-S 两类，其中 VGT-S 数据包括每一天合成产品 S1 和 10 d 合成产品 S10 两种。S10 数据产品以 S1 为基础，通过最大值合成法得到每个月的上、中、下旬产品，为了方便存储，原始的旬数据产品为 0～255 的 DN 值。在使用过程中需要将其转换为-1～1 的真实值，转换公式为 DN=(NDVI+0.1)／0.004。本书原始植被数据产品的时间跨度为 2000～2015 年的逐旬 NDVI 产品，涉及的影像幅数为 16 年×36 旬=576 幅。获得数据之后本书借助 VGTExtract 软件将其转换为浮点型数据。

2. MOD13Q1 数据

本书所选的分辨率为 250 m 的 MOD13Q1 数据来源于美国国家航空航天局(NASA)网站，该数据由 Terra/Aqua 卫星搭载的中分辨率成像光谱仪 MODIS 传感器获取，该传感器由 NASA 研发，是世界上先进的"图谱合一"光学传感器，具有范围广、光谱分辨率、时间分辨率高等优点。与其他卫星遥感数据相比，这个传感器获取的数据具有以下优势：①全球范围内的遥感数据都可以免费获取；②有 36 个光谱波段，光谱为 0.4～14.4 μm，空间分辨率 250 m，单景扫描范围为 2330 km；③数据接收容易，该数据集通过 X 波段向地面传输信号，并且增加了数据的纠错功能；④数据的更新频率高，Terra 和 Aqua 两颗卫星都是太阳同步极轨卫星，每 1～2 d 观测可覆盖全球一次，能够实现对各种突发性自然灾害的实时动态监测。本书采用的遥感数据来源于 NASA LPDAAC(land process distributed active archive center)网站,具体网址为 http://earthexplorer.usgs.gov。原始卫星数据采用 ISIN 投影方式,这种投影方式把全球按照经纬度各自 10°分割为 648 个分片(tiles),每一个分片有 1200×1200 个栅格像元,每个像元的分辨率是 0.928 km,涵盖面积为 1100 km×1100 km,并且每个分片有唯一的编码,左上角和右下角的坐标编号分别为(0,0)和(35,17)。MODIS 数据产品全球分幅见图 5.1。

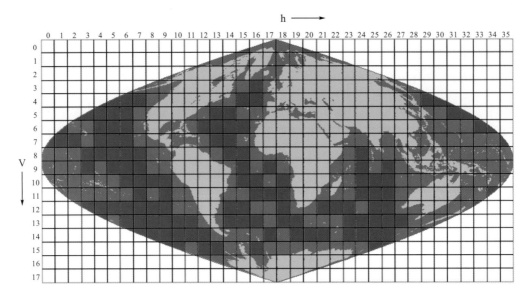

图 5.1　MODIS 全球数据产品分幅

由于 MODIS 数据产品的存储格式是 HDF(hierarchical data format)格式,投影方式是正弦投影,这种方式一般在进行数据操作与数据计算的过程中无法使用,因此,需要将数据格式、地图投影转换成常用的数据文件格式后,方可在数据处理软件 GIS 或者 ENVI 中进行计算。本书在数据格式转换以及投影变换的过程中通过 USGS EROS 数据中心开发的 MRT(modis reprojection tool)软件将 HDF 格式转换为 TIFF 数据格式(图 5.2),转换时将正弦地图投影转换为阿尔伯斯等面积圆锥投影。地理坐标系统本书选择的是 WGS1984 坐标系统。

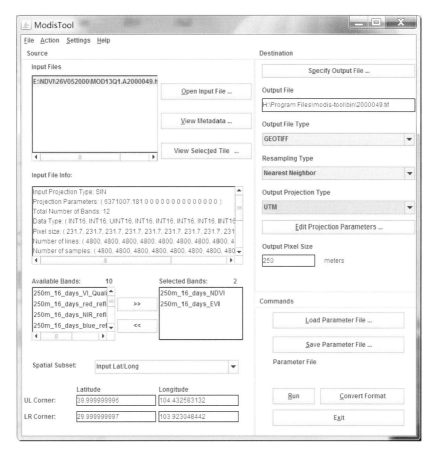

图 5.2　MRT 软件处理 2000 年 MOD13Q1 数据过程

5.1.2　研究方法

1. 变差系数

研究区不同栅格格点植被覆盖时空变化差异很大,年际 NDVI 的波动是植被受自然干扰和人类活动影响在植被生产力和植被覆盖度上的重要表现形式。植被的年际波动性程度可以使用变异系数(coefficient of variation,CV)定量区分。波动值越大说明植被生态系统越不稳定,波动值小说明植被生态系统状态趋于稳定(辜智慧等,2005)。

CV 的计算公式为

$$CV = \frac{S}{\overline{x_i}} \qquad (5.1)$$

$$S = \sqrt{\frac{\sum\limits_{i=1}^{n} x_i^2 - \dfrac{\left(\sum\limits_{i=1}^{n} x_i\right)^2}{n}}{n}}$$

式中,S 表示标准差;$\overline{x_i}$ 表示第 i 年 NDVI 的平均值;n 为样本数,16。

2. Theil-Sen Median 趋势分析

植被变化是一个长时间、持续性的过程,分析其时间序列数据的长期变化趋势,常用的方法有主成分分析法、时间序列分析法、线性回归分析法、小波变换等。本书将 Theil-Sen Median 趋势分析法与 Mann-Kendall 趋势检验法应用到植被时间序列的分析中,可以解释 NDVI 长期变化的显著性趋势。

Sen 趋势度(ρ)的计算公式为

$$\rho = \text{median} \frac{x_j - x_i}{j - i}, 1 < i < j < n \tag{5.2}$$

式中,i 和 j 分别代表当年和下一年的年份值;x_j、x_i 为 NDVI 时间序列值。当 $\rho < 0$ 时,表示时间序列 NDVI 呈下降趋势;当 $\rho > 0$ 时,表示时间序列呈上升趋势。通过 Mann-Kendall 方法进行显著性检验。

Mann-Kendall 检验(M-K 检验)在气象学和水文学中有着广泛应用,该方法多用于对长时间序列数据进行趋势性检验(Yue et al.,2002)。M-K 检验方法的优点是能够剔除数据样本中少量的异常值,对数据样本的要求比较低,数据样本不需要遵从一定的分布,适用于非正态分布的数据。

Mann-Kendall 检验的公式为

$$Q = \sum_{i=1}^{n-1} \sum_{j=i+1}^{n} \text{sign}(x_j - x_i) \tag{5.3}$$

$$\text{sign}(x_j - x_i) = \begin{cases} 1 & (x_j - x_i > 0) \\ 0 & (x_j - x_i = 0) \\ -1 & (x_j - x_i < 0) \end{cases}$$

$$Z = \begin{cases} \dfrac{Q-1}{\sqrt{\text{Var}(Q)}} & (Q > 0) \\ 0 & (Q = 0) \\ \dfrac{Q+1}{\sqrt{\text{Var}(Q)}} & (Q < 0) \end{cases} \tag{5.4}$$

式中,Q 为检验统计量;Z 为标准化后的检验统计量;x_j、x_i 为时间序列数据;n 为样本数,当 $n > 8$ 时,Q 近似为正态分布,其均值和方差计算公式为

$$E(Q) = 0 \tag{5.5}$$

$$\text{Var}(Q) = \frac{n(n-1)(2n-5)}{18} \tag{5.6}$$

标准化后 Z 为标准正态分布,若 $|Z| > Z_{1-\alpha/2}$,表示存在明显趋势变化。$Z_{1-\alpha/2}$ 为标准正态分布表在置信度水平 α 下对应的值。本书中置信度水平 α 为 0.05,自由度为 16-2=14。根据研究区 16 年 NDVI 年均值数据,基于 Theil-Sen Median 趋势分析和 Mann-Kendall 趋势检验的分析原理,借助 MATLAB 2013a 软件编程实现 NDVI 的逐像元栅格计算。

3. Hurst 指数

R/S 分析方法(rescaled range analysis method),也称重标极差分析法,由英国水文学家 Hurst(1947)最先提出,后经过 Mandelbrot 和 Wallis(1969)的进一步补充和完善,将其发展成一种研究时间序列的分析理论,目前已在水文学、经济学、社会学以及气候学等领域得到了广泛的应用。

R/S 分析的基本思路如下:将 NDVI 看成一个时间序列 $\{\xi(t)\}$, $t=1,2,\mathrm{L}\ ,N$, 对于任意正整数 $\tau \geq 1$, 定义均值序列:

$$\langle \varepsilon \rangle_q = \frac{1}{q}\sum_{t=1}^{q}\varepsilon(t) \qquad q=1,2,\mathrm{L}\ ,N \tag{5.7}$$

(1)累积离差:

$$X(t,q) = \sum_{u=1}^{t}(\varepsilon(u) - \langle \varepsilon \rangle_q) \qquad 1 \leq t \leq q \tag{5.8}$$

(2)极差:

$$R(q) = \max_{1 \leq t \leq q} X(t,q) - \min_{1 \leq t \leq q} X(t,q) \qquad q=1,2,\mathrm{L}\ N \tag{5.9}$$

(3)标准差:

$$S(q) = \left[\frac{1}{q}\sum_{t=1}^{q}(\varepsilon(t) - \langle \varepsilon \rangle_q)^2\right]^{\frac{1}{2}} \qquad q=1,2,\mathrm{L}\ ,N \tag{5.10}$$

引入无量纲的比值 R/S 对 R 进行重新标度,即

$$\frac{R(q)}{S(q)} = \frac{\max\limits_{1 \leq t \leq q} X(t,q) - \min\limits_{1 \leq t \leq q} X(t,q)}{\left[\dfrac{1}{q}\sum_{t=1}^{q}(\varepsilon(t) - \langle \varepsilon \rangle_q)^2\right]^{\frac{1}{2}}} \tag{5.11}$$

比值 $R(\tau)/S(\tau) \cong R/S$, 若存在 $R/S \propto \tau^H$, 则说明 NDVI 时间序列 $\{\xi(t)\}$ 存在 Hurst 现象,其中 H 称为 Hurst 指数。Hurst 指数一般取值为 $0 < H < 1$。当 $0 < H < 0.5$ 时,NDVI 时间序列表现为反持续性;当 $H=0.5$,NDVI 时间序列表现为一个随机序列;当 $0.5 < H < 1$ 时,NDVI 时间序列表现为持续性。根据研究区 16 年 NDVI 年均值数据,基于 R/S 理论的分析原理,借助 MATLAB 2013a 软件编程实现 Hurst 指数在这 16 年的逐像元空间计算。

5.1.3 NDVI 时间变化特征

1. NDVI 年内变化特征

借助 GIS 区域统计分析中的最大化合成工具对逐月 NDVI 数值进行统计,再对不同年份同月的 NDVI 数据做均值统计,就可以得到每个月 NDVI 的多年平均值,取各月份的 NDVI 影像图的平均值在 Excel 中统计并绘图可得到赤水河流域月均 NDVI 的年内变化曲线图(图 5.3)。

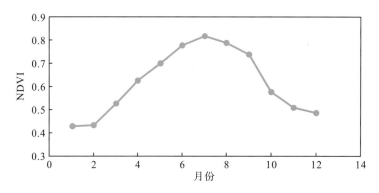

图 5.3　赤水河流域月均 NDVI 年内变化

由图 5.3 可知，研究区月均 NDVI 的波动为 0.43～0.81，平均值为 0.48，其中在平均值以上的月份为 4～10 月，在平均值以下的月份为 12 月到次年 3 月。多年月平均 NDVI 的变化曲线表现为单峰分布。该曲线呈现出 NDVI 从 2 月开始持续增长，峰值出现在 7 月，8 月开始呈持续下降趋势，直到第二年的 1 月和 2 月出现年内变化的最低值，这与大多数 NDVI 的年内分布研究结果相似。

对 12 个月份的多年月均 NDVI 值做相邻月份的差值计算，如 NDVI2－NDVI1，表示多年 2 月份 NDVI 值与多年 1 月份 NDVI 值的差值，差值的大小用柱状图表示，正负用坐标轴的上下区分。当差值为正数时，表示下月的植被覆盖比上月的植被覆盖好，反之较差。图 5.4 反映了赤水河流域 NDVI 逐月变化情况。

从图 5.4 可知，赤水河流域从 2 月开始，NDVI 值呈现微小的上升（0.005135），3～7 月 NDVI 值都在前一个月的基础上大幅上升，4 月 NDVI 增量最大，其值为 0.09763，到 8 月，NDVI 值开始负增长，8 月与 7 月的 NDVI 差值较小，仅为-0.026544，从 9 月开始 NDVI 的负向增量开始拉大，到 10 月出现年内负向增量的最大值，达到-0.160825，表明赤水河流域 NDVI 值 9 月和 10 月期间的变化在全年最大。4 月和 10 月分别为 NDVI 正、负向差值变化幅度最大的月份，这也说明 4 月和 10 月是植被返青和凋落的季节，同时也表明这两个月份是植被生长季划分的标准。11 月至次年 2 月，NDVI 月平均值呈持续下降趋势。

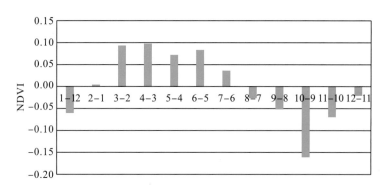

图 5.4　赤水河流域月均 NDVI 差值图

2. NDVI 年季变化特征

由图 5.5 可知，2000～2015 年赤水河流域年均 NDVI 总体呈现波动上升的趋势，增速为 0.0025/a，并且通过显著性水平为 0.01 的检验。具体来说，研究区 NDVI 在 0.56～0.69 波动。2000～2004 年研究区植被呈增加趋势，这与该时期西南地区实施的退耕还林还草政策有一定的关系。2004～2005 年 NDVI 呈显著下降趋势，这与 2005 年贵州喀斯特高原地区的旱灾有着密切关系。中国南方地区自 2003 年以来降雨偏少，江南、华南地区为 1961 年以来降雨量最少年，夏季遭受罕见高温袭击，夏秋季均出现大范围干旱（黄晓云等，2013）。2005～2010 年研究区 NDVI 整体上处于缓慢上升阶段，在 2007 年达到 0.68。2008～2011 年，研究区降水量连续 4 年持续偏少，持续的旱灾造成研究区 NDVI 显著减少（黄晓云等，2013），自 2011 年以后研究区的 NDVI 呈现持续增加趋势。

在不同岩性背景下，NDVI 均值在 2000～2015 年均呈现不同程度的增加趋势，且喀斯特地区植被增加的趋势（0.0027/a）＞研究区（0.0020/a）＞非喀斯特地区（0.0025/a）。对比喀斯特地区 NDVI 与非喀斯特地区 NDVI 的年际波动程度来看，非喀斯特地区 NDVI 的波动增长过程（0.5860～0.7028）显著高于喀斯特地区 NDVI 的波动增长过程（0.5537～0.6829），只是其波动的量和幅度不一致而已。

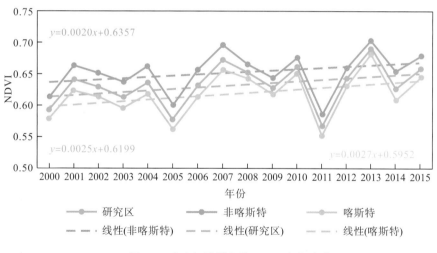

图 5.5　赤水河流域年均 NDVI 年际变化

5.1.4　NDVI 空间变化特征

通过对 MOD13Q1 的月数据进行最大化合成、均值法处理，本书采用月、季度以及年三种时间尺度的 NDVI 卫星遥感数据，揭示赤水河流域植被覆盖的空间变化规律。

1. 年均 NDVI 空间分布

首先需要对每一年的半月 NDVI 数据进行最大化合成，形成不同月份的 NDVI 栅格数据，之后对月数据进行平均值聚合，可以得到 2000～2015 年赤水河流域的年均 NDVI 空间分布图。本书之所以对 NDVI 数据进行最大化合成，是因为月和年的最大植被覆盖能够反映当月和当年植被长势最好时的地表覆被情况。从图 5.6 可知，赤水河流域 2000～2015 年植被覆盖的年际波动较大，流域上游以及下游非喀斯特地区的 NDVI 值较高，而流域中游仁怀市周边的 NDVI 值较低。从年际尺度上看 2000 年、2005 年和 2011 年的整体植被覆盖度较低，NDVI 小于 0.5 的区域所占的面积较大，其他年份 NDVI 值总体较高。

基于 ArcGIS 10.2 的 ArcToolbox 工具箱中的区域统计分析模块功能，对处理好的 16 幅(2000～2015 年)年均 NDVI 植被遥感影像图做均值运算，可以得到赤水河流域 NDVI 多年均值分布图，该图反映了赤水河流域近 16 年来像元尺度上 NDVI 的平均水平和空间分布(图 5.7)。通过图层信息的属性表(layer properties source)可以查到赤水河流域 NDVI 的最大值和最小值分别为 0.79 和 0.27，平均值为 0.63，喀斯特地区的平均 NDVI 值(0.61) 低于非喀斯特地区(0.65)。按照方精云等(2003)对 NDVI 大小的划分标准，本书将赤水河流域划分为无植被覆盖区(NDVI<0.1)、低植被覆盖区(0.1<NDVI<0.3)、中植被覆盖区 (0.3<NDVI<0.5)、中高植被覆盖区(0.5<NDVI<0.65)和高植被覆盖区(NDVI>0.65)5 个级别，各个等级的面积及其占赤水河流域总面积的百分比见表 5.1。从植被覆盖的空间分布上看，赤水河流域中高植被覆盖区主要分布于上游以及中游的喀斯特地区，高植被覆盖区分布于流域下游的非喀斯特地区，中植被覆盖区则主要分布于仁怀以及桐梓的城乡过渡地带。从面积及其分布比例看，喀斯特地区中植被覆盖区和中高植被覆盖区所占的面积分别为 46.25 km^2 和 7289.00 km^2，大于非喀斯特地区的中植被覆盖区(36.13 km^2)和中高植被覆盖区(3356.25 km^2)。在高植被覆盖等级下，非喀斯特地区所占的面积和比重明显大于喀斯特地区。

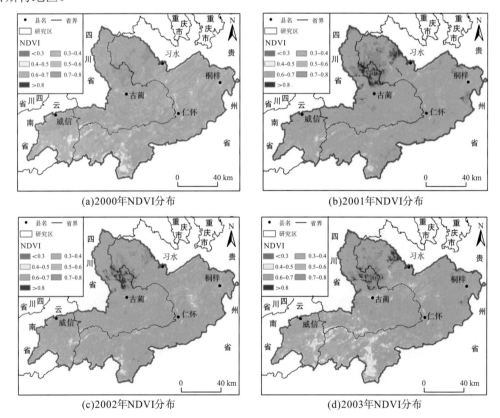

(a)2000年NDVI分布

(b)2001年NDVI分布

(c)2002年NDVI分布

(d)2003年NDVI分布

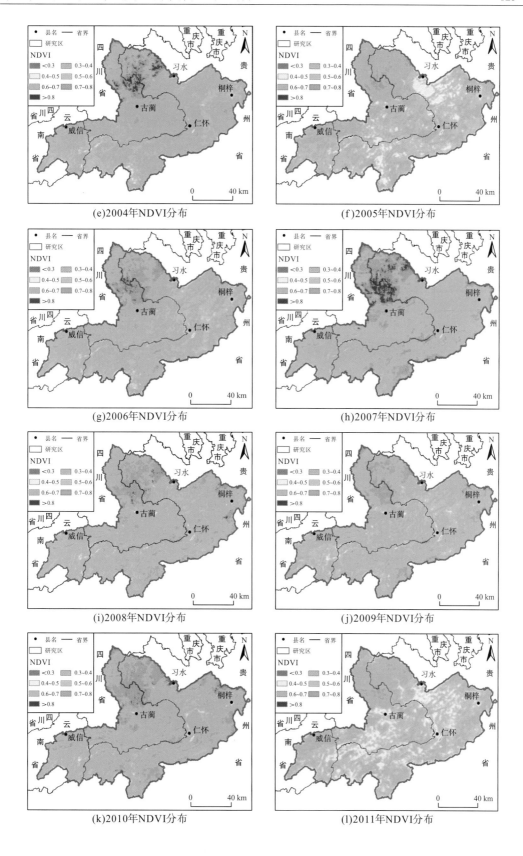

(e)2004年NDVI分布

(f)2005年NDVI分布

(g)2006年NDVI分布

(h)2007年NDVI分布

(i)2008年NDVI分布

(j)2009年NDVI分布

(k)2010年NDVI分布

(l)2011年NDVI分布

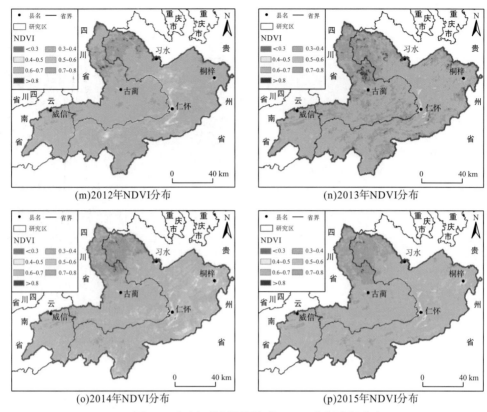

(m)2012年NDVI分布   (n)2013年NDVI分布

(o)2014年NDVI分布   (p)2015年NDVI分布

图 5.6　赤水河流域不同年份 NDVI 年际空间分布

综上，在赤水河流域，植被覆盖总体上以中高植被覆盖和高植被覆盖为主，低植被覆盖镶嵌分布于中高植被覆盖中。喀斯特地区以中高植被覆盖和高植被覆盖为主，而非喀斯特地区则以高植被覆盖为主。

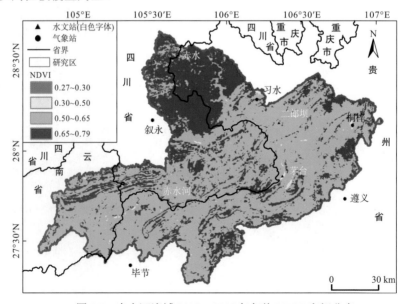

图 5.7　赤水河流域 2000～2015 年年均 NDVI 空间分布

表 5.1　赤水河流域 NDVI 分级

类别	低植被覆盖区 (0.1～0.3)		中植被覆盖区 (0.3～0.5)		中高植被覆盖区 (0.5～0.65)		高植被覆盖区 (>0.65)	
	面积/km²	百分比/%	面积/km²	百分比/%	面积/km²	百分比/%	面积/km²	百分比/%
总面积	0.19	0.0011	82.38	0.50	10645.25	64.63	5744.13	34.87
喀斯特	0	0	46.25	0.28	7289.00	44.25	2339.44	14.20
非喀斯特	0.19	0.0011	36.13	0.22	3356.25	20.38	3404.69	20.67

2. 季均 NDVI 空间分布

依据季节的划分标准：3～5 月为春季、6～8 月为夏季、9～11 月为秋季、11 月到次年 2 月为冬季，将每三个月的平均 NDVI 值进行均值合成处理，再对同一季节 16 年的季节 NDVI 数据进行合并，可得到 16 年四季的 NDVI 影像图。从这个影像图中可以观察到流域 2000～2015 年不同季节 NDVI 的平均状况与空间差异。从图 5.8 可以看出，赤水河流域夏季的植被覆盖情况最好，其次为秋季，然后为春季，冬季的植被覆盖情况最差。从季节 NDVI 整体空间分布中可以看出，在不同季节赤水河流域下游所表现出的植被覆盖程度普遍偏高，这与该地区的非喀斯特地质背景直接相关，在喀斯特地区，不同季节的植被覆盖波动程度较大。

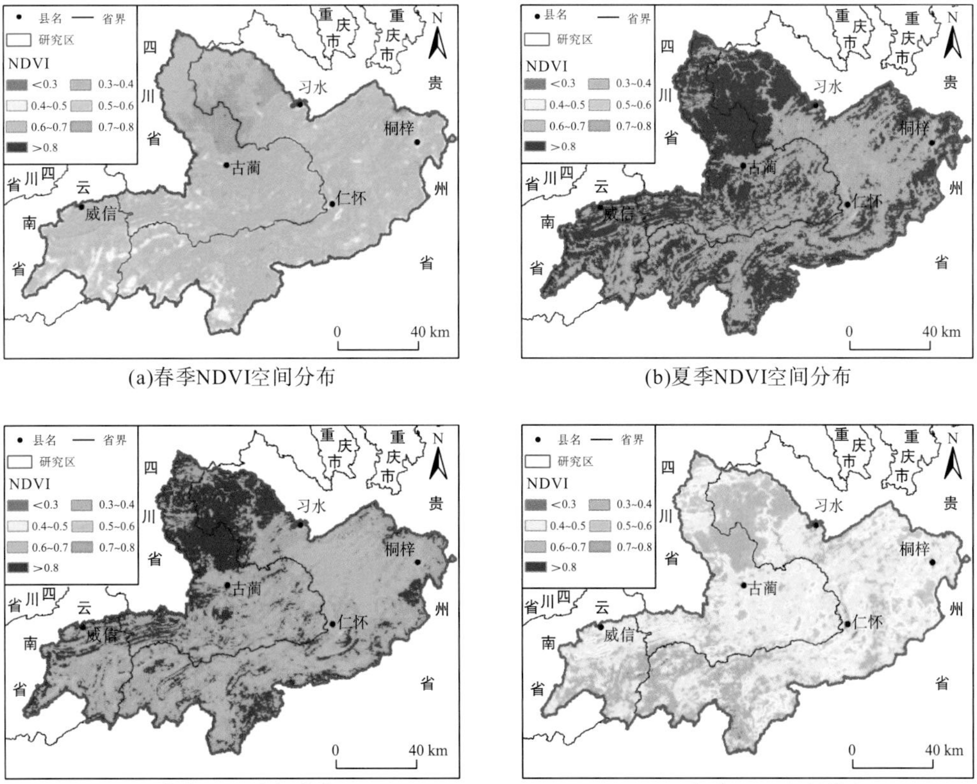

(a)春季NDVI空间分布

(b)夏季NDVI空间分布

(c)秋季NDVI空间分布

(d)冬季NDVI空间分布

图 5.8　赤水河流域四季 NDVI 空间分布图

对赤水河流域 263551 个像元值在不同季节的最大值、最小值、平均值和标准差进行统计可知（表 5.2），NDVI 最小值出现在冬季，其值为 0.2015；最大值出现在夏季，其值为 0.9405，NDVI 值在夏季有最大的取值范围。从 NDVI 的平均值看，夏季、秋季、春季以及冬季依次为 0.7961、0.7621、0.6162 和 0.4499。在标准差方面，春季和冬季的 NDVI 标准差波动较大，而夏季和秋季的 NDVI 离散程度较小，这与不同季节植被返青和凋落的时间有直接关系。

表 5.2　赤水河流域季节尺度上 NDVI 像元统计量

统计值	春季	夏季	秋季	冬季
最小值	0.2660	0.3746	0.3679	0.2015
最大值	0.8210	0.9405	0.9066	0.6920
平均值	0.6162	0.7961	0.7621	0.4499
标准差	0.0719	0.0422	0.0602	0.0642

3. 月均 NDVI 空间分布

平均 16 年同月的 MODIS13Q1 遥感影像数据，可以得到 12 幅多年平均月尺度的 NDVI 影像图，利用 GIS 中的重分类工具，可以得出不同月份间 NDVI 的变化强度大小和空间分布状态图。从图 5.9 可以看出，从 3 月开始，赤水河流域下游的 NDVI 值明显提高，4 月

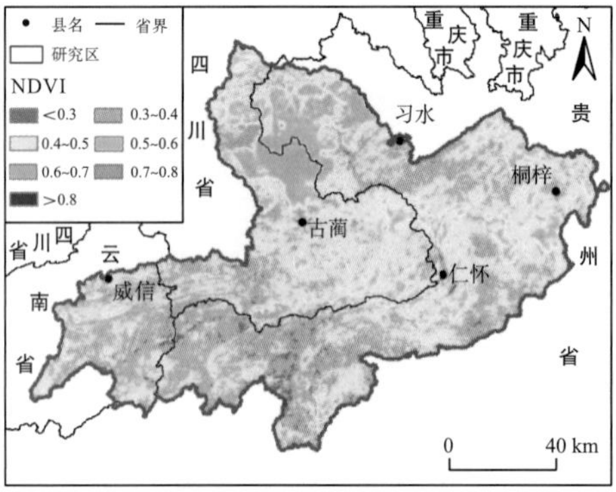

(a)1月NDVI空间分布

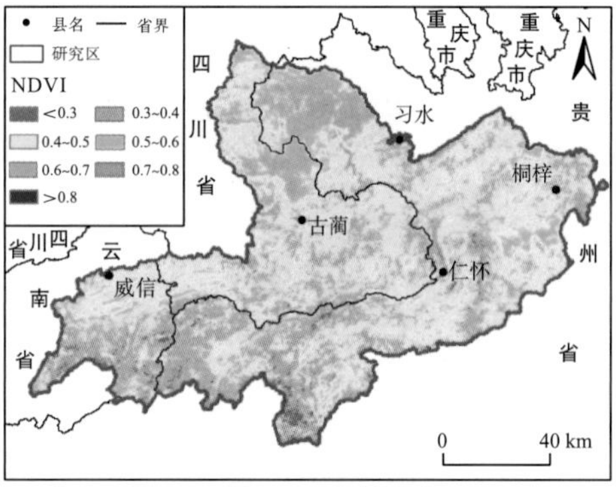

(b)2月NDVI空间分布

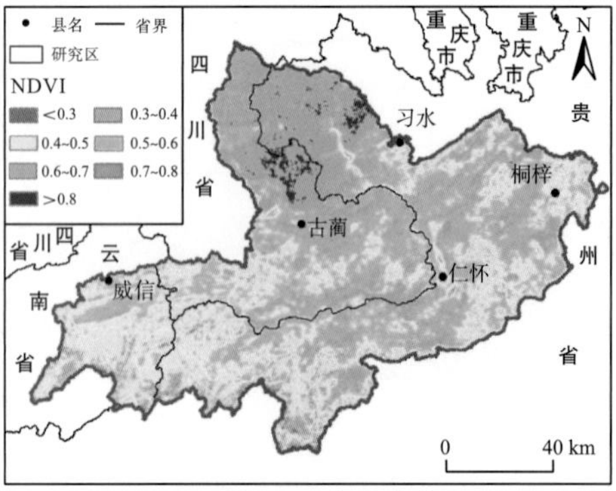

(c)3月NDVI空间分布

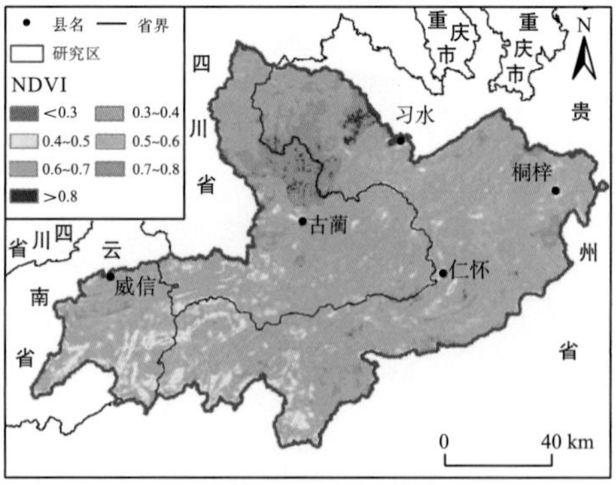

(d)4月NDVI空间分布

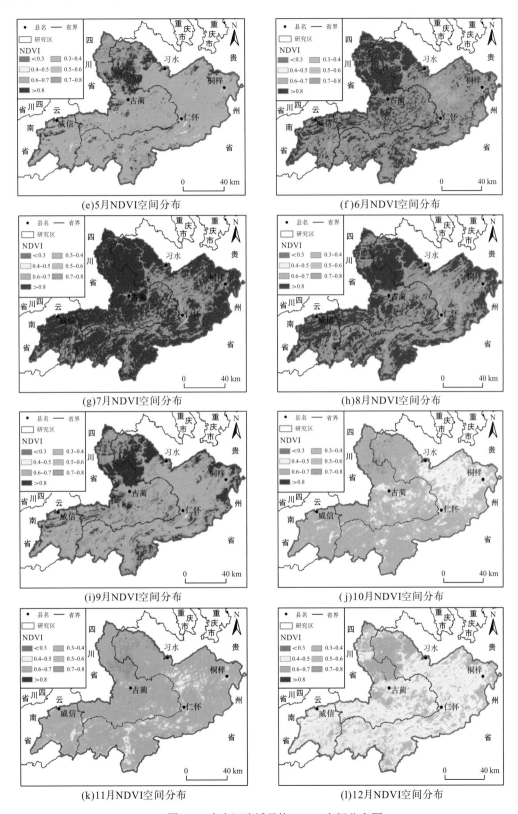

(e)5月NDVI空间分布　　　　　　　　　　　　(f)6月NDVI空间分布

(g)7月NDVI空间分布　　　　　　　　　　　　(h)8月NDVI空间分布

(i)9月NDVI空间分布　　　　　　　　　　　　(j)10月NDVI空间分布

(k)11月NDVI空间分布　　　　　　　　　　　　(l)12月NDVI空间分布

图 5.9　赤水河流域月均 NDVI 空间分布图

流域中游的 NDVI 值开始上升，从 5 月开始流域上游的 NDVI 值也开始提高，6～8 月流域的 NDVI 值持续上升，其中 7 月 NDVI 值增加到年内的最大值。从 8 月开始到第二年的 2 月流域 NDVI 值呈持续下降趋势。

5.1.5　NDVI 波动特征

植被空间波动性大小可用标准差来度量，它反映了研究区 2000～2015 年 NDVI 的空间变化幅度大小。利用 ArcGIS 10.2 软件计算研究区 16 年的 CV_{NDVI}，为了从整体上把握研究区植被覆盖空间波动性的强弱，本书使用自然间断法将研究区的 CV_{NDVI} 分为 5 级，依次为：较低波动性（$0.0135 < CV_{NDVI} < 0.0356$）、低波动性（$0.0356 \leqslant CV_{NDVI} < 0.0429$）、中等波动性（$0.0429 \leqslant CV_{NDVI} < 0.0496$）、高波动性（$0.0496 \leqslant CV_{NDVI} < 0.0582$）和较高波动性（$0.0582 \leqslant CV_{NDVI} < 0.1292$）。由表 5.3 可知，研究区 NDVI 变异系数的变幅比较大，变幅为 0.0135～0.1292。研究区 NDVI 处于中低波动性组合的比重为 77.58%，处于高波动性和较高波动性组合的比例为 22.42%，说明研究区植被整体上处于稳定状态。而喀斯特地区植被高波动和较高波动组合的比重明显大于非喀斯特地区，说明喀斯特地区的植被比非喀斯特地区的敏感性高，离散程度大。这主要是由于喀斯特地区的碳酸盐岩层致密、环境容量低、抗干扰能力弱、稳定能力差、易导致该区域水土流失等脆弱的生态环境地质。

表 5.3　赤水河流域 NDVI 变异系数

波动程度	CV_{NDVI}	面积百分比/%		
		总区域	喀斯特区域	非喀斯特地区
较低波动性	$0.0135 < CV_{NDVI} < 0.0356$	14.84	14.36	15.52
低波动性	$0.0356 \leqslant CV_{NDVI} < 0.0429$	30.74	29.20	32.94
中等波动性	$0.0429 \leqslant CV_{NDVI} < 0.0496$	32.00	32.38	31.45
高波动性	$0.0496 \leqslant CV_{NDVI} < 0.0582$	18.54	20.20	16.19
较高波动性	$0.0582 \leqslant CV_{NDVI} < 0.1292$	3.88	3.86	3.90

由图 5.10 可知，研究区 CV_{NDVI} 的空间分布整体上表现出"高波动性分布于赤水河流域中部，低波动性分布于流域上游以及下游地区"的空间格局。主要特征为：①高波动性（深橙色）区域主要分布于毕节市的东北部地区、流域中游古蔺县的南部、习水县辖区周边以及桐梓河流域的上游地区，而较高波动性则集中连片分布在赤水河流域的中游地区，说明该区域 NDVI 的年内波动性较大，区域内的植被分布受植被生境与人类活动的双重影响较大，特别是该流域中游市辖区周边，陡坡开荒、乱砍滥伐等人类活动导致该区域水土流失加重，形成了"土层变薄—生产力下降—植被覆盖率下降—地表水涵养力降低—旱涝灾害频繁发生—人畜饮水困难—区域贫困"的生态链，胁迫作用强，从而抑制植被的生长；②中等波动性区域主要分布于泸州市的东南部地区，说明该类区域植被的分布在年内呈现出较稳定的状态；③低波动性（绿色和浅绿色）区域主要分布在流域上游的昭通市、桐梓河流域的中游地区以及赤水河流域下游的非喀斯特地貌一带。由上述分析可知：研究区 NDVI 的年内分布呈现出明显的空间波动分布特征，大小波动性共存，未来应该对高波动

性区域(桐梓河流域上游以及赤水河流域中游地区)的植被生态进行重点保护与规划,防止植被发生严重退化。

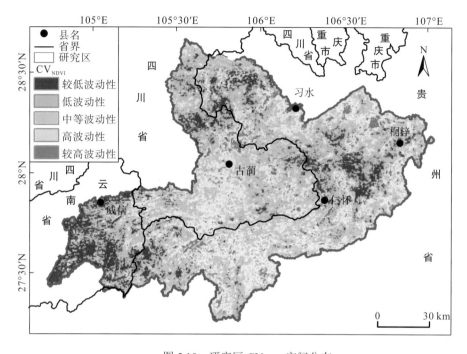

图 5.10　研究区 CV$_{NDVI}$ 空间分布

5.1.6　NDVI 变化趋势

　　将 Theil-Sen Median 趋势分析和 M-K 检验结合起来,可以有效地反映 2000～2015 年赤水河流域 NDVI 变化趋势的空间分布特征。通过计算可以得到赤水河流域的 M-K 检验 Z 值空间分布图以及 P 值空间分布图(图 5.11),这两个图都可以表征 NDVI 变化的显著性水平。其中,显著性水平 P 值的 0.05 对应 Z 值的 1.96;显著性水平 P 值的 0.01 对应 Z 值的 2.58。本书在叠加分析时使用了赤水河流域 NDVI Sen 的变化趋势(图 5.12)和 Z 值的显著性水平进行了叠加(图 5.13)。

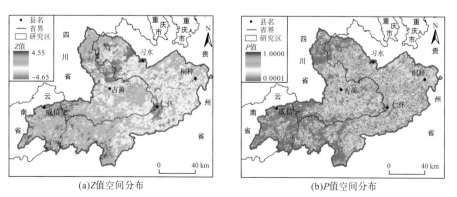

(a)Z值空间分布　　　　　　　　　　　(b)P值空间分布

图 5.11　研究区 NDVI M-K 检验 Z 值以及 P 值空间分布

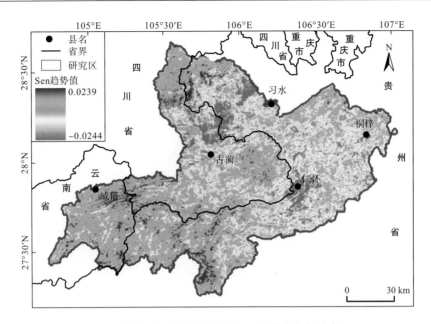

图 5.12　研究区 NDVI Sen 趋势值空间分布

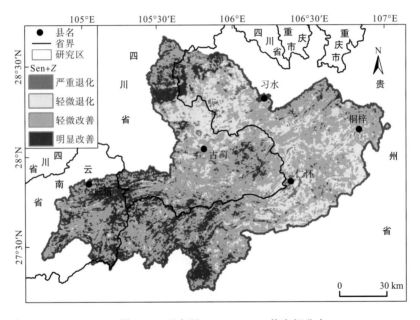

图 5.13　研究区 NDVI Sen+Z 值空间分布

　　具体实现方法是将 M-K 检验在 0.05 置信的显著性检验结果分为显著变化（|Z|＞1.96）和不显著变化（|Z|≤1.96）；将 Theil-Sen Median 趋势分析的分级结果与 M-K 检验分析的分级结果进行空间叠加，可以得到 NDVI 变化趋势的显著性分析数据，同时通过对不同岩性背景的植被退化与改善区域进行制图（图 5.14），最后可以得出研究区中喀斯特地区以及非喀斯特地区植被退化与改善 4 种类型的统计结果（表 5.4）。

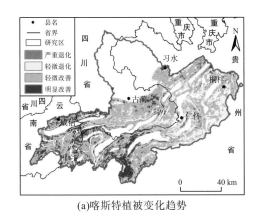

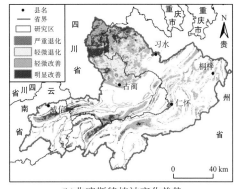

(a)喀斯特植被变化趋势　　　　　　　　　　(b)非喀斯特植被变化趋势

图 5.14　研究区喀斯特和非喀斯特地区植被退化与改善区域空间分布

表 5.4　赤水河流域 NDVI 变化趋势

植被退化与改善程度	NDVI 变化趋势		面积百分比/%		
	Sen 值	Z 值	总体	喀斯特	非喀斯特
严重退化	$b<0$	$\|Z\|>1.96$	1.90	0.97	3.23
轻微退化	$b<0$	$\|Z\|\leqslant1.96$	22.03	17.65	28.33
轻微改善	$b\geqslant0$	$\|Z\|\leqslant1.96$	53.65	58.61	46.52
明显改善	$b>0$	$\|Z\|>1.96$	22.42	22.77	21.92

　　研究区地表覆盖 NDVI 的 Sen 值为-0.0244～0.0239,整体上呈现出改善趋势(改善区域的面积＞退化区域的面积),其中 NDVI 改善区域面积占研究区面积的比例为 76.07%,退化区域面积仅占研究区的 23.93%。在不同岩性背景下,喀斯特地区植被改善的面积大于非喀斯特地区植被改善的面积,其中喀斯特地区植被改善面积所占的比重为 81.38%,而非喀斯特地区植被改善的面积为 68.44%。由图 5.13 可以看出,明显改善的区域(蓝色)主要分布于赤水河流域赤水河站断面以上的区域、流域中游的泸州市东南部以及流域下游的非喀斯特地区;轻微改善的区域(绿色)集中连片分布于流域中游地区的泸州市古蔺县,所占的面积比重为 53.65%;轻微退化的区域主要分布于桐梓河流域的南部、仁怀市的南部以及赤水河流域的下游地区,其中以桐梓河流域以及赤水河流域下游地区所占的面积比例最大;植被严重退化的区域主要集中在桐梓县城、仁怀市周边以及流域下游的非喀斯特地区。

　　从图 5.15 可以看出,2000～2015 年赤水河流域不同植被类型中严重退化的面积在各种 NDVI 变化类型中所占的比重最小,轻微改善的面积比例远远大于轻微退化和明显改善的面积比例。具体来说:①在严重退化的植被类型中,城市与建筑用地所占的比重最大,达到 25.01%,常绿阔叶林所占的面积比例次之(7.92%),然后是混交林,所占的面积比重为 3.27%,其他地类所占的面积比例低于 6.10%;②在轻微退化的植被类型中,除常绿阔叶林比重超过 50.00%以外,其他植被类型所占的比例都在 50.00%以下,其中,混交林、城市与建筑用地以及裸地所占的面积比例都在 40.00%左右波动,而落叶阔叶林轻微退化的面积占比在 30% 左右波动，草地和农田退化的面积占比则在 18.00% 左右；③在轻微改善的植被类型中，常绿针叶林、郁闭灌木林、草地和农田地类的面积占比都在 50.00% 以上，落叶阔叶林地类的面积占比在 45.45% 左右，其他地类的面积占比都小于 34.66%；④在明显改善的植被类型中，落叶阔叶林所占的面积比重最大，为 25.59%，城市与建筑用地所占的面积比重最小，仅为 6.25%。在不同岩性背景下，非喀斯特地区和喀斯特地区不同植被类型中严重退化的植被类型所占的面积比重与研究区的基本保持一致，喀斯特地区不同植被类型中轻微退化的面积明显高于非喀斯特地区，轻微改善的面积比例几乎与非喀斯特地区持平，而明显改善的面积显著高于非喀斯特地区。

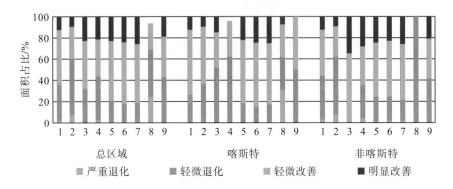

1—常绿针叶林(FNF)；2—常绿阔叶林(EBF)；3—落叶阔叶林(DBF)；4—混交林(MF)；5—郁闭灌木林(CH)；

6—草地(GL)；7—农田(CL)；8—城市与建筑用地(UBL)；9—裸地(BSVL)

图 5.15　研究区不同植被类型退化与改善区域分布图

5.1.7　NDVI 变化可持续性

根据赤水河流域 2000～2015 年 NDVI 最大化合成数据，基于 R/S 理论的分析原理，借助 MATLAB 2013a 软件实现 Hurst 指数的逐像元空间计算，可获得 NDVI 变化持续性分布指数数据，将 Hurst 指数分布情况按照等间距进行分类，可得出研究区 Hurst 指数正态分布图及空间分级图。从图 5.16 中可知，NDVI 均值的 Hurst 指数值变幅较大，其值为 0.35～1.00，平均值为 0.67，标准差为 0.075；Hurst 指数的反持续序列比重为 10.45%，持续性序列比重为 89.55%，强反持续性、弱反持续性、弱持续性和强持续性的比重分别为 3.95%、6.50%、63.55% 和 26.00%。Hurst 指数正态分布图的空间分布形态呈现单峰右偏分布，即 NDVI 均值持续性改善的趋势远远大于反持续性退化的趋势，说明研究区 NDVI 总体的变化趋势呈持续性改善的态势。

从植被 Hurst 指数空间分布情况可以看出，赤水河流域 Hurst 指数分布的总体趋势为："强持续性与弱持续性呈现集中连片分布态势、强反持续性与弱反持续性零散分布于赤水河流域中游地区"（图 5.17）。具体特征为：强持续性序列(蓝色)主要分布于赤水河流域上游、桐梓河流域上游，仁怀市东部、赤水河流域下游也有零星分布；弱持续性序列(绿色)主要呈片状分布于桐梓河流域上游，此外，仁怀市南部以及习水县西部也有零星分布；强反持续性和弱反持续性序列主要分布于赤水河流域中游地区，桐梓河流域下游地区的分布范围也比较大。总体来说，赤水河流域植被覆盖未来呈现出持续性改善大于反持续性的态势，由此可知研究区未来植被覆盖变化在空间上将呈现出持续性改善趋势。

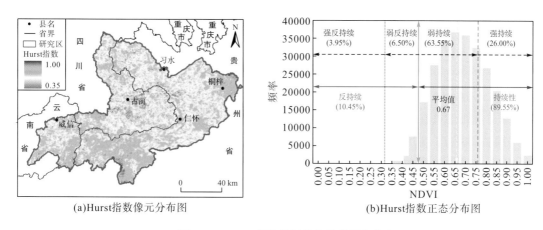

(a)Hurst指数像元分布图　　　　　　　　　(b)Hurst指数正态分布图

图 5.16　Hurst 指数像元分布及其正态分布

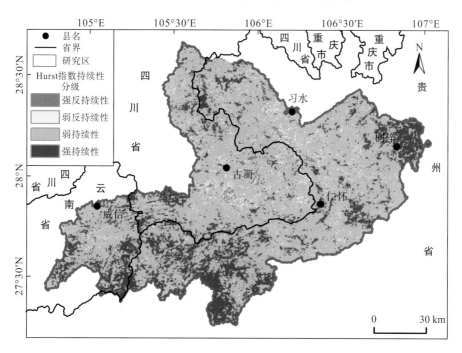

图 5.17　Hurst 指数像元分布及其空间分级

为进一步揭示赤水河流域的 NDVI 变化趋势及其可持续性，将 Sen 值与 Hurst 指数分析结果进行叠加分析，可以得到研究区退化或改善趋势及其与可持续性的耦合分析结果。本书将耦合分析结果分为 9 类：①强持续与严重退化；②弱持续与严重退化；③强持续与轻微退化；④弱持续与轻微退化；⑤弱持续与轻微改善；⑥强持续与轻微改善；⑦弱持续与明显改善；⑧强持续与明显改善；⑨未来变化趋势无法确定。

　　由图 5.18 和表 5.5 可知：赤水河流域未来的地表植被覆盖持续性改善序列所占的面积比重(68.54%)显著高于持续性退化序列所占的面积比重(21.01%)。其中持续性严重退化序列所占的面积比重为 1.90%，主要分布于赤水河流域中游的仁怀市辖区，其次为桐梓河流域上游的桐梓县，另外，赤水河流域下游的习水县也有零星分布；持续性轻微退化序列所占的面积比重为 19.11%，主要分布于桐梓河流域上游，另外，古蔺县的北部也有大面积分布；持续性轻微改善序列所占的面积比重最大，为 46.22%，集中分布于古蔺县的南部以及桐梓河流域的北部地区；持续性明显改善序列所占的面积比重为 22.32%，主要分布于赤水河流域的上游地区以及河口断面地带，具体来说主要分布于昭通市东部、威信县南部，毕节市北部也有集中连片分布。从不同岩性背景来看，喀斯特地区未来的地表植被覆盖持续性改善序列所占的面积比重(73.74%)大于持续性退化序列所占的面积比重(16.00%)，非喀斯特地区未来的地表植被覆盖持续性改善序列所占的面积比重(61.11%)也大于持续性退化序列所占的面积比重(28.16%)，但是喀斯特地区植被持续改善区域的面积百分比明显大于非喀斯特地区植被持续改善区域的面积百分比。具体来说，喀斯特地区持续性严重退化、持续性轻微退化、持续性轻微改善、持续性明显改善组合所占的比重分别为 0.98%、15.02%、51.03%和 22.71%，而非喀斯特地区持续性严重退化、持续性轻微退化、持续性轻微改善、持续性明显改善组合所占的比重分别为 3.22%、24.94%、39.33%和 21.78%。因此未来应当重点关注持续性退化的区域以及未来变化不确定的区域，对该类区域优先实行退耕还林、还草等工程。

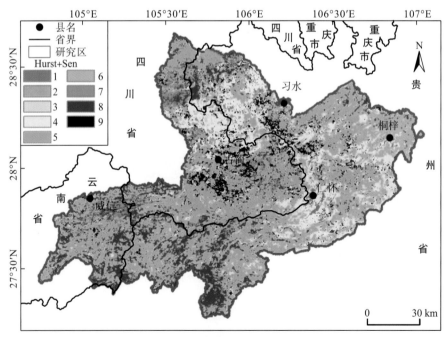

1—强持续与严重退化；2—弱持续与严重退化；3—强持续与轻微退化；4—弱持续与轻微退化；5—弱持续与轻微改善；

6—强持续与轻微改善；7—弱持续与明显改善；8—强持续与明显改善；9—未来无法确定

图 5.18　Sen 值变化趋势与 Hurst 指数叠加图

表 5.5　研究区 Sen 值与 Hurst 指数统计结果

代码	变化类型	S_{NDVI}	Z	H	面积百分比/%			
					总区域	喀斯特	非喀斯特	合计
1	强持续与严重退化	$b<0$	$\|Z\|>1.96$	>0.75	0.86	0.53	1.33	
2	弱持续与严重退化	$b<0$	$\|Z\|\leq1.96$	$0.5<H\leq0.75$	1.04	0.45	1.89	21.01%
3	强持续与轻微退化	$b<0$	$\|Z\|\leq1.96$	>0.75	2.06	1.06	3.47	
4	弱持续与轻微退化	$b<0$	$\|Z\|>1.96$	$0.5<H<0.75$	17.05	13.96	21.47	
5	弱持续与轻微改善	$b>0$	$\|Z\|\leq1.96$	$0.5<H<0.75$	36.64	39.56	32.48	
6	强持续与轻微改善	$b>0$	$\|Z\|>1.96$	>0.75	9.58	11.47	6.85	68.54%
7	弱持续与明显改善	$b>0$	$\|Z\|>1.96$	$0.5<H<0.75$	8.82	7.58	10.62	
8	强持续与明显改善	$b>0$	$\|Z\|\leq1.96$	>0.75	13.50	15.13	11.16	
9	未来无法确定	—	—	≤0.5	10.45	10.27	10.73	10.45%

5.1.8　不同海拔梯度 NDVI 变化可持续性

以往在研究植被覆盖与海拔因子之间的关系时,通常只是简单地统计不同高程下植被覆盖的变化趋势或变化过程,得出植被覆盖随海拔的升高而降低或提高的简单结论。本书对赤水河流域植被覆盖变化特征与海拔之间的关系进行研究时,除使用常规方法统计不同海拔植被覆盖类型的特征外,还使用 Hurst 指数统计了不同海拔、不同植被覆盖类型的未来变化趋势,该方法可以为赤水河流域当地政府在石漠化治理以及植被生态恢复方面提供一定的借鉴。图 5.19 反映了赤水河流域不同海拔下植被未来的变化趋势,从图中可以看出赤水河流域不同海拔植被覆盖类型的 Hurst 指数都在 0.5 以上,表明在研究区不同海拔下的植被覆盖未来呈现出持续性序列。具体来说,在海拔 0～300 m 植被的 Hurst 指数最大,为 0.7784,表明在此海拔内植被的变化趋势呈强持续性趋势,该海拔内主要的植被类型为农田、草地、郁闭灌木林、常绿针叶林,该类地区大部分处于东部地带的非喀斯特地区;海拔 300～700 m 植被的 Hurst 指数最低,仅为 0.6834,主要植被类型为农田、草地、郁闭灌木林、常绿针叶林,该地区的 Hurst 指数之所以较低,主要是由于此地区是人类活动影响最为严重的地区,人类活动对植被的破坏比较大;海拔 700～1100 m 植被的 Hurst 指数相对较高,为 0.7079,该地貌单元处于赤水河流域上游的喀斯特地区,此海拔内植被变化波动性较强,易于退化也易于改善,其原因一方面在于耕地地类主要分布于此海拔范围内,Hurst 指数受农作物等植被类型的生长周期影响较大,另一方面在于退耕还林等生态建设工程的实施促进了植被的恢复,而喀斯特地区毁林开垦、樵采薪材等人为逆向干扰导致植被被破坏;海拔 1100～2350 m 植被的 Hurst 指数都达到 0.72 以上,且植被类型中草地所占的面积比重比较大,说明植被变化趋于稳定,主要是因为海拔高的地方坡度往往较大,受人类活动的干扰较少,同时,封山育林等政策的实施也有利于高海拔地区植被群落的稳定。

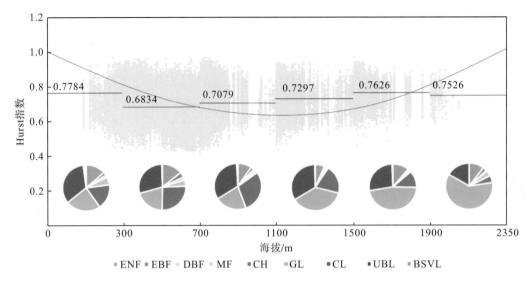

图 5.19　不同海拔 Hurst 指数分级

5.1.9　NDVI 结果讨论

卫星遥感作为植被活动检测最有力的手段，在陆地生态系统变化研究中得到了广泛应用，但是也存在着一定的不确定性（曹云锋等，2010）。NDVI 对高植被覆盖的饱和作用使得在检测植被活动变化时其敏感性受到一定影响（Fei et al.，2014）。本书使用的 SPOT-VEGETATION 遥感数据的空间分辨率为 1 km×1 km，这种情况很难保证像元内地物的均一性，混合像元的问题对本书的研究也产生了一定影响。此外，遥感时间序列数据仍然存在噪声。理想的去除噪声算法，应该是最大限度地去噪，同时最大限度地保留元数据中无噪声像元的真值（Wang et al.，2005）。本书采用简单的最大值合成法（maximum value composite, MVC）可能无法保证完全去除 NDVI 数据的噪声像元，应该考虑使用非对称高斯算法、双重逻辑函数拟合（double logistic，DL）与 Savizky-Glolay（SG）方法对 NDVI 时间序列数据进行曲线拟合。因此，下一步应该借助高分辨率的遥感数据对植被异质性比较强的贵州高原进行遥感监测，同时在植被监测前通过数据平滑算法对原始的 NDVI 时间序列数据进行重建。

此外，退耕还林还草的实施无疑是人为因素中增加 NDVI 的主要原因。为了进一步量化研究区的退耕还林效果，一方面可以通过对研究区退耕还林还草的重点区域进行坡度分级（坡度为 5°~25°），统计不同坡度下 NDVI 的增加状况；另一方面，可以统计研究区牲口的数量以及草地、坡耕地的面积及其在研究区植被恢复方面的贡献比例。为了揭示人类活动对研究区植被覆盖的影响，本书在后续章节中将借助残差序列模型（李昊等，2011）建立回归方程，并进行趋势分析，如果得到的趋势为正说明该像元植被在人类活动的影响下得到改善，反之，说明该像元植被在人类活动的影响下变差。

研究区 NDVI 均值为 0.5537~0.6829，空间上显示，仁怀市等城区周边的 NDVI 值较低，城镇及周边主要为居民建设用地、交通干道等，其 NDVI 值低于其他的土地利用类型。从岩性角度看，非喀斯特区域的 NDVI 值略大于喀斯特地区，且喀斯特地区的植被比非喀斯特地区的敏感性高,定量地证实了喀斯特区域的生态环境较非喀斯特区域的更脆弱。由于喀斯特区域地质背景的特殊性,溶洞、裂隙、地下河等景观相对发育;地表土层薄,土壤保水差、肥力低,植被覆盖度低,导致生态环境脆弱(张殿发等,2002)。NDVI 总体覆盖呈现出在波动中上升的趋势,生态环境呈现恢复态势;NDVI 整体上呈现出改善趋势(改善区域的面积＞退化区域的面积),且喀斯特地区植被改善的面积大于非喀斯特地区植被改善的面积。NDVI 变化主要是由人类活动导致,21 世纪以前,农村人口的经济来源主要是依靠粗放的土地种植,对土地的索取造成生态环境恶化;而随着城镇化的不断发展,大量农村劳动力从土地劳作中解放出来转到其他工作中,生态环境得到了改善;同时,人类在改造自然的过程中具有针对性,导致区域植被波动变化的差异;近些年研究区政府开展的石漠化综合治理、退耕还林、退耕还草等生态治理与修复工程都主要针对生态环境脆弱的喀斯特地区,致使研究区喀斯特地区植被增加的趋势＞研究区＞非喀斯特地区。这一结论与以往研究结果相符合(马士彬等,2016)。

5.2　固碳释氧价值量

5.2.1　固碳释氧量价值估算

生态系统在大气调节功能方面的服务能力主要通过生态系统固定 CO_2 和释放 O_2 的服务功能体现。陆地植被生态系统利用太阳能将大气中的无机化合物 CO_2、H_2O 等合成有机物葡萄糖酸,这是陆地植被生态系统最基本的也是最重要的功能,这种功能将太阳能固定到地表植被中,为人类和动植物提供了最初始的第一性有机物质和能量(图 5.20)。

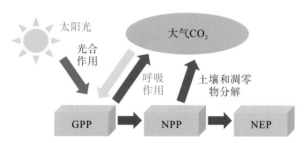

图 5.20　陆地生态系统碳收支过程(Zhu, 1993)

植被生态系统将太阳能转换为生物能直接储存在生物有机体中,这部分物质统称为总初级生产量或总初级生产力(gross primary productivity,GPP)。植物通过异养呼吸(heterotrophic respiration,HR)作用一般会消耗总初级生产力,总初级生产力减去植物呼吸消耗的部分等于净初级生产力(net primary productivity,NPP)。生态系统生产力是生态系统碳汇过程以及各种碳收支能量平衡的结果,生态系统固碳释氧服务的估算主要是基于植被的净初级生产力进行核算(陶波,2003; 王军邦,2004)。

1. CASA 模型简介

NPP 是陆地地表碳循环过程的重要部分,能反映陆地生态系统固定 CO_2 和释放 O_2 的能力，但是目前直接或快速地测评出区域或者大流域尺度上的 NPP 是很困难的，所以利用模型估算 NPP 已经成为一种重要的研究方法。目前被大家接受和认可的 NPP 估算模型一般分为三类，气候生产力模型、生态系统模型和光能利用率模型。本书选取了应用较为广泛的 CASA 模型对研究区的 NPP 进行估算（陶波，2003）。CASA 模型的估算主要借助 GIS 和 RS 数据处理软件，基于研究区的太阳总辐射、气温胁迫作用、NDVI，利用光能利用率的过程模型，通过对不同植被类型光能利用率的设定，对研究区的 NPP 物质量进行定量评估，模型如下：

$$\text{NPP}(x,t) = \text{APAR}(x,t) \times \varepsilon(x,t) \tag{5.12}$$

式中，NPP 为植被生态系统净初级生产力，$t/(hm^2 \cdot a)$；$\text{APAR}(x,t)$ 为栅格像元 x 在 t 月吸收的总光合有效辐射，MJ/m^2，月总光合有效辐射主要取决于当月的太阳总辐射量和植被对光合辐射的吸收能力；$\varepsilon(x,t)$ 为栅格像元 x 在 t 月的实际光能利用效率，g/MJ。

$$\text{APAR}(x,t) = \text{SOL}(x,t) \times 0.5 \tag{5.13}$$

式中，$\text{SOL}(x,t)$ 表示栅格像元 x 在 t 月的太阳总辐射量，MJ/m^2；0.5 表示植被能够利用的太阳有效辐射占太阳总辐射的比例。

$$\text{FPAR}(x,t) = \left[\text{FPAR}(x,t)_{\text{NDVI}} + \text{FPAR}(x,t)_{\text{SR}}\right]/2 \tag{5.14}$$

式中，$\text{FPAR}(x,t)$ 表示植物对入射光合有效辐射的吸收效率；$\text{FPAR}(x,t)_{\text{NDVI}}$ 表示由归一化植被指数（NDVI）计算所得的植被层对入射光合有效辐射的吸收比例；$\text{FPAR}(x,t)_{\text{SR}}$ 表示由比值植被指数（SR）计算所得的植被层对入射光合有效辐射的吸收能力。

$$\text{FPAR}(x,t)_{\text{NDVI}} = \frac{\left[\text{NDVI}(x,t) - \text{NDVI}_{i,\min}\right] \times \left[\text{FPAR}(x,t)_{\max} - \text{FPAR}(x,t)_{\min}\right]}{(\text{NDVI}_{i,\max} - \text{NDVI}_{i,\min})} \tag{5.15}$$

式中，$\text{FPAR}(x,t)_{\max}$ 与 $\text{FPAR}(x,t)_{\min}$ 的具体值与研究区的植被类型无关，具体值分别为 0.95 和 0.001；$\text{NDVI}(x,t)$ 代表栅格像元 x 在 t 月的归一化植被指数；$\text{NDVI}_{i,\min}$ 和 $\text{NDVI}_{i,\max}$ 分别代表研究区第 i 种植被类型的 NDVI 最小值和最大值。

$$\text{FPAR}(x,t)_{\text{SR}} = \frac{\left[\text{SR}(x,t) - \text{SR}_{i,\min}\right] \times \left[\text{FPAR}(x,t)_{\max} - \text{FPAR}(x,t)_{\min}\right]}{(\text{SR}_{i,\max} - \text{SR}_{i,\min})} \tag{5.16}$$

式中，$\text{SR}_{i,\min}$ 和 $\text{SR}_{i,\max}$ 分别代表第 i 种植被类型比值植被指数的最小值和最大值。

$$\text{SR}(x,t) = \frac{\left[1 + \text{NDVI}(x,t)\right]}{\left[1 - \text{NDVI}(x,t)\right]}$$

式中，$\text{SR}(x,t)$ 为栅格像元 x 在 t 月的比值植被指数。

而区域的实际光能利用率则可以表征为

$$\varepsilon(x,t) = T_{\varepsilon 1}(x,t) \times T_{\varepsilon 2}(x,t) \times W_{\varepsilon}(x,t) \times \varepsilon_{\max} \tag{5.17}$$

$$T_{\varepsilon 1}(x,t) = 0.8 + 0.02 \times T_{\text{opt}}(x) - 0.0005 \times [T_{\text{opt}}(x)]^2 \tag{5.18}$$

$$T_{\varepsilon 2}(x,t) = \frac{1.184}{\left(1 + \exp\left\{0.2 \times \left[T_{\text{opt}}(x) - 10 - T(x,t)\right]\right\}\right)} \times \frac{1}{\left(1 + \exp\left\{0.3 \times \left[-T_{\text{opt}}(x) - 10 + T(x,t)\right]\right\}\right)} \tag{5.19}$$

$$W_{\varepsilon}(x,t) = 0.5 + 0.5 \times E(x,t)/E_{\text{p}}(x,t) \tag{5.20}$$

$$E(x,t) = \frac{p(x,t) \times R_n(x,t) \times [p(x,t)^2 + R_n(x,t)^2 + p(x,t) \times R_n(x,t)]}{[p(x,t) \times R_n(x,t)] \times [p(x,t)^2 \times R_n(x,t)^2]} \tag{5.21}$$

$$R_n(x,t) = [E_{po}(x,t) \times p(x,t)]^{0.5} \times \left\{ 0.369 + 0.589 \times \left[\frac{E_{po}(x,t)}{p(x,t)} \right]^{0.5} \right\} \tag{5.22}$$

$$E_p(x,t) = [E(x,t) + E_{po}(x,t)]/2 \tag{5.23}$$

$$E_{po}(x,t) = 2037.98 - 18.8308\text{LAT} - 4.5801\text{LONG} - 0.157861\text{ALT} \tag{5.24}$$

式中，$W_\varepsilon(x,t)$ 代表植被的水分胁迫系数；ε_{max} 代表理想条件下植被的最大光能利用率，取值根据朱文泉等（2007）的研究成果进行确定（表 5.6）；$T_{\varepsilon 1}(x,t)$ 和 $T_{\varepsilon 2}(x,t)$ 分别代表植被在低温和高温时的胁迫系数；$T_{opt}(x)$ 代表流域内 NDVI 值达到最高值时的月平均温度，在中国一般 NDVI 达到最大值时的月份为 7 月和 8 月左右，因此这里的最适宜温度一般为 7 月或者 8 月的平均气温栅格数据；$E(x,t)$ 代表研究区的实际蒸散量，mm；$p(x,t)$ 代表栅格像元 x 在 t 月的平均降水量，mm；$R_n(x,t)$ 代表太阳净辐射量；$E_{po}(x,t)$ 表示局地潜在蒸散量，mm，具体计算方法可由 Thomthwaite 模型获得，这个模型中主要考虑经度（LONG）、纬度（LAT）和海拔（ALT），具体的取值范围可以参考周广胜与张新时（1996）的 Holdridge 模型中的可能蒸散与生物温度及降水间的关系确定。

表 5.6　不同植被利用类型的光能利用率

植被类型	光能利用率	植被类型	光能利用率	植被类型	光能利用率
落叶针叶林	0.485	常绿阔叶林	0.985	草地	0.542
常绿针叶林	0.389	针阔混交林	0.475	农田植被	0.541
落叶阔叶林	0.692	灌丛	0.429	其他植被类型	0.531

2. 固碳释氧物质量以及价值量计算方法

在地表陆地植被生态系统中，植物通过吸收空气中的 CO_2，然后通过光合作用产生碳水化合物并释放出 O_2（任志远和李晶，2004），具体的光合作用方程式为

$$CO_2 + H_2O \longrightarrow CH_2O + O_2 \tag{5.25}$$

该固碳释氧模型是以陆地植被净初级生产力（NPP）为基础，根据上述光合作用反应方程式，植物每生产 1.00 kg 葡萄糖干物质就可以固定 1.63 kg CO_2，同时在此过程中可以释放出 1.2 kg O_2，利用该关系就可以测评出陆地植被生态系统固定的 CO_2 物质量与释放的 O_2 物质量（李晶和任志远，2011）。因此陆地生态系统在大气调节方面的价值量 EV_1 可以通过生态系统固定 CO_2 的价值量 EV_{11} 和生态系统释放 O_2 的价值量 EV_{12} 两部分之和进行估算，具体表示为

$$EV_1 = EV_{11} + EV_{12} \tag{5.26}$$

陆地生态系统固定 CO_2 和释放 O_2 的价值量可以通过将吸收 CO_2 和释放 O_2 的物质量折算成造林成本、碳税率以及工业制氧的成本进行核算。其中固定 CO_2 的价值量的计算公式为

$$EV_{11} = \sum A \times \text{NPP} \times 1.63 \times (12/44) \times V_{fC} \tag{5.27}$$

式中，A 代表不同生态系统类型的面积，km^2；NPP 为不同生态系统的净初级生产力，$t/(km^2·a)$；1.63 为光合作用方程式中的常数项，可以通过化学方程式配平得到；12/44 为通过光合作用中吸收的 CO_2 折算成 C 的质量分数；V_{fc} 表征 C 的造林成本，元/t，本书中的取值为 260.9 元/t。

释放 O_2 的价值量的计算公式为

$$EV_{12} = \sum A \times NPP \times 1.19 \times V_{fO} \tag{5.28}$$

式中，A 代表不同生态系统类型的面积，km^2；NPP 为不同生态系统的净初级生产力，$t/(km^2·a)$；1.19 为光合作用方程式中的常数项，可以通过化学方程式配平得到；V_{fO} 表征 O_2 的造林成本，元/t，本书中的取值为 352.93 元/t。

3. 净初级生产力 NPP 估算技术流程

本书中 NPP 估算的时间跨度为 2000 年、2010 年和 2015 年，之所以以 2000 年的 NDVI 数据为起始，主要原因在于 NDVI 数据最早的为 1982 年的 GIMMS NDVI 数据，但是 GIMMS NDVI 数据的空间分辨率为 8 km，应用此估算赤水河流域植被覆盖时分辨率太低，无法进行区域尺度上的 NDVI 估算；而 SPOT-VEGETATION 数据传感器所获得数据的最初年份为 1998 年，但是其空间分辨率为 1000 m，计算赤水河流域小尺度上的 NPP 时空间分辨率略显不足。因此在综合对比不同传感器之间的时空分辨率之后，最终采用 MODIS 传感器的 13Q1 NDVI 数据进行流域净初级生产力的估算。该数据自 2000 年获得首幅遥感数据后，由于具有高分辨率，在不同行业中得到了广泛应用。气象数据本书主要采用了赤水河流域附近的 10 个气象站点进行插值，这 10 个气象站点分别为毕节、湄潭、黔西、桐梓、威宁、习水、遵义、叙永、沙坪坝和宜宾，此外还使用了研究区的太阳辐射数据。对不同土地利用类型的 NPP 进行统计分析时，使用了研究区 2000 年、2010 年以及 2015 年的土地利用类型图。

研究区 NPP 估算过程中数据的处理工作主要包括以下几个部分。

1) 遥感图像数据 NDVI 数据的处理

NDVI 13Q1 数据的处理主要包括投影变换和数据裁剪，之所以进行投影变换是因为 MODIS 数据产品的存储格式是 HDF (hierarchical data format) 格式，投影方式是正弦投影，这种方式一般在进行数据操作与数据计算的过程中无法使用。因此，需要将数据格式、地图投影转换成计算所需的数据格式之后，方可在 GIS 或者 ENVI 数据处理软件中进行计算。在数据格式转换以及投影变换的过程中通过 MRT (modis reprojection tool) 软件将 HDF 格式转换为 TIFF 数据格式，转换时本书将正弦地图投影转换为阿尔伯斯投影，地理坐标系统选择 WGS-1984 坐标系统。得到经过投影变换的 NDVI 数据后通过 GIS 软件中的 Extract by Mask 命令提取研究区的植被遥感 NDVI 数据。

2) 研究区气象数据的处理

首先通过 Excel 2013 对研究区 10 个气象站点 2000 年、2010 年以及 2015 年的 1～12 月气象数据进行整理，可以得到研究区的月降水和月气温等气象数据结果，借助 SPSS 19.0

软件可将数据格式转换成*.DBF 格式。这里需要注意的是在转换为 DBF 数据表时，必须要将数据表转换为 DBF Version4 版本，之后将其导入 ArcGIS 软件中进行插值，插值时所使用的模块为空间分析模块(spatial analyst)下的克里金(Kriging)插值工具，在插值时必须保证插值出来的结果与 NDVI 13Q1 图层的空间分辨率保持一致，这样才能进行后续的分析。

3)具体参数和指标值的计算

本书在对赤水河流域 NPP 进行估算的过程中所涉及的参数众多，主要有温度的胁迫指数、水分的胁迫指数、区域的实际蒸散发、区域的潜在蒸散发、最大光能利用率等。这些参数的计算主要是依据 GIS 的栅格计算器工具(raster calculate)进行计算，详细的参数计算见 5.2.1 节 CASA 模型计算公式。

4)NPP 结果的计算

根据上述计算思路，采用 CASA 模型实现对赤水河流域 2000 年、2010 年以及 2015 年的 NPP 逐栅格像元估算，具体的计算流程见图 5.21。

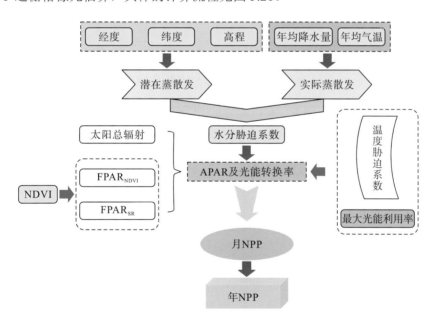

图 5.21　CASA 模型参数获取及其估算技术流程

5.2.2　NPP 时空变化特征

1. NPP 均值年内变化特征

本书基于 GIS 软件的栅格计算器工具对赤水河流域 2000 年、2010 年以及 2015 年的月 NPP 进行估算，之后对月 NPP 进行栅格求和操作，可以得到研究区 2000 年、2010 年以及 2015 年的年 NPP 栅格图像。为了更加清晰地表征赤水河流域月 NPP 的年内变化规律，运用 GIS 的区域统计功能对每月的 NPP 进行平均值统计，之后利用 Excel 软件绘制研究区的月 NPP 变化图，同时在 GIS 软件中制作了研究区 12 个月份的 NPP 空间分布图。从图 5.22 中可以看出赤水河流域年内 NPP 的变化过程呈现出单峰分布状态，与区域的 NDVI 年内分布特征相似，这与赤水河流域所处的地理位置以及气候带密切相关。赤水河流域冬季较为寒冷，太阳辐射总量值较小，不适合陆地植物生长，因此流域植被的光合作用能力较弱，不利于有机物质的积累。从图 5.22 和图 5.23 中可以看出 1 月、2 月、12 月流域的 NPP 最大值为 41.62～72.17 g C/(m²·a)，最大月平均值出现在 2 月，为 41.72 g C/(m²·a)。春季 NPP 累积量随着温度的升高而增加，植物的净初级生产能力也跟着增加，因此 3 月的 NPP 平均值为 63.21 g C/(m²·a)，4 月的 NPP 平均值为 68.56 g C/(m²·a)，而 5 月的 NPP 平均值达到了春季的最大值，为 124.66 g C/(m²·a)。赤水河流域陆地生态系统的净初级生产能力在夏季达到了全年的最大值，其中 7 月的 NPP 平均值达到了全年的峰值，其值为 127.43 g C/(m²·a)，

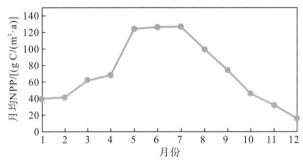

图 5.22　研究区月均 NPP 年内变化特征

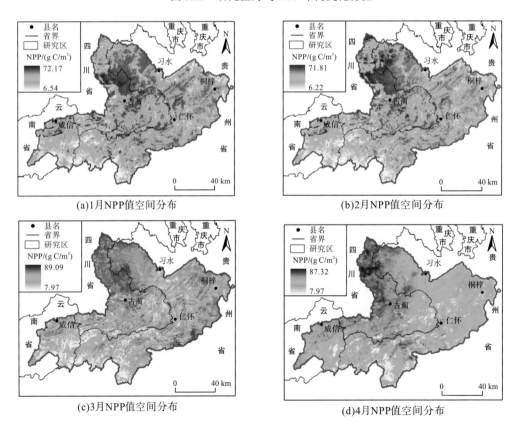

(a)1月NPP值空间分布

(b)2月NPP值空间分布

(c)3月NPP值空间分布

(d)4月NPP值空间分布

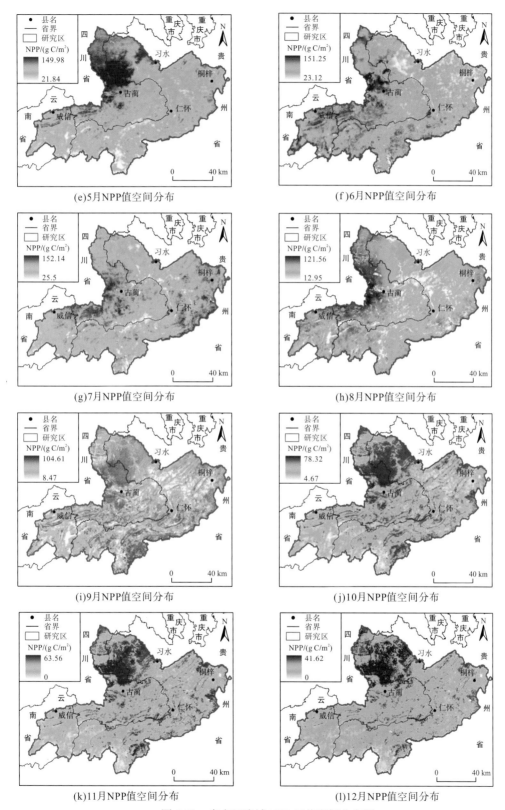

(e)5月NPP值空间分布　　　　　　　　(f)6月NPP值空间分布

(g)7月NPP值空间分布　　　　　　　　(h)8月NPP值空间分布

(i)9月NPP值空间分布　　　　　　　　(j)10月NPP值空间分布

(k)11月NPP值空间分布　　　　　　　　(l)12月NPP值空间分布

图 5.23　赤水河流域 NPP 月值空间分布图

6 月的 NPP 平均值仅次于 7 月，而 8 月的 NPP 平均值则急剧下降。赤水河流域陆地植被生态系统自秋季之后，随着温度、降水量以及光照条件的降低，光能转换率以及光合有效辐射能量都呈现出递减趋势，11 月的 NPP 平均值降低到秋季的最小值，其值为 32.56 g C/(m²·a)。

2. 赤水河流域 NPP 总量年际特征

由表 5.7 可知，赤水河流域月 NPP 总量值的年际变化特征与年内月 NPP 平均值的变化特征类似，1~2 月以及 10~12 月的月 NPP 总量值都小于 100 万 t，其中 12 月的 NPP 总量值在全年最小，仅为 27.82 万 t。全年夏季的 NPP 总量值最大，最高值出现在 7 月。秋季的 NPP 总量值呈现出直线下降趋势，至 12 月时达到全年的最小值。总体上看，赤水河流域 NPP 的月平均值和总量值都存在着显著的季节性特征，年内 NPP 总量值按照季节进行排序为：夏季＞春季＞秋季＞冬季。

表 5.7　赤水河流域月 NPP 总量值变化特征

月份	1	2	3	4	5	6	7	8	9	10	11	12
NPP 总量/万 t	65.63	68.75	104.14	112.97	205.41	207.86	209.98	164.22	123.70	77.00	53.65	27.82

3. NPP 均值年际变化特征

净初级生产力的大小是由区域内的 NDVI、气温、降水以及太阳总辐射量决定的，主要的影响因子是太阳总辐射量。太阳总辐射量的大小直接影响到陆地生态系统的植被碳存储过程，一般来说太阳辐射量越大，植被利用太阳辐射进行光合作用的能力越强。因此本书使用中国 99 个太阳辐射观测站点的数据进行逐月插值并进行累加求和，之后使用赤水河流域的边界进行裁剪可得到研究区的太阳辐射栅格图像。从图 5.24 中可以清晰地看到 2000~2015 年太阳辐射总量(SOL)呈现出两个大的阶段，从 2000~2010 年太阳辐射总量处于增加趋势，从 2000 年的 3506.28 MJ/m² 增加到 2010 年的 4292.80 MJ/m²，增加了 786.52 MJ/m²；而 2010~2015 年赤水河流域的太阳辐射总量由 4292.80 MJ/m² 减少到 3761.32 MJ/m²，减少了 531.48 MJ/m²。

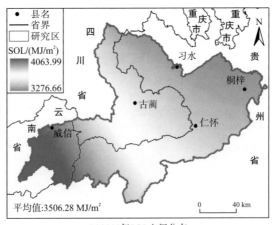

(a)2000年SOL空间分布

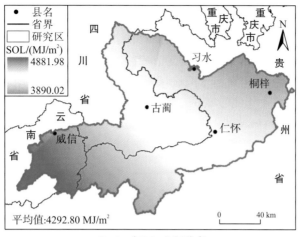

(b)2010年SOL空间分布

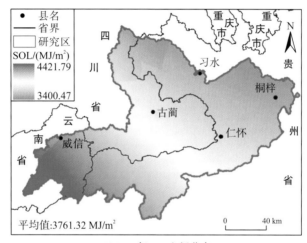

(c)2015年SOL空间分布

图 5.24　赤水河流域不同时期 SOL 空间分布特征

本书基于研究区的 MOD13Q1 NDVI 数据，利用 CASA 模型测算出 2000 年、2010 年以及 2015 年的月 NPP，之后对每年逐月的 NPP 进行累加就可以得到年 NPP 数据(图 5.25)。从图 5.25 中可以看出，不同时期的 NPP 空间分布具有明显的差异。总体来说，赤水河流域 2015 年的单位面积 NPP 平均值相对于 2000 年呈现出上升趋势，由 2000 年的 798.429 g C/(m²·a) 增加到 2015 年的 822.752 g C/(m²·a)，赤水河流域单位面积 NPP 平均值的最大值出现在 2010 年，其值为 843.36 g C/(m²·a)。2000～2010 年单位面积 NPP 平均值呈现出增长趋势，这与我国实施的退耕还林以及石漠化治理工程有着必然联系；2010～2015 年研究区的单位面积 NPP 平均值呈现出略微下降趋势，但这并不代表研究区的生态环境条件变差，从 NDVI 年际变化可以看出流域的 NDVI 自 2010～2015 年呈现出上升趋势，但是由于在此期间降水量较少、水热条件较差以及太阳辐射总量呈现出下降趋势，导致 2010～2015 年流域的单位面积 NPP 平均值出现下滑趋势。总的来说在 2000～2015 年退耕还林和石漠化治理的 16 年期间，NPP 均值呈现出上升的趋势。

对研究区的 DEM 数据进行分级,可以获得不同高程不同时期单位面积 NPP 的时空差异图。由图 5.26 可以看出,不同海拔的 NPP 存在着显著的差异,在 0~500 m 的海拔内不同时期的 NPP 变化幅度较小,但是在 1500~2000 m 的海拔内的单位面积 NPP 平均值在三个时期都处于最低值,说明在赤水河流域海拔 1500~2000 m 的地区是 NPP 变化的脆弱地带,该地带的 NPP 值变化比较敏感,而在海拔 2000 m 以上区域的单位面积 NPP 总量值则呈现出显著增加的趋势,其中单位面积 NPP 平均值在 2010 年和 2015 年达到年内的最大值。

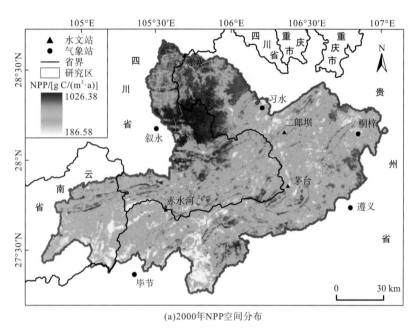

(a)2000年NPP空间分布

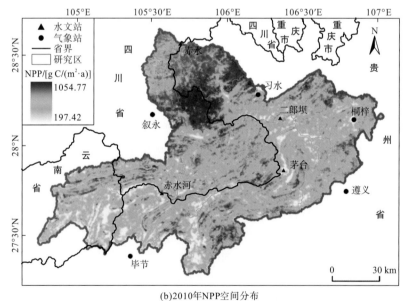

(b)2010年NPP空间分布

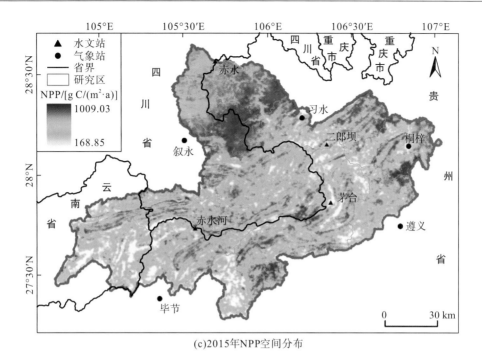

(c)2015年NPP空间分布

图 5.25　赤水河流域 2000 年、2010 年以及 2015 年 NPP 空间分布

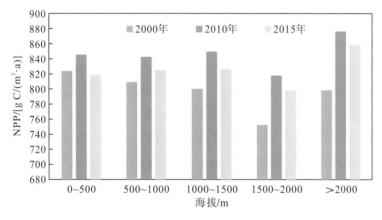

图 5.26　赤水河流域不同海拔地带 NPP 统计图

从不同年份研究区年均 NPP 的差值运算结果中可以看出，2000~2010 年单位面积 NPP 平均值增加的区域显著大于 2010~2015 年单位面积 NPP 平均值增加的区域(图 5.27、图 5.28)。具体来说，2000~2015 年单位面积 NPP 平均值增加的区域主要集中在赤水河流域上游毕节市北部地区、流域中游的仁怀市，此外，桐梓河流域的中上游地区也存在单位面积 NPP 均值显著增加的区域。2010~2015 年赤水河流域单位面积 NPP 平均值显著增加的区域则主要集中在流域的中游地区，而上游喀斯特地区的单位面积 NPP 均值则出现了不同程度的下降趋势，另外桐梓河上游的单位面积 NPP 均值也出现了不同程度的下降趋势，这与桐梓河上游地区在 2010~2015 年建设用地的扩张有着直接联系。但是从图 5.27 和图 5.28 可知，NPP 均值呈现出上升趋势，贵州境内赤水河流域 NPP 均值增加

的趋势特别显著，主要集中在流域的上游以及桐梓河流域的上游地区，但是四川境内赤水河流域下游地区的 NPP 均值呈现出显著减少趋势。

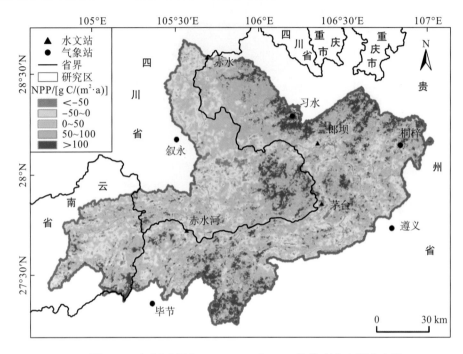

图 5.27   赤水河流域 2000～2010 年 NPP 均值变化空间分布图

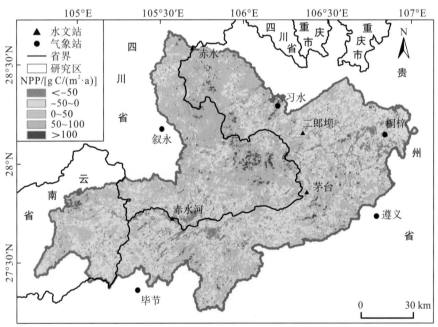

(a)2010~2015年NPP均值变化空间分布图

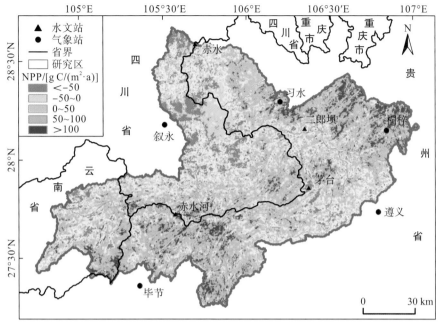

(b)2000~2015年NPP均值变化空间分布图

图 5.28　赤水河流域 2010～2015 年以及 2000～2015 年 NPP 均值变化空间分布图

4. 县域 NPP 均值变化特征

本书使用 GIS 工具中的区域统计功能对赤水河流域不同县域不同年份的 NPP 进行了统计，这里需要注意的是本书所统计的县域是与赤水河流域相交区域的县域，并不是完整意义上的县域行政区。从不同年份的 NPP 均值可以看出，赤水市和合江县的单位面积 NPP 均值处于较高水平，这与这两个地区的植被生态系统处于非喀斯特地区有着显著的关系；除了合江县外，单位面积 NPP 均值在不同的县域都呈现出增加趋势，其中桐梓河流域桐梓县的单位面积 NPP 均值增加最大，增加了 63.23 g C/(m²·a)，其次为大方县和毕节市，说明这些地区在石漠化综合治理试点工程上取得了显著成效（表 5.8）。

表 5.8　赤水河流域不同县/市域单位面积 NPP 均值变化特征　　（单位：g C/(m²·a)）

县市	2000 年	2015 年	2000～2015 年变化值
赤水市	888.37	890.09	1.72
习水县	793.10	839.19	46.09
威信县	813.43	816.52	3.09
镇雄县	742.08	770.96	28.88
叙永县	834.39	834.72	0.33
仁怀市	781.09	799.61	18.52
古蔺县	832.29	836.41	4.12
桐梓县	772.24	835.47	63.23
遵义市	804.53	816.00	11.47
金沙县	804.58	844.09	39.51

续表

县市	2000 年	2015 年	2000～2015 年变化值
毕节市	744.85	796.07	51.22
合江县	883.26	847.29	−35.97
大方县	713.56	775.12	61.56

5.2.3　流域固碳释氧量价值

本书根据估算出的不同年份的 NPP 物质量，按照固碳释氧模型核算了赤水河流域 2000 年、2010 年以及 2015 年的生态系统固碳物质量空间分布（图 5.29）。2000～2010 年赤水河流域单位面积固定的 CO_2 物质量平均值呈现出上升趋势，由 2000 年的 354.94 g C/(m^2·a) 上升到 2010 年的 379.91 g C/(m^2·a)，折合成 CO_2 的总物质量由 2000 年的 584.88 万 t 增加到 2010 年的 617.78 万 t；2010 年以后流域单位面积的 CO_2 物质量平均值则呈现出微弱的下降趋势，由 2010 年的 379.91 g C/(m^2·a) 下降到 2015 年的 365.75 g C/(m^2·a)，折合成 CO_2 的总物质量由 2010 年的 617.78 万 t 减少到 2015 年的 602.69 万 t；总体来说，2000～2015 年赤水河流域单位面积固定的 CO_2 总物质量固定呈现出上升趋势，增加了 17.81 万 t。从图 5.30 可以看出，2000～2015 年非喀斯特地区植被生态系统单位面积固定的 CO_2 物质量大于喀斯特地区，从时间序列趋势上看，不同年份不同地质背景下植被生态系统固定的 CO_2 物质量经历了上升（2000～2010 年）和下降（2010～2015 年）两个阶段。折合成固定的 CO_2 总物质量可以看出，在喀斯特地区固定的 CO_2 总物质量由 2000 年的 333.08 万 t 上升到 2010 年的 355.29 万 t，之后下降到 2015 年的 347.55 万 t。

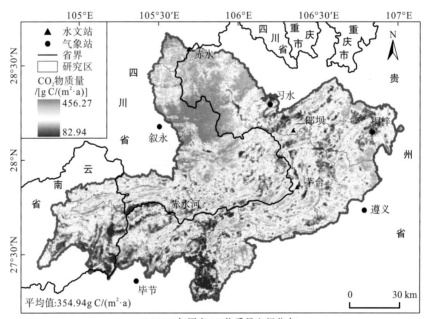

(a)2000年固定CO_2物质量空间分布

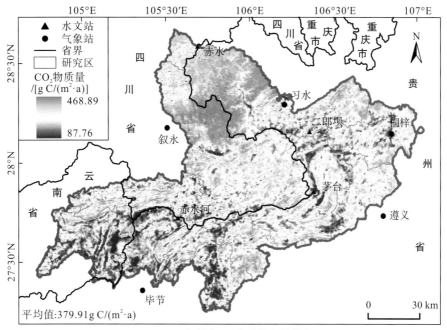

(b)2010年固定CO_2物质量空间分布

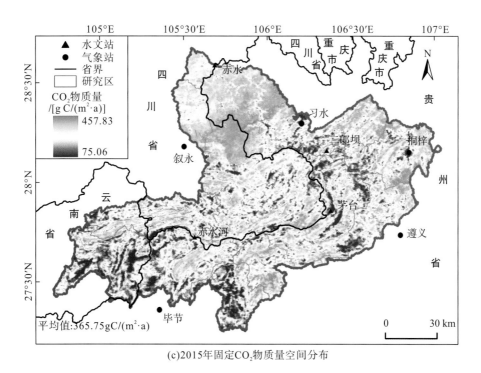

(c)2015年固定CO_2物质量空间分布

图 5.29　赤水河流域 2000 年、2010 年以及 2015 年固定 CO_2 物质量空间分布

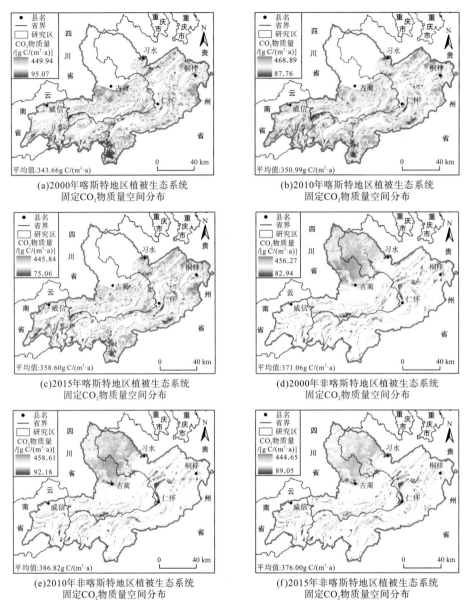

(a)2000年喀斯特地区植被生态系统
固定CO₂物质量空间分布

(b)2010年喀斯特地区植被生态系统
固定CO₂物质量空间分布

(c)2015年喀斯特地区植被生态系统
固定CO₂物质量空间分布

(d)2000年非喀斯特地区植被生态系统
固定CO₂物质量空间分布

(e)2010年非喀斯特地区植被生态系统
固定CO₂物质量空间分布

(f)2015年非喀斯特地区植被生态系统
固定CO₂物质量空间分布

图 5.30　赤水河流域 2000 年、2010 年以及 2015 年不同地质背景下固定 CO_2 物质量空间分布

　　总体来说，2000～2015 年喀斯特地区植被生态系统固定的 CO_2 总物质量上升了 14.47 万 t。非喀斯特地区固定的 CO_2 总物质量由 2000 年的 251.79 万 t 上升到 2010 年的 262.48 万 t，之后下降到 2015 年的 255.14 万 t。总体来说，2000～2015 年非喀斯特地区植被生态系统固定的 CO_2 总物质量上升了 3.35 万 t。

　　从表 5.9 中可以看出，2000 年赤水市和合江县单位面积 NPP 固定的 CO_2 物质量最高，分别为 394.92 g C/(m²·a) 和 392.65 g C/(m²·a)，不同县域植被生态系统固定 CO_2 的总物质量古蔺县最高，为 1 156 262.43 t，其原因主要是古蔺县的面积在赤水河流域相对较大，因此县域整体上固定的 CO_2 总物质量最高；2015 年赤水市和合江县单位面积 NPP 固定的 CO_2 物质量也较高，分别为 395.69 g C/(m²·a) 和 376.66 g C/(m²·a)，但是不同县域植被生态系

统固定的 CO_2 总物质量依然是古蔺县最高，其值为 1 161 987.63 t，其原因一方面在于古蔺县的面积在赤水河流域相对较大；另一方面在于古蔺县地处赤水河流域典型的非喀斯特地区，该区域植被生长茂盛，固定 CO_2 能力较强。从不同时期各个县域植被生态系统固定 CO_2 的变化值中可以看出，除了合江县外，单位面积 NPP 固定 CO_2 的均值在不同的县域都呈现出增加趋势，其中桐梓河流域桐梓县单位面积 NPP 固定 CO_2 的增幅最大，其值为 28.11 g C/$(m^2 \cdot a)$，折合成固定 CO_2 的总物质量为 34 579.02 t，而叙永县固定 CO_2 的总物质量增加值最小，仅为 205.91 t。

表 5.9　赤水河流域不同县域生态系统固定 CO_2 物质量空间分布

县市	2000 年		2015 年		2000～2015 年增加值	
	单位面积 NPP/ [g C/$(m^2 \cdot a)$]	总物质量/t	单位面积 NPP/ [g C/$(m^2 \cdot a)$]	总物质量/t	单位面积 NPP/ [g C/$(m^2 \cdot a)$]	总物质量/t
赤水市	394.92	467950.46	395.69	468858.11	0.77	907.65
习水县	352.57	582334.91	373.06	616174.84	20.49	33839.93
威信县	361.61	172683.59	362.98	173339.25	1.37	655.66
镇雄县	329.89	464472.45	342.73	482552.25	12.84	18079.80
叙永县	370.92	526731.18	371.07	526937.09	0.15	205.91
仁怀市	347.23	616914.97	355.46	631538.74	8.23	14623.77
古蔺县	369.99	1156262.43	371.82	1161987.63	1.83	5725.20
桐梓县	343.30	422330.80	371.41	456909.82	28.11	34579.02
遵义市	357.65	345293.12	362.75	350214.97	5.10	4921.85
金沙县	357.67	245869.64	375.24	257942.02	17.57	12072.38
毕节市	331.12	483628.54	353.89	516883.12	22.77	33254.58
合江县	392.65	95411.01	376.66	91525.33	−15.99	−3885.68
大方县	317.21	268856.98	344.58	292050.67	27.37	23193.69

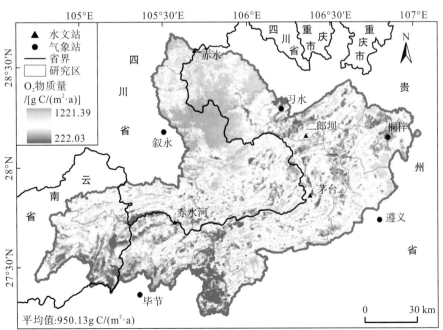

(a)2000年赤水河流域单位面积NPP释放O_2物质量的空间分布

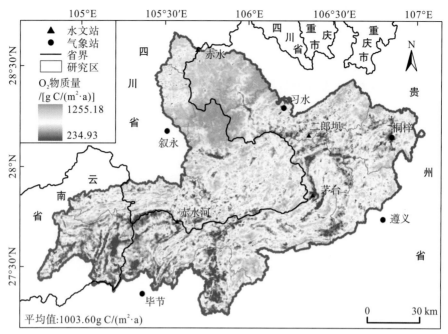

(b)2010年赤水河流域单位面积NPP释放O₂物质量空间分布

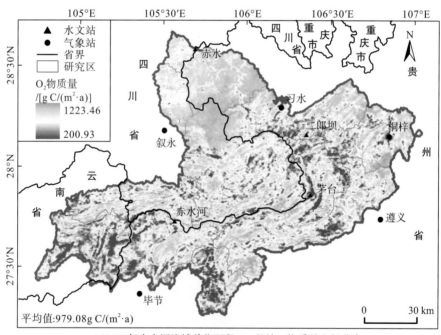

(c)2015年赤水河流域单位面积NPP释放O₂物质量空间分布

图 5.31　赤水河流域 2000 年、2010 年以及 2015 年单位面积 NPP 释放 O_2 物质量的空间分布

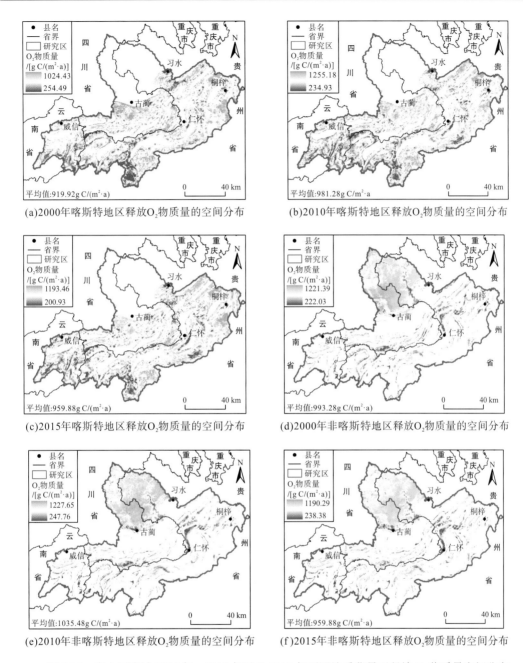

(a)2000年喀斯特地区释放O₂物质量的空间分布

(b)2010年喀斯特地区释放O₂物质量的空间分布

(c)2015年喀斯特地区释放O₂物质量的空间分布

(d)2000年非喀斯特地区释放O₂物质量的空间分布

(e)2010年非喀斯特地区释放O₂物质量的空间分布

(f)2015年非喀斯特地区释放O₂物质量的空间分布

图 5.32　赤水河流域 2000 年、2010 年以及 2015 年不同地质背景下释放 O_2 物质量空间分布

由图 5.31 可以看出，2000～2010 年赤水河流域单位面积 NPP 释放出的 O_2 物质量平均值总体上呈现出上升趋势，其值明显高于单位面积 NPP 固定 CO_2 的量，其平均值由 2000 年的 950.13 g C/(m²·a) 上升到 2010 年的 1003.60 g C/(m²·a)，折合成 O_2 的总物质量由 2000 年的 1565.64 万 t 增加到 2010 年的 1653.75 万 t；2010 年以后流域单位面积 NPP 释放的 O_2 物质量平均值则呈现出微弱的下降趋势，由 2010 年的 1003.60 g C/(m²·a) 下降到 2015 年的 979.08 g C/(m²·a)，折合成 O_2 的总物质量由 2010 年的 1653.75 万 t 降低到 2015 年的

1613.35 万 t；总体来说，2000～2015 年赤水河流域单位面积 NPP 释放的 O_2 总物质量呈现出上升趋势，增加了 47.71 万 t，显著高于单位面积 NPP 固定的 CO_2 总物质量增量（17.81 万 t）。由图 5.32 可以看出，2000～2015 年非喀斯特地区植被生态系统单位面积释放的 O_2 物质量大于喀斯特地区，从时间序列趋势上看，不同年份不同地质背景下植被生态系统释放 O_2 的物质量都经历了上升（2000～2010 年）和下降（2010～2015 年）两个阶段。折合成释放 O_2 总物质量后可以看出，在喀斯特地区植被生态系统释放的 O_2 总物质量由 2000 年的 891.63 万 t 上升到 2010 年的 951.11 万 t，之后下降到 2015 年的 930.36 万 t；总体来说，喀斯特地区植被生态系统释放 O_2 的总物质量在 2000～2015 年上升了 38.73 万 t，高于喀斯特地区植被生态系统固定的 CO_2 总物质量增量（14.47 万 t）。在非喀斯特地区植被生态系统释放 O_2 的总物质量由 2000 年的 674.00 万 t 上升到 2010 年的 702.64 万 t，之后下降到 2015 年的 682.99 万 t；总体来说，非喀斯特地区植被生态系统释放 O_2 的总物质量在 2000～2015 年上升了 8.99 万 t，是非喀斯特地区植被生态系统固定 CO_2 总物质量增量的 3 倍左右。

　　从表 5.10 可以看出，2000 年赤水市和合江县单位面积 NPP 释放的 O_2 物质量都超过了 1000 g C/（$m^2·a$），其值分别为 1057.16 g C/（$m^2·a$）和 1051.08 g C/（$m^2·a$），但是不同县域植被生态系统释放 O_2 的总物质量以古蔺县最高，其值为 3 095 192.93 t，原因主要是古蔺县的面积在赤水河流域相对较大，因此县域整体上释放 O_2 的总量值最高；2015 年赤水市、金沙县和合江县单位面积 NPP 释放的 O_2 物质量也都超过了 1000 g C/（$m^2·a$），其值分别为 1059.21 g C/（$m^2·a$）、1004.46 g C/（$m^2·a$）和 1008.28 g C/（$m^2·a$），但是不同县域植被生态系统释放 O_2 的物质量依然是古蔺县最高，其值为 3 110 512.21 t，其原因一方面在于古蔺县的面积在赤水河流域相对较大；另一方面在于古蔺县地处赤水河流域典型的非喀斯特地区，该区域植被生长茂盛，释放 O_2 的能力较强。从不同时期各个县域植被生态系统释放 O_2 的变化值中可以看出，除了合江县外，单位面积 NPP 释放 O_2 的均值在不同的县域都呈现出增加趋势，其中桐梓河流域桐梓县单位面积 NPP 释放 O_2 的增幅最大，其值为 75.24 g C/（$m^2·a$），折合成释放 O_2 的总物质量为 92 564.21 t，而叙永县释放 O_2 的总物质量增加值最小，仅为 550.98 t。

表 5.10　赤水河流域不同县域生态系统固定 O_2 物质量空间分布

县市	2000 年		2015 年		2000～2015 年增加值	
	单位面积 NPP/ [g C/（$m^2·a$）]	总物质量/t	单位面积 NPP/ [g C/（$m^2·a$）]	总物质量/t	单位面积 NPP/ [g C/（$m^2·a$）]	总物质量/t
赤水市	1057.16	1252655.00	1059.21	1255084.09	2.05	2429.09
习水县	943.79	1558848.55	998.63	1649432.48	54.84	90583.93
威信县	967.99	462255.52	971.66	464010.49	3.67	1754.97
镇雄县	883.07	1243341.36	917.45	1291739.07	34.39	48397.71
叙永县	992.92	1410001.80	993.31	1410552.78	0.39	550.98
仁怀市	929.50	1651416.73	951.53	1690562.10	22.03	39145.37
古蔺县	990.43	3095192.93	995.33	3110512.21	4.90	15319.28
桐梓县	918.97	1130533.95	994.21	1223098.16	75.24	92564.21

县市	2000 年		2015 年		2000～2015 年增加值	
	单位面积 NPP/ [g C/(m²·a)]	总物质量/t	单位面积 NPP/ [g C/(m²·a)]	总物质量/t	单位面积 NPP/ [g C/(m²·a)]	总物质量/t
遵义市	957.39	924312.30	971.04	937488.72	13.65	13176.42
金沙县	957.45	658166.48	1004.46	690480.47	47.01	32313.99
毕节市	886.37	1294620.67	947.32	1383638.88	60.95	89018.21
合江县	1051.08	255403.93	1008.28	245003.87	-42.80	-10400.06
大方县	849.14	719701.18	922.39	781788.91	73.25	62087.73

5.2.4　赤水河流域生态系统固碳释氧价值量测评

根据固碳释氧价值量测算公式可以得到赤水河流域植被生态系统固碳释氧的价值量空间分布图。从图 5.33 中可以看出 2000～2010 年赤水河流域单位面积固碳释氧价值量的平均值呈现出上升趋势，由 2000 年的 4279.33 元/(hm²·a)上升到 2010 年的 4520.16 元/(hm²·a)，折合成固碳释氧的价值总量是由 2000 年的 70.51 亿元增加到 2010 年的 74.48 亿元；2010年以后流域单位面积固碳释氧价值量的平均值呈现出微弱的下降趋势，由 2010 年的 4520.16 元/(hm²·a)下降到 2015 年的 4409.69 元/(hm²·a)，折合成固碳释氧价值总量是由 2010 年的 74.48 亿元减少到 2015 年的 72.66 亿元；总体来说，2000～2015 年赤水河流域单位面积的固碳释氧价值总量呈现出上升趋势，增加了 2.15 亿元。从图 5.34 可以看出，2000～2015 年非喀斯特地区植被生态系统固碳释氧的单位面积价值量高于喀斯特地区，从时间序列趋势上看，不同年份不同地质背景下植被生态系统固碳释氧的价值量都经历了上升(2000～2010 年)和下降(2010～2015 年)两个阶段。折合成固碳释氧价值总量后可以看出，在喀斯特地区固碳释氧价值总量由 2000 年的 40.16 亿元上升到 2010年的 42.84 亿元，之后下降到 2015 年的 41.90 亿元；总体来说，喀斯特地区植被生态系统固碳释氧的价值总量在 2000～2015 年上升了 1.74 亿元。非喀斯特地区植被生态系统固碳释氧价值总量由 2000 年的 30.36 亿元上升到 2010 年的 31.65 亿元，之后下降到 2015年的 30.76 亿元；总体来说，非喀斯特地区植被生态系统固碳释氧的价值总量在 2000～2015 年上升了 0.40 亿元。

从表 5.11 中可以看出，2000 年赤水市和合江县单位面积 NPP 固碳释氧的价值量最高，分别为 4761.38 元/(hm²·a)和 4734.01 元/(hm²·a)，但是不同县域植被生态系统固碳释氧的价值总量古蔺县最高，其值为 139 405.51 万元，原因主要是古蔺县的面积在赤水河流域相对较大，因此县域整体上固碳释氧价值总量最高；2015 年赤水市和合江县单位面积 NPP固碳释氧的价值量也较高，分别为 4770.61 元/(hm²·a)和 4541.22 元/(hm²·a)，但是不同县域植被生态系统固碳释氧的价值总量依然是古蔺县最高，其值为 140 095.54 万元，其原因一方面在于古蔺县的面积在赤水河流域相对较大；另一方面在于古蔺县地处赤水河流域典型的非喀斯特地区，该区域植被生长茂盛，县域尺度上产生的 NPP 总物质量较高；从不同时期各个县域植被生态系统固碳释氧价值量的变化值中可以看出，除合江县外，单位面积 NPP 固碳释氧的价值量均值在不同的县域都呈现出增加趋势，其中桐梓河流域桐梓县单位面积 NPP 固碳释氧的价值量增幅最大，其值为 338.89 元/(hm²·a)，折合成固碳释氧的价值总量为 4169.09 万元，而叙永县固碳释氧价值总量增加值最小，仅为 24.85 万元。

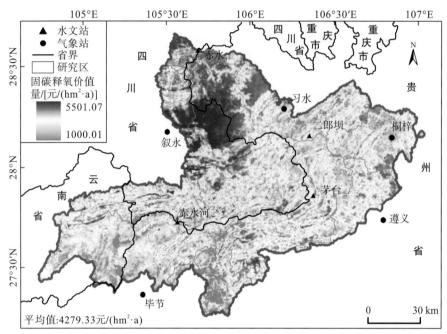

(a)2000年固碳释氧价值量空间分布

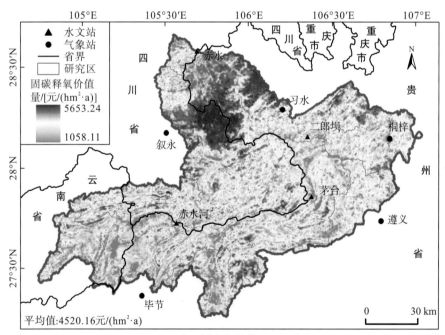

(b)2010年固碳释氧价值量空间分布

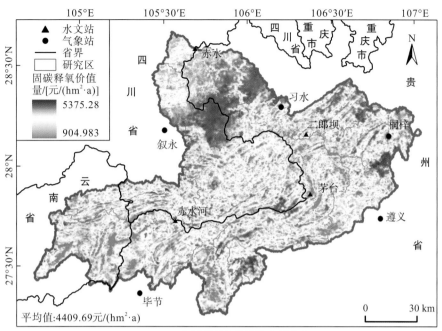

(c)2015年固碳释氧价值量空间分布

图 5.33　赤水河流域 2000 年、2010 年以及 2015 年固碳释氧价值量空间分布

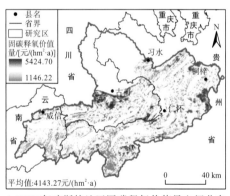

(a)2000年喀斯特地区固碳释氧价值量空间分布

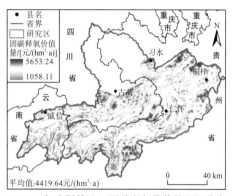

(b)2010年喀斯特地区固碳释氧价值量空间分布

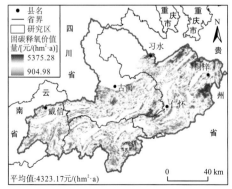

(c)2015年喀斯特地区固碳释氧价值量空间分布

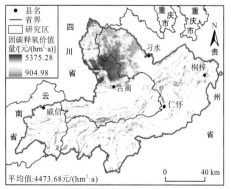

(d)2000年非喀斯特地区固碳释氧价值量空间分布

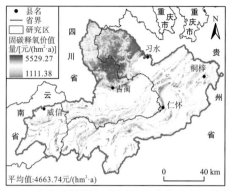
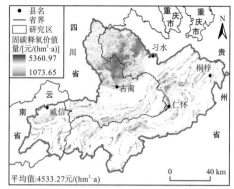

(e)2010年非喀斯特地区固碳释氧价值量空间分布　　　(f)2015年非喀斯特地区固碳释氧价值量空间分布

图 5.34　赤水河流域 2000 年、2010 年以及 2015 年不同岩性下固碳释氧价值量空间分布

表 5.11　赤水河流域不同县/市域生态系统固碳释氧价值量空间分布

县/市	2000 年		2015 年		2000～2015 年增加值	
	单位面积 NPP 价值量/[元/(hm²·a)]	价值总量/万元	单位面积 NPP 价值量/[元/(hm²·a)]	价值总量/万元	单位面积 NPP 价值量/[元/(hm²·a)]	价值总量/万元
赤水市	4761.38	56418.77	4770.61	56528.14	9.23	109.37
习水县	4250.76	70209.60	4497.77	74289.46	247.01	4079.86
威信县	4359.75	20819.71	4376.30	20898.74	16.55	79.03
镇雄县	3977.30	55999.37	4132.12	58179.19	154.82	2179.82
叙永县	4472.06	63505.56	4473.81	63530.41	1.75	24.85
仁怀市	4186.41	74378.70	4285.65	76141.87	99.24	1763.17
古蔺县	4460.82	139405.51	4482.90	140095.54	22.08	690.03
桐梓县	4138.98	50918.56	4477.87	55087.65	338.89	4169.09
遵义市	4312.04	41630.47	4373.51	42223.93	61.47	593.46
金沙县	4312.30	29643.38	4524.04	31098.91	211.74	1455.53
毕节市	3992.16	58308.85	4266.66	62318.15	274.50	4009.30
合江县	4734.01	11503.26	4541.22	11034.80	-192.79	-468.46
大方县	3824.46	32414.89	4154.39	35211.27	329.93	2796.38

5.3　生态系统土壤保持价值量

　　赤水河为长江的重要支流，由于其特殊的自然环境特征及人类活动的影响，使得赤水河流域的生态环境极不稳定。从 20 世纪 90 年代起，赤水河流域先后实施了"长江上游水土保持重点防治工程""水土保持世行贷款/欧盟赠款项目""坡耕地水土流失综合治理工程""国家革命老区水土保持重点建设工程"等水土保持重点治理工程，以及退耕还林、石漠化综合治理等生态建设项目，流域水土流失恶化趋势得到了有效遏制。科学、合理以及正确地评估这类工程实施的效果与土壤侵蚀变化的情况，既可以检验前期的土壤保

护工作以及工程实施的效果，也可以推进流域土壤保持工作，为建立喀斯特地区土壤保持价值量评估方法提供理论支撑。

本书在 ArcGIS 10.2 和 ENVI 软件的支持下，以 Wischmeier 和 Smith(1965)建立的通用土壤流失方程 USLE 为基础，首先对土壤流失方程中的 R 因子进行改进，之后加入了喀斯特地区的土壤允许流失量因子对土壤侵蚀评估出的结果进行修正，在此基础上建立赤水河流域土壤保持量估算模型，同时采用生态系统水土保持价值估算模型对不同年份的土壤保持价值量进行估算。

5.3.1　土壤侵蚀和土壤保持模型

本书选用目前应用比较广泛，同时操作比较容易的通用土壤流失方程(Huang et al.，2008)对赤水河流域土壤侵蚀以及土壤保持量进行估算。用该模型进行土壤保持量估算时主要分为两个部分，第一部分为潜在土壤侵蚀量，第二部分为现实土壤侵蚀量。潜在土壤侵蚀量不考虑地表植被覆盖类型和植被的管理性因子，即在通用土壤流失方程中将 C 因子和 P 因子的值定义为 1，此时 USLE 模型的表现形式为

$$A_p = R \times K \times LS \tag{5.29}$$

式中，A_p 为潜在的土壤侵蚀量，t/(hm^2·a)；R 为区域的降雨侵蚀力因子；K 为研究区的土壤可蚀性因子；L 为坡长因子；S 为坡度因子。

现实土壤侵蚀量部分考虑了地表覆被类型和植被的管理性因子，其计算方程为

$$A_r = R \times K \times LS \times C \times P \tag{5.30}$$

式中，A_r 为现实的土壤侵蚀量，t/(hm^2·a)；R 为区域的降雨侵蚀力因子；K 为研究区的土壤可蚀性因子；L 为坡长因子；S 为坡度因子；C 为陆表植被覆盖因子；P 为植被管理性因子。

综合上面两个方程，可以确定出区域的土壤保持量方程：

$$A_c = A_p - A_r \tag{5.31}$$

式中，A_c 为区域的土壤保持量，t/(hm^2·a)。

5.3.2　土壤保持价值量估算

陆地植被生态系统具有的保持土壤功能，对于维持陆地生态系统平衡、保证区域的社会经济发展具有重要作用。陆地植被生态系统通过减少区域土壤侵蚀以保持土壤，可以减少区域尺度上土地废弃的产生，同时在区域或者流域尺度上也可以减少氮、磷、钾等土壤有机物肥力的流失和区域泥沙的淤积。因此，本书中赤水河流域对土壤保持服务方面的价值量 EV$_2$ 由生态系统减少废弃土地的价值量 EV$_{21}$、生态系统保持肥力(N、P 以及 K 的含量)的价值量 EV$_{22}$ 和生态系统减少泥沙淤积的价值量 EV$_{23}$ 三部分构成。这三部分价值量的计算则是通过生态学、经济学以及生态经济学中的机会成本方法、影子工程法以及影子价格法进行定量表达(任志远和刘焱序，2013)。本书中所定义的减少废弃土地的价值量、土壤保持肥力的价值量以及减少淤泥的价值量与前述章节所提的区域土壤保持量有着直

接关系，因此在计算土壤保持价值量之前必须知道区域的土壤保持量。赤水河流域水土保持价值量的估算模型如下：

$$EV_2 = EV_{21} + EV_{22} + EV_{23} \tag{5.32}$$

1. 生态系统减少废弃土地的价值量估算

根据生态系统土壤保持量以及区域的表层土壤厚度推算因土壤侵蚀所造成的废弃土地面积，在此基础上采用土地经济学中的机会成本法估算不同生态系统因土地废弃所产生的年经济价值，具体计算方法如下：

$$EV_{21} = \sum A_c \times V_a / (h \times 10000 \rho) \tag{5.33}$$

式中，EV_{21} 代表生态系统减少土地废弃的直接价值量，元/a；A_c 为不同生态系统年均土壤保持量，t/(hm²·a)；V_a 为不同生态系统的年均收益，元/hm²；h 为区域的土壤厚度，m；ρ 为区域的土壤容重，t/m³。

2. 生态系统土壤保持肥力的价值量估算

生态系统在减少土壤侵蚀量的同时也减少了土壤中有机物质如氮、磷和钾的含量，因此本书将氮、有效磷和速效钾按照一定的换算系数转换为市场上氮肥、磷肥以及钾肥的价值量，在此基础上通过市场上三种肥料的单价，估算不同生态系统在土壤保持肥力方面的经济价值，即区域的土壤保持价值量，具体计算方法如下：

$$EV_{22} = \sum A_c \times x_{ia} \times v_i / 10000 \tag{5.34}$$

式中，EV_{22} 代表不同生态系统保持土壤肥力的直接价值量，元/a；A_c 为不同生态系统年均土壤保持量，t/(hm²·a)；x_{ia} 为不同生态系统土壤中氮、有效磷以及速效钾的含量值，ppm；换算系数总氮为46.3%、总磷为44%、钾肥为50%；v_i 为市场中化肥的平均价格，元/t，本书参照2015年的市场价格尿素为2000元/t、磷肥为570元/t、钾肥为4730元/t。

3. 生态系统减少淤泥的价值量估算

按照中国主要大江大河泥沙的运移规律，中国因土壤侵蚀而流失的泥沙中有24%淤积到河流以及水库中，这些泥沙直接造成了江河以及水库蓄水量的下降，同时也在一定程度上增加了区域干旱以及洪涝灾害发生的概率，因此可以根据具体水库工程建设费用计算因土壤侵蚀减少所产生的经济效益，具体计算方法如下：

$$EV_{23} = 24\% \times \sum A_c \times T / \rho \tag{5.35}$$

式中，EV_{23} 代表不同生态系统减少淤泥的直接价值量，元/a；A_c 为不同生态系统年均土壤保持量，t/(hm²·a)；T 为水库工程建设的费用，本书取6.11元/m³；ρ 为区域的土壤容重，t/m³。

5.3.3　土壤保持价值量估算技术流程

本研究在估算赤水河流域土壤保持价值量的过程中所涉及的基础数据有区域的土壤类型图、研究区的土地利用类型图、NDVI数据、DEM数据、TM和ETM以及OLI遥感影像数据。另外，由于研究中要计算降雨侵蚀力因子，因此还需要赤水河流域周边的气象降水量数据。具体计算方法都是利用 GIS 软件的栅格计算器功能实现不同因子之间的叠加运算，具体的技术流程如图 5.35 所示。

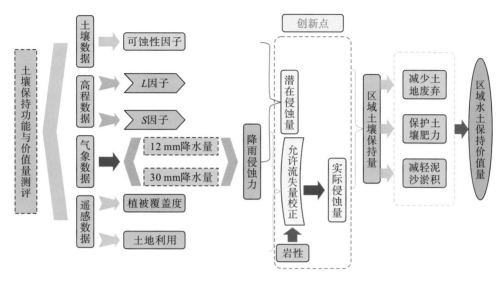

图 5.35 土壤保持价值量估算技术流程

5.3.4 土壤保持价值量各个参数确定

1. 降雨侵蚀力因子估算

降雨侵蚀力因子是区域降水量能引起何种程度土壤侵蚀的重要因子,同样也是通用土壤流失方程中的首要因子,降雨侵蚀力计算结果的准确性直接影响着区域土壤侵蚀能力计算结果的准确性。本书选用 Wischmeier 和 Smith(1965)提出的降雨侵蚀力经验公式计算不同年份的多年降雨侵蚀力,其计算公式如下:

$$R = \sum_{i=1}^{12}\left(1.735\times10^{1.5\times\lg\frac{P_i^2}{P}-0.8188}\right) \tag{5.36}$$

式中, R 为降雨侵蚀力因子, MJ·mm·hm^{-2}·h^{-1}·a^{-1}; P 和 P_i 分别为研究区的年和月均降水量, mm。

根据研究区的逐月降水量数据资料,在非喀斯特地区和喀斯特地区分别使用了 12 mm和 30 mm 降水量对不同时期的日降水量进行了统计。本书认为在非喀斯特地区小于 12 mm的降水量不会产生降雨侵蚀力,而在喀斯特地区小于 30 mm 的降水量不会产生降雨侵蚀力。在 GIS 软件中本书使用 Kriging 工具进行插值,可以获得赤水河流域 30 mm 和 12 mm的降雨侵蚀力因子图像。

从图 5.36 可以看出,赤水河流域不同年份降雨侵蚀力因子的空间变化较大,12 mm 的降雨侵蚀力因子大于 30 mm 的降雨侵蚀力因子,但是具体数值相差不是很大。从 12 mm 的降雨侵蚀力因子可以看出,研究区 2000 年的降雨侵蚀力因子最大,其值为 229.16 MJ·mm·hm^{-2}·h^{-1}·a^{-1},而 1990 年的降雨侵蚀力因子最小,其值为 129.28 MJ·mm·hm^{-2}·h^{-1}·a^{-1},12 mm 降雨侵蚀力因子的大小排序为 2000 年(229.16 MJ·mm·hm^{-2}·h^{-1}·a^{-1})＞1980 年(211.99 MJ·mm·hm^{-2}·h^{-1}·a^{-1})＞2015 年(171.39 MJ·mm·hm^{-2}·h^{-1}·a^{-1})＞2010 年(144.15 MJ·mm·hm^{-2}·h^{-1}·a^{-1})＞1990 年(129.28 MJ·mm·hm^{-2}·h^{-1}·a^{-1})。从 30 mm 的降雨侵蚀力因子可以看出，研究区 2000 年的降雨侵蚀力同样最大，其值为 228.64 MJ·mm·hm^{-2}·h^{-1}·a^{-1}，而 1990 年的降雨侵蚀力因子最小，其值为 127.09 MJ·mm·hm^{-2}·h^{-1}·a^{-1}，30 mm 降雨侵蚀力因子的大小排序为 2000 年(228.64 MJ·mm·hm^{-2}·h^{-1}·a^{-1})＞1980 年(203.95 MJ·mm·hm^{-2}·h^{-1}·a^{-1})＞2015 年(168.19 MJ·mm·hm^{-2}·h^{-1}·a^{-1})＞2010 年(141.23 MJ·mm·hm^{-2}·h^{-1}·a^{-1})＞1990 年(127.09 MJ·mm·hm^{-2}·h^{-1}·a^{-1})。

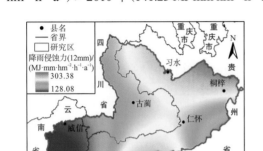

(a)1980年研究区12mm降雨侵蚀力空间分布

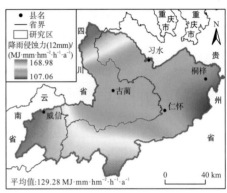

(b)1990年研究区12mm降雨侵蚀力空间分布

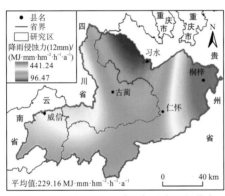

(c)2000年研究区12mm降雨侵蚀力空间分布

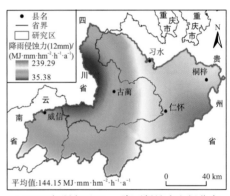

(d)2010年研究区12mm降雨侵蚀力空间分布

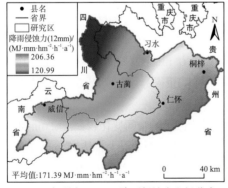

(e)2015年研究区12mm降雨侵蚀力空间分布

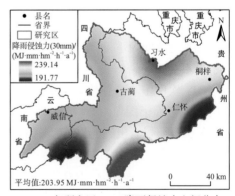

(f)1980年研究区30mm降雨侵蚀力空间分布

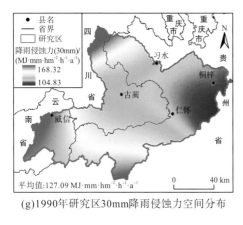
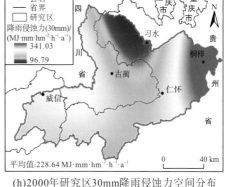

(g)1990年研究区30mm降雨侵蚀力空间分布　　　(h)2000年研究区30mm降雨侵蚀力空间分布

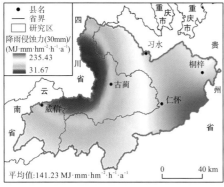
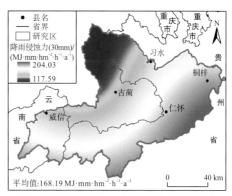

(i)2010年研究区30mm降雨侵蚀力空间分布　　　(j)2015年研究区30mm降雨侵蚀力空间分布

图 5.36　1980～2015 年研究区 12 mm 和 30 mm 降雨侵蚀力空间分布图

2. 土壤可蚀性因子估算

在估算区域土壤侵蚀量的过程中,土壤的质地因素也是影响区域土壤侵蚀的一个关键因子。土壤质地因素可以用土壤可蚀性因子来定量表达,它是土壤对降水所产生的流量的过程指标。土壤可蚀性因子 K 值的计算主要是依据赤水河流域的土种志,同时参考中国土壤数据集,该数据集来源于联合国粮食及农业组织(FAO)和维也纳国际应用系统研究所(IIASA)构建的世界和谐土壤数据库(harmonized world soil database version, HWSD)。中国数据源为第二次全国土地调查南京土壤所所提供的 1：100 万土壤数据。土壤可蚀性因子 K 值的计算主要运用土壤侵蚀与生产力影响评估模型 EPIC 中所定义的方法(Williams and Arnold, 1997),利用土壤的颗粒质地以及土壤的有机质计算。具体计算公式如下:

$$K = \left\{ 0.2 + 0.3\exp\left[-0.0256\mathrm{SAN}\left(1 - \frac{\mathrm{SIL}}{100} \right) \right] \right\}$$
$$\times \left(\frac{\mathrm{SIL}}{\mathrm{CLA} - \mathrm{SIL}} \right)^{0.3} \times \left[1 - \frac{0.7\mathrm{SN1}}{\mathrm{SN1} + \exp(-5.51 + 22.9\mathrm{SN1})} \right] \times \left[1 - \frac{0.25C}{C + \exp(3.72 - 2.95C)} \right]$$

(5.37)

式中, K 为土壤可蚀性因子,其单位为美制单位 $[(\mathrm{t}\cdot\mathrm{acre}\cdot\mathrm{h})/(100\cdot\mathrm{acre}\cdot\mathrm{ft}\cdot\mathrm{tonf}\cdot\mathrm{in})]$,由于土壤可蚀性因子的国际制单位为 $[(\mathrm{t}\cdot\mathrm{km}^2\cdot\mathrm{h})/(\mathrm{km}^2\cdot\mathrm{MJ}\cdot\mathrm{mm})]$,因此需要对其进行转换,这

里的转换系数定义为美制单位乘以转换系数 0.1317；SAN、SIL、CLA 和 C 分别为土壤质地中的砂粒(0.050～2.000 mm)、粉粒(0.002～0.050 mm)、黏粒(<0.002 mm)和土壤有机质含量(%)；SN1 =1-SN/100。依据公式(5.37)将计算得到的不同 K 值(表 5.12)分别赋值到不同的土壤类型图中。在赋值时为了快速进行，本书使用了 GIS 命令中的 JOIN 命令实现。图 5.37 为赤水河流域 K 值空间分布图。

表 5.12   赤水河流域不同县/市域 K 值   ［单位：(t·km²·h)/(km²·MJ·mm)］

县/市	K 值
赤水市	0.036571
习水县	0.036477
威信县	0.036619
镇雄县	0.036433
叙永县	0.037374
仁怀市	0.035850
古蔺县	0.037054
桐梓县	0.035466
遵义市	0.035702
金沙县	0.036528
毕节市	0.036247
合江县	0.038882
大方县	0.036891

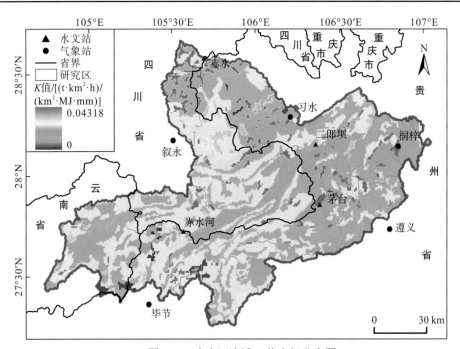

图 5.37   赤水河流域 K 值空间分布图

3. 赤水河流域坡度和坡长因子

坡度和坡长因子是直接影响土壤侵蚀的两个重要地形因子，本研究根据张科利等（2000）的研究结果对赤水河流域的坡度和坡长因子进行提取：

$$S = \begin{cases} 10.8\sin\theta + 0.03, & \theta < 5^{\circ} \\ 16.8\sin\theta - 0.05, & 5^{\circ} \leqslant \theta < 10^{\circ} \\ 21.9\sin\theta - 0.96, & \theta \geqslant 10^{\circ} \end{cases} \tag{5.38}$$

$$L = \left(\lambda / 22.13\right)^{m} \tag{5.39}$$

式中，S 为坡度因子；θ 为坡度，（°）；L 为坡长因子；λ 为坡长，m；m 为坡长指数，当 $\theta \leqslant 1^{\circ}$，$m=0.2$，当 $1^{\circ} < \theta \leqslant 3^{\circ}$ 时，$m=0.3$，当 $3^{\circ} < \theta \leqslant 5^{\circ}$ 时，$m=0.4$，当 $\theta > 5^{\circ}$ 时，$m=0.5$。首先利用分辨率为 30 m 的 DEM 数据在 ArcGIS 里提取坡度和坡长，然后代入公式算出坡长因子 L，坡度因子 S，坡度坡长因子 LS。本书以地理空间数据云下载的 DEM 数据为数据源，应用 ArcGIS 软件提取了赤水河流域的 S 值空间分布图（图 5.38）以及 LS 值空间分布图（图 5.39）。赤水河流域不同县域的 LS 值见表 5.13。

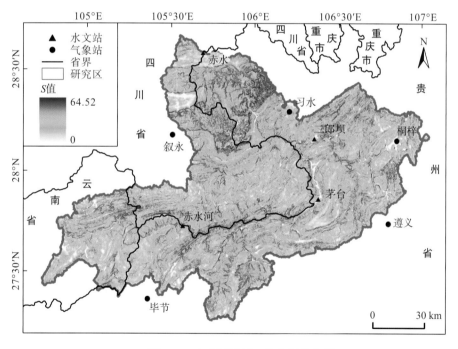

图 5.38　赤水河流域 S 值空间分布图

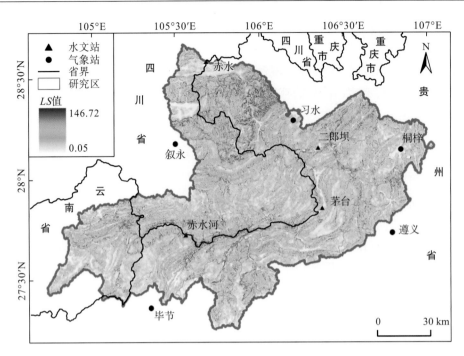

图 5.39   赤水河流域 *LS* 值空间分布图

表 5.13   赤水河流域不同县/市域 *LS* 值

县/市	*LS* 值
赤水市	14.8011
习水县	12.4983
威信县	12.2214
镇雄县	9.0805
叙永县	10.5885
仁怀市	10.1453
古蔺县	10.9759
桐梓县	9.7328
遵义市	10.8833
金沙县	11.1135
毕节市	10.3602
合江县	8.1142
大方县	9.3793

4. 赤水河流域 *P* 因子提取

在 USLE 通用土壤流失方程中，植被管理性因子值是表征研究区采取水土保持措施后与采取措施前的土壤流失量比例。本书根据陈龙等(2012)对不同土地利用类型水土保持因子的研究成果，对土地利用中的 P 因子进行赋值，具体取值为：水体类型的 P 值为 0，建设用地的 P 值也为 0，林地的 P 值为 1，灌木林地的 P 值为 0.8，耕地的 P 值为 0.35，草地的 P 值为 0.75。图 5.40 为赤水河流域不同年份的 P 值空间分布图。

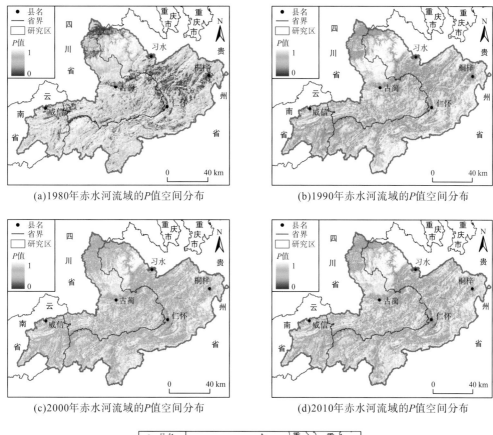

(a)1980年赤水河流域的P值空间分布　　　(b)1990年赤水河流域的P值空间分布

(c)2000年赤水河流域的P值空间分布　　　(d)2010年赤水河流域的P值空间分布

(e)2015年赤水河流域的P值空间分布

图 5.40　赤水河流域不同年份 P 值空间分布图

5. 赤水河流域 C 因子提取

在通用土壤流失方程(USLE)中，陆表植被覆盖因子 C 值是表征在其他外界条件如降雨侵蚀力因子、地形因子以及区域植被管理性因子等都相同的前提下，植被覆盖区域的土壤流失量与裸土的土壤流失量之比。在 C 因子的计算过程中需要以研究区的遥感数据为基础，借助 GIS 软件的栅格计算器算出区域的 NDVI 值，最后利用下面的公式计算不同年份的 C 值。

$$C = \begin{cases} 1, & f_c = 0 \\ 0.6508 - 0.3436 \lg f_c, & 0 < f_c < 0.783 \\ 0, & f_c \geqslant 0.783 \end{cases} \tag{5.40}$$

$$f_c = (\text{NDVI} - \text{NDVI}_{\text{soil}}) / (\text{NDVI}_{\text{veg}} - \text{NDVI}_{\text{soil}}) \tag{5.41}$$

$$\text{NDVI} = (\rho_{\text{NIR}} - \rho_{\text{R}}) / (\rho_{\text{NIR}} + \rho_{\text{R}})$$

式中，C 为研究区的植被覆盖因子；f_c 为区域的植被覆盖度，%；NDVI 为归一化植被指数；NDVI_{veg} 为区域纯植被覆盖像元的 NDVI 值；$\text{NDVI}_{\text{soil}}$ 为区域纯裸土覆盖像元的 NDVI 值。由于区域不同季节的水分以及降雨等条件存在差异，$\text{NDVI}_{\text{soil}}$、$\text{NDVI}_{\text{veg}}$ 值随时间与空间的变化而变化。本书基于研究区的遥感影像计算出研究区不同年份的 NDVI 值后，利用 ENVI 5.3 软件统计研究区 NDVI 及其累积概率分布，以 5%和 95%的累积百分比为置信度区间，读取对应的像元值，从而分别确定为研究区有效的 $\text{NDVI}_{\text{soil}}$ 和 NDVI_{veg} 值。ρ_{NIR} 为近红外波段；ρ_{R} 为红光波段。通过以上公式计算出研究区不同时期 C 值空间分布图(图 5.41)。

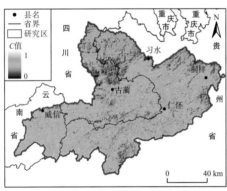

(a)1980年赤水河流域的C值空间分布

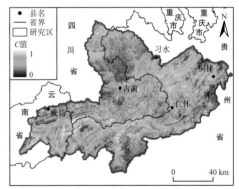

(b)1990年赤水河流域的C值空间分布

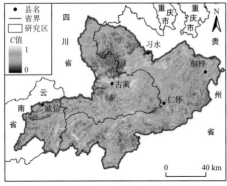

(c)2000年赤水河流域的C值空间分布

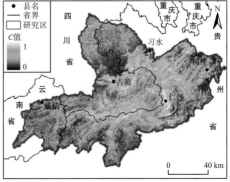

(d)2010年赤水河流域的C值空间分布

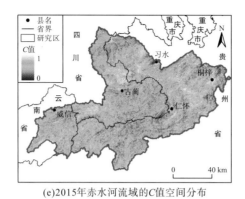

(e)2015年赤水河流域的 C 值空间分布

图 5.41　赤水河流域不同年份 C 值空间分布图

6. 不同时期土壤侵蚀量估算

前已述及通用土壤流失方程在喀斯特地区的改进思路，在改进的过程中本书主要从两个方面入手。一方面是改进喀斯特和非喀斯特地区的降雨侵蚀力因子，传统的方法利用通用土壤流失方程进行土壤侵蚀量估算时是将全年的降雨侵蚀力进行累加，这种做法的缺陷在于有的月份的降雨量没有达到土壤侵蚀的阈值，因此一般都会高估区域的土壤侵蚀量，尤其是在喀斯特地区，这种高估往往被夸大。所以本书采用通用土壤流失方程估算土壤侵蚀力时首先以日降水 12 mm 和 30 mm 的阈值定义了降雨侵蚀力。前人的研究表明一般在非喀斯特地区降雨量大于 12 mm 时会产生明显的地表径流，而在喀斯特地区当降雨量达到 30 mm 时会产生明显的地表径流，这一部分在降雨侵蚀力一节已经进行了计算。另一方面是将喀斯特地区的允许流失量图层与 30 mm 降雨侵蚀力计算出的土壤侵蚀力图层进行叠加，就会得出喀斯特地区的土壤实际流失量图层。具体改进思路如下。

首先基于 30 mm 的降雨侵蚀力因子图层计算出喀斯特地区的土壤侵蚀力图层，这里以 1990 年 的 土 壤 侵 蚀 为 例 ， 首 先 计 算 出 的 喀 斯 特 地 区 的 土 壤 侵 蚀 模 数 图 层 为 RUSLE1990_k.img，之后采用赤水河流域的土壤允许流失量图层(toler_k0.01.img)进行修正 (图 5.42)，在修正过程中笔者认为喀斯特地区土壤的侵蚀量不会超过土壤的允许流失量范围。第一步，对 RUSLE1990_k.img 和土壤允许流失量图层(toler_k0.01.img)进行减法运算可得到差值结果，1990 年喀斯特地区的土壤侵蚀模数的最大值为 367.609 t/(hm²·a)，显然这个数在喀斯特地区是不合理的，因此需要对其进行校正；第二步，对差值图进行重分类，重分类为 1 和 2 两部分分类结果，1 代表计算出的喀斯特地区土壤侵蚀模数没有超过研究区的土壤允许流失量，2 代表计算出的喀斯特地区土壤侵蚀模数大于研究区的土壤允许流失量；第三步，将超过土壤允许流失量的图层提取出来，具体操作时是对重分类结果中的 2 值进行提取，选用 GIS 中的重分类工具将 1 值区域赋值为 Nodata，这样就可以得到喀斯特区域高于土壤允许流失量的区域；第四步，使用重分类结果裁剪土壤允许流失量图层 toler_k0.01.img；第五步，将第四步裁剪出来的结果镶嵌到土壤允许流失量图层中，这样就得到了喀斯特地区土壤侵蚀模数的空间分布 toler_1990.img；第六步，将喀斯特地区土壤侵蚀模数的空间分布 toler_1990.img 与非喀斯特地区计算出的土壤侵蚀模数进行合并，这里的非喀斯特地区土壤侵蚀模数是以 30 mm 的降雨侵蚀力进行计算的，通过镶嵌可以得到 1990 年赤水河流域的土壤侵蚀模数空间分布图，同理可以得到赤水河流域其他年份的土壤侵蚀模数空间分布图。从计算结果可以看出(图 5.43)，经过校验后赤水河流域的土壤侵蚀模数大幅降低，流域的平均土壤侵蚀模数都小于 10 t/(hm²·a)，其中 1980 年的土壤侵蚀模数最高，其值为 8.32 t/(hm²·a)，而 2010 年的土壤侵蚀模数最小，其值为 3.37 t/(hm²·a)。不同阶段的土壤侵蚀模数具体表现为 W 形，1980～1990 年呈现下降趋势，1990～2000 年出现小的上升趋势，2000～2010 年下降，2010～2015 年出现略微上升的趋势。

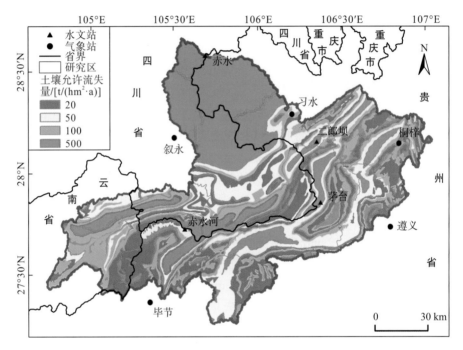

图 5.42　赤水河流域土壤允许流失量空间分布

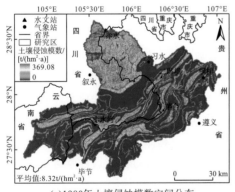

(a)1980年土壤侵蚀模数空间分布

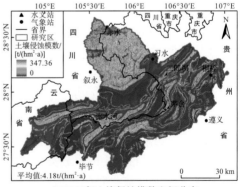

(b)1990年土壤侵蚀模数空间分布

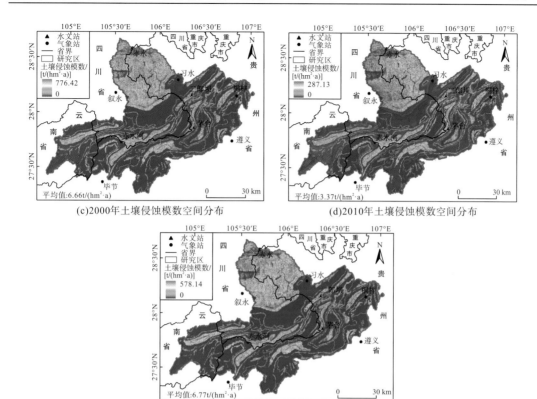

(c)2000年土壤侵蚀模数空间分布　　　　(d)2010年土壤侵蚀模数空间分布

(e)2015年土壤侵蚀模数空间分布

图 5.43　不同年份土壤侵蚀模数空间分布

5.3.5　不同时期土壤保持量估算

将前述计算出的降雨侵蚀力因子栅格图像、土壤可蚀性因子图以及坡度和坡长因子图像转换成同一个空间坐标系统，之后在 GIS 的支持下运用土壤保持量公式计算了赤水河流域不同年份的土壤保持量空间分布。从图 5.44 中可以看出 2010 年的土壤保持量最高，其值为 72.90 t/(hm²·a)，而 1990 年的土壤保持量最小，其值为 41.67 t/(hm²·a)。不同阶段的土壤保持量空间差异较大，其空间差异程度受降雨侵蚀力的影响较大，具体来说 1980～1990 年呈下降趋势，1990～2010 年上升，2010～2015 年稍微下降。

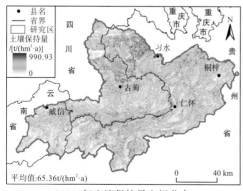

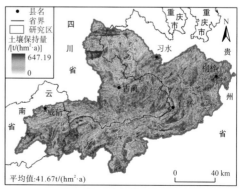

(a)1980年土壤保持量空间分布　　　　　(b)1990年土壤保持量空间分布

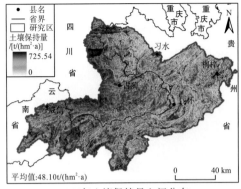
(c)2000年土壤保持量空间分布

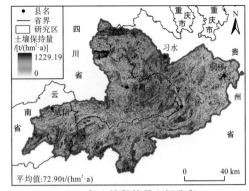
(d)2010年土壤保持量空间分布

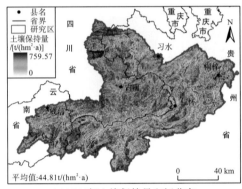
(e)2015年土壤保持量空间分布

图5.44 赤水河流域不同年份土壤保持量空间分布图

5.3.6 不同时期土壤保持价值量估算

根据土壤保持价值量估算技术流程可以计算出赤水河流域1980～2015年不同土地利用类型因防止流域土壤侵蚀而减少土地废弃、保持土壤营养物以及减少泥沙淤积三方面的价值量。在这部分的计算中需要对关键参数进行确定。另外,本书在进行减少土地废弃空间分布以及减少泥沙淤积空间分布时使用了一个重要参数——土壤容重。从图5.45中可以看出赤水河流域土壤容重的最大值为1.59 t/m³,最小值为0 t/m³,而平均值为1.35 t/m³,空间上呈现出喀斯特地区土壤容重小于平均值,而非喀斯特地区的土壤容重大于平均值的分布格局。从表5.14可以看出,不同县域的土壤容重值差异不大,但是局部地区土壤容重由于受到地质背景的制约会出现小的波动,如合江县、赤水市以及古蔺县的土壤容重值普遍偏高,其值分别为1.4020 t/m³、1.3841 t/m³和1.3831 t/m³。究其原因主要是这几个县市处于非喀斯特地区,土壤的容重值较高。

通过计算可以得到不同时期赤水河流域生态系统减少土地废弃空间分布图、保持土壤肥力空间分布图以及减少泥沙淤积空间分布图。从图5.46可以看出,1980年和2010年赤水河流域生态系统减少土地废弃、保持土壤肥力以及减少泥沙淤积的价值量都高于其他3个年份,而1990年这三大类土壤保持的价值量都处于5个时期的最小值。

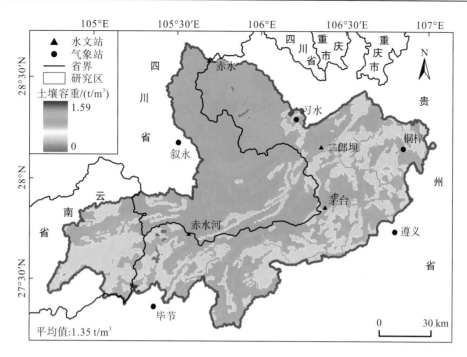

图 5.45　赤水河流域土壤容重空间分布图

表 5.14　赤水河流域不同县/市域土壤容重值

县/市	土壤容重值/(t/m³)
赤水市	1.3841
习水县	1.3685
威信县	1.3460
镇雄县	1.3055
叙永县	1.3829
仁怀市	1.3414
古蔺县	1.3831
桐梓县	1.3199
遵义市	1.3355
金沙县	1.3264
毕节市	1.3112
合江县	1.4020
大方县	1.3682

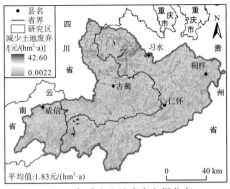

(a)1980年减少土地废弃空间分布

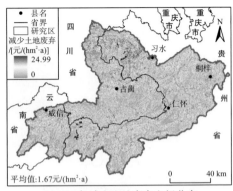

(b)1990年减少土地废弃空间分布

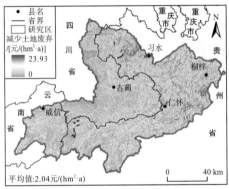

(c)2000年减少土地废弃空间分布

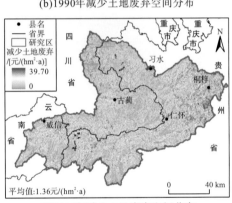

(d)2010年减少土地废弃空间分布

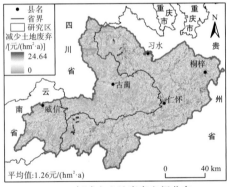

(e)2015年减少土地废弃空间分布

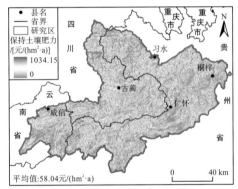

(f)1980年保持土壤肥力空间分布

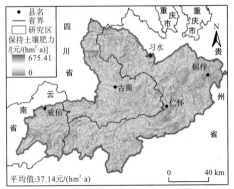

(g)1990年保持土壤肥力空间分布

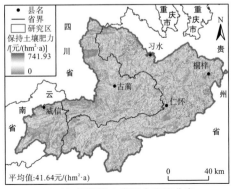

(h)2000年保持土壤肥力空间分布

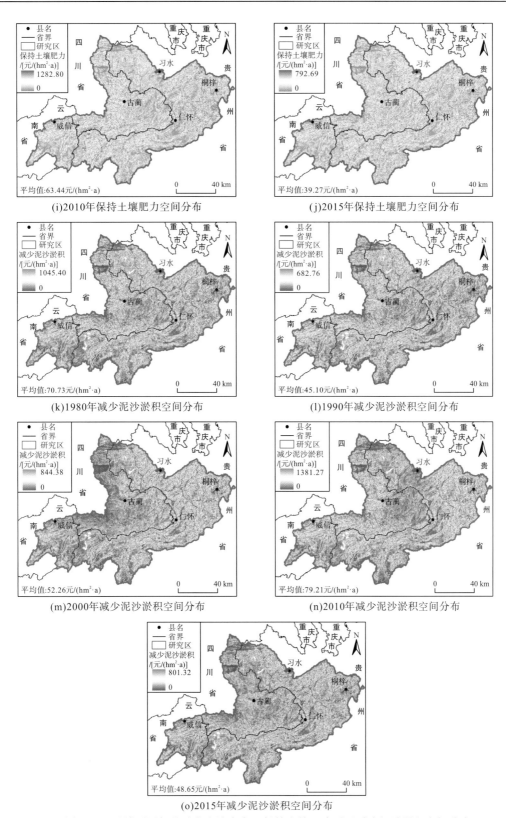

(i)2010年保持土壤肥力空间分布　　　(j)2015年保持土壤肥力空间分布

(k)1980年减少泥沙淤积空间分布　　　(l)1990年减少泥沙淤积空间分布

(m)2000年减少泥沙淤积空间分布　　　(n)2010年减少泥沙淤积空间分布

(o)2015年减少泥沙淤积空间分布

图 5.46　区域不同年份减少土地废弃、保持土壤肥力以及减少泥沙淤积空间分布

5.3.7　不同时期土壤保持总价值量空间分布

将生态系统因防止流域土壤侵蚀而减少的土地废弃、保持土壤肥力以及减少泥沙淤积三方面的价值量进行累加之后就可以得到流域不同年份生态系统土壤保持的总价值量。计算结果表明，1980～2015 年赤水河流域单位面积土壤保持的总价值量均值经历了两个下降以及一个上升阶段，其中两个下降阶段分别为 1980～1990 年和 2010～2015 年，而上升阶段则为 1990～2010 年。具体来说，1980～1990 年赤水河流域单位面积土壤保持的总价值量均值由 1980 年的 130.39 元/(hm²·a)下降到 1990 年的 83.28 元/(hm²·a)，折合成土壤保持价值总量是由 1980 年的 2.15 亿元下降到 1990 年的 1.37 亿元；1990 年以后流域单位面积土壤保持的总价值量均值呈现出显著的上升趋势，由 1990 年的 83.28 元/(hm²·a)上升到 2010 年的 144.45 元/(hm²·a)，折合成土壤保持价值总量是由 1990 年的 1.37 亿元上升到 2010 年的 2.38 亿元；2010～2015 年，流域单位面积土壤保持的总价值量均值呈现出下降趋势，由 2010 年的 144.45 元/(hm²·a)下降到 2015 年的 89.03 元/(hm²·a)，折合成土壤保持价值总量是由 2010 年的 2.38 亿元下降到 2015 年的 1.47 亿元。从不同年份土壤保持总价值量的空间分布上看(图 5.47)，不同年份土壤保持总价值量的空间波动性较大，尤其是在 2000 年总价值量的高值区域主要集中在赤水河流域的东部，这与该时期的降雨量格局有直接关系，不同的降雨格局产生的降雨侵蚀力不同，必然会影响到研究区降雨侵蚀力的空间格局，而降雨侵蚀力的空间格局也必定会影响到土壤保持量，从而对区域的土壤保持价值量产生间接影响。因此未来在对喀斯特地区的土壤保持价值量进行研究时，要探索出合理的降雨插值方法，另外也可以使用高时间分辨率的卫星数据产品，如热带测雨任务卫星数据(tropical rainfall measuring mission satellite, TRMM)。

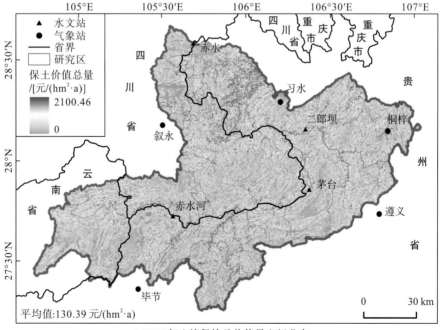

(a)1980年土壤保持总价值量空间分布

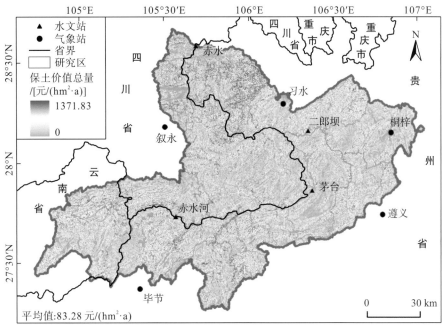

(b)1990年土壤保持总价值量空间分布

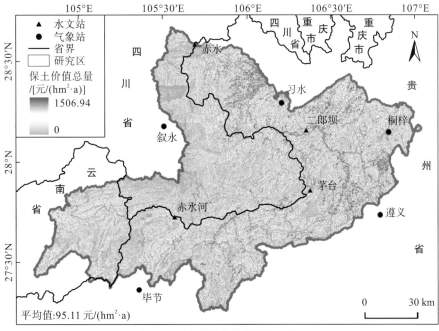

(c)2000年土壤保持总价值量空间分布

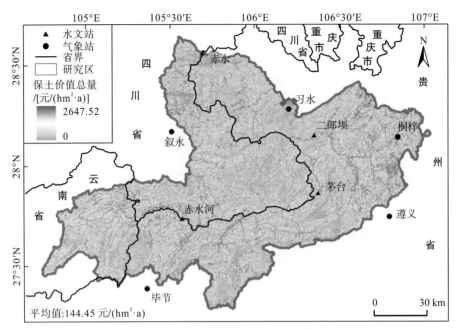

(d)2010年土壤保持总价值量空间分布

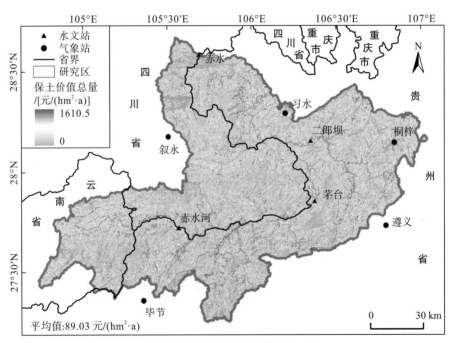

(e)2015年土壤保持总价值量空间分布

图 5.47 赤水河流域不同年份土壤保持总价值量空间分布图

从表 5.15 中可以看出,不同县域不同年份植被生态系统土壤保持的总价值量古蔺县最高,其中 1980 年和 2010 年的土壤保持总价值量均超过了 4000 万元。其原因一方面在于古蔺县的面积在赤水河流域相对较大;另一方面在于古蔺县地处赤水河流域典型的非喀斯特地区，该区域植被生长茂盛，县域尺度上产生的 NPP 总物质量较高，植被保持水土的能力也较强，因此其土壤保持价值量也较高。

表 5.15　赤水河流域不同县/市域土壤保持总价值量　　　　　（单位：万元）

县/市	1980 年	1990 年	2000 年	2010 年	2015 年
赤水市	2191.89	1440.90	1428.33	1506.98	1132.52
习水县	2651.76	1491.36	2249.21	2382.74	1674.31
威信县	691.87	524.16	352.16	930.24	452.97
镇雄县	1378.07	1089.41	1008.12	1773.25	1113.36
叙永县	1870.29	1263.52	728.03	2422.54	1094.03
仁怀市	2005.97	1171.84	1915.84	2224.11	1578.54
古蔺县	4320.68	2605.98	2648.51	4218.18	2688.65
桐梓县	1265.27	702.23	1257.80	2123.94	965.51
遵义市	1131.76	675.22	1384.77	1835.81	968.11
金沙县	928.49	593.81	693.78	926.71	689.93
毕节市	1748.41	1248.08	1129.63	2204.74	1398.25
合江县	281.22	211.72	148.48	266.49	138.09
大方县	1019.48	704.40	727.36	986.33	776.60

5.3.8　土壤侵蚀计算方法讨论

根据前人的研究成果，相对于北方黄土高原以及四川盆地等非喀斯特地区的土壤侵蚀而言，石漠化地区基岩裸露，石山荒漠化趋势加剧，导致区域的土层呈现出负增长趋势，这主要是由于喀斯特地区的土壤成土速率较低，土地的总量较少，土壤的允许流失量也相应较低造成的(吴秀芹等，2005)。

传统的 USLE 模型算法中，降雨侵蚀力的计算有很大的局限性。因为在实际的降雨过程中并不是每一场降雨都会产生土壤侵蚀，只有在降雨达到一定阈值时土壤侵蚀才会发生，而阈值的大小由下垫面的地质背景特征所决定。由于喀斯特地区岩石具有可溶性，相较于非喀斯特地区其存在更多的空隙，在降雨产流的过程中，消耗在填洼上的雨量远远大于非喀斯特地区，因而在喀斯特地区产生有效侵蚀的降雨阈值要远大于非喀斯特地区。

针对研究区复杂的背景特征，本书对 RUSLE 模型降雨侵蚀力进行修正，根据前人的研究结果作者认为在非喀斯特地区小于 30 mm 的日降雨量不会产生降雨侵蚀力，而在喀斯特地区小于 12 mm 的日降雨量也不会产生降雨侵蚀力。对降雨侵蚀力因子进行喀斯特化计算，能够有效剔除未产生侵蚀的降雨量，使降雨侵蚀力的计算结果更加精确。

通过 RUSLE 模型计算出的土壤侵蚀模数只是考虑各因子综合后的一个理论值。与非喀斯特地区相比喀斯特地区具有成土速率较低、成土慢、成土量少的特点。因此，我们认为喀斯特地区土壤的实际侵蚀量不会超过土壤的允许流失量。本书通过喀斯特地区的土壤允许流失量图层对 30 mm 降雨侵蚀力计算出的喀斯特土壤侵蚀模数进行检验并对不合理侵蚀模数值进行校正，得到喀斯特地区的土壤实际流失量。这种考虑喀斯特土壤侵蚀可承受阈值的方法，实现了对喀斯特土壤侵蚀量的精确量化。

通过查阅文献，将 USLE 模型在不同研究区计算得到的土壤侵蚀模数与本书的研究结果进行对比，传统方法使用的大多为 USLE 模型以及 RUSLE 模型，这些方法在喀斯特地区应用时未考虑到喀斯特地区的地质地貌，以致估算出的土壤侵蚀模数普遍偏高。不同研究区土壤侵蚀计算结果见表 5.16。

表 5.16 不同研究区土壤侵蚀计算结果

对比	方法	作者	研究区	时间尺度	土壤侵蚀模数/[t/(hm²·a)]
传统方法（高估）	USLE	潘美慧等	东江流域	2009 年	18.73
	RUSLE	高峰等	广西钦江流域	2010 年	26.09
	RUSLE	Xu 等	贵州猫跳河流域	1973 年，1990 年，2007 年	30.88；35.08；26.37
	RUSLE	许月卿和邵晓梅	贵州猫跳河流域	2002 年	28.70
	RUSLE	吴昌广	三峡库区	2009 年	31.85
	RUSLE	曾凌云等	红枫湖流域	1960～1986 年 1987～1997 年 1998～2004 年	38.35；52.80；40.24
	RUSLE	王硕等	成渝经济区	2005 年，2010 年	31.03；89.56
	RUSLE	侯刘起	广西南流江流域	2000 年	18.67
	RUSLE	肖洋等	重庆市	2010 年	27.10
	RUSLE	冯腾	广西环江洼地	2011 年	62.7
本研究改进方法（全面真实）	RUSLE 改进降雨侵蚀力土壤允许流失量	田义超等	赤水河流域	1980～2015 年	8.32；4.18；6.66；3.37；6.77

5.4 生态系统水源涵养价值量

水源涵养是陆地生态系统的一个重要功能，水源涵养能力与区域的植被类型和植被覆盖度、地表枯枝落叶层厚度以及区域的土壤类型、土层厚度、土壤颗粒组成及其物理性质有直接关系。生态系统水源涵养的能力可以表征为植被截留降水、增强地表土壤的下渗、减缓植被蒸发、缓和地表径流和增加区域的降水等功能。赤水河是长江的重要支流，赤水河流域既是长江上游、三峡库区重要的生态屏障，也是我国重要的水源涵养地区，对长江流域社会经济发展有着至关重要的作用。同时该地区也是中国优质酱香白酒重要的生产地，集中了茅台、习酒、郎酒等众多的名酒生产企业，具有十分重要的生态价值和经济价值。近年来随着经济社会的快速发展，流域的水资源供需矛盾日益突出，因此研究赤水河流域水源涵养功能具有重要的意义。而要充分利用流域的水资源涵养量，合理并有效管理流域的水资源，首要前提就是对赤水河流域水源涵养的空间格局及储量进行充分了解和有效把握，这就要求使用科学的方法评估出区域的水源涵养量及其空间分布情况。

基于此，本书在 ArcGIS 10.2 和 ENVI 软件的支持下，以 InVEST 模型中的水源涵养模块为基础，通过对模型中各个因子进行参数设置，定量分析赤水河流域不同年份的水源涵养时空分布规律，并在此基础上估算赤水河流域的水源涵养价值量。

5.4.1　InVEST 模型水源涵养模块

InVEST 是由自然资本项目支持开发、源代码免费开放、可用于计算多种生态系统服务功能的评估模型(Tallis et al., 2013)。该模型包括一系列的子模块并且每个模块都由单独的算法构成，可以模拟不同土地利用情景下各种生态系统之间的服务能力。InVEST 模型的产水模块在栅格图像上运行，可以用于模拟某区域每一子流域集水区的产水量及其价值。该模型认为水资源的供给量越大，区域的水资源服务能力就越强。该模型的核心算法采用水量平衡方程法，并结合区域的气候、地形地貌以及植被覆盖类型计算每个栅格图像像元的水源涵养量(图 5.48)。

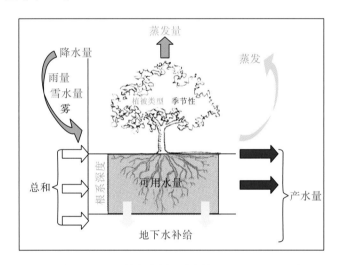

图 5.48　区域产水量示意图(Tallis et al., 2013)

年水源涵养量的计算公式如下：

$$Y_{xj} = (1 - \text{AET}_{xj} / P_x) \times P_x \tag{5.42}$$

式中，Y_{xj} 为区域或流域尺度上第 j 种土地覆被类型在栅格单元格 x 上的年产水量，mm；AET_{xj} 为研究区内第 j 种土地覆被类型在栅格单元格 x 上的实际蒸散量，mm，在估算实际蒸散量时可以选用遥感方法进行估算，也可以以日值气象数据为基础，采用 FAO56 的彭曼公式进行估算；P_x 为栅格单元格 x 上的年降水量，mm。

$$\frac{\text{AET}_{xj}}{P_x} = \frac{1 + \omega_x + R_{xj}}{1 + \omega_x + R_{xj} + 1 / R_{xj}} \tag{5.43}$$

上式是由布德科干燥度曲线衍生而来的(Zhang et al., 2001)，其中，R_{xj} 代表第 j 种土地覆被类型在栅格单元格 x 上的 Budyko 干燥指数(Budyko, 1974)；ω_x 是改进的、无量纲的区域植被可利用水量与年降水量的比值。这些值可以由 Zhang 等(2001)的定义给出：

$$R_{xj} = (\text{Kc}_{xj} \times \text{ET}_{0x}) / P_x$$

式中，Kc_{xj} 为植被的蒸散系数，不同区域的植被类型中此值是不同的，该值表示不同的发育期作物蒸散量与区域的潜在蒸散量 ET_0 的比值。

$$\omega_x = Z \times (\text{AWC}_x / P_x) \tag{5.44}$$

式中，AWC_x 为栅格单元格中的土壤有效含水量，mm；Z 为季节常数。

5.4.2 水源涵养价值量估算方法

赤水河流域水源涵养价值量的估算主要采用影子工程法，即利用修建相应库容的水库成本来测算水源涵养的经济价值，测算公式如下：

$$\text{EV}_3 = \alpha V_w \tag{5.45}$$

$$V_w = \sum_{x=1}^{n} Y_{jx} \tag{5.46}$$

式中，EV_3 为水源涵养的价值量，元/hm²；α 为单位面积的水库造价，元/m³，该值参考《林业生态工程生态效益评价技术规程》（DB11/T 1099—2014），本书中单位库容造价的成本为 6.1107 元/m³；V_w 为区域的水源涵养总量，m³；Y_{jx} 为第 j 种土地利用类型中栅格单元格 x 的区域产水量，mm³。

5.4.3 水源涵养模型参数确定

根据水源涵养模型估算原理，区域的水源涵养服务能力所需的数据资料集主要包括研究区的土地利用类型图、年降水量、年潜在蒸散量、流域的土壤类型图、土壤的深度图层、植被的可利用含水量数据。赤水河流域的土地利用数据由遥感影像解译而成，年降水量和蒸散量数据通过相应的气象数据处理得到，土壤属性数据及其质地数据来自世界和谐土壤数据库（HWSD）。InVEST 模型中水源供给模块所需要的数据来源及其具体处理方法如下。

1. 年降水量数据

年降水量数据来源于中国气象数据网，赤水河流域涉及的气象站点数据共有 10 个，其中四川的气象站点 2 个，分别为叙永和宜宾；重庆市的气象站点 1 个，为沙坪坝；其余气象站点都在贵州省境内（表 5.17）。由于模型在运行过程中需要气象数据的栅格数据格式，因此需要将气象数据进行插值，所使用的方法为 GIS 中的克里金插值方法，插值完后需要对生成的栅格数据进行重采样以及裁剪等操作，最终形成赤水河流域不同时期的降水量空间分布图（图 5.49）。

表 5.17　赤水河流域不同年份降水量　　　　　　（单位：mm）

站点	1980 年	1990 年	2000 年	2010 年	2015 年
毕节	840.2	841.5	1066.7	741.3	782.5
湄潭	1175.2	862.8	1428.2	1137.3	711.1
黔西	1209.3	903.0	1005.1	727.3	593.3
桐梓	1119.0	749.2	1335.1	1011.0	666.9

站点	1980 年	1990 年	2000 年	2010 年	2015 年
威宁	810.4	818.3	837.1	801.5	762.3
习水	1234.3	1021.3	1058.5	1067.5	1062.4
遵义	950.1	789.8	1290.6	1034.7	798.0
叙永	1215.4	1061.6	1285.8	1097.1	1134.6
沙坪坝	1062.6	956.7	1010.9	1044.7	1026.9
宜宾	897.1	1046.7	813.2	1019.6	1236.2

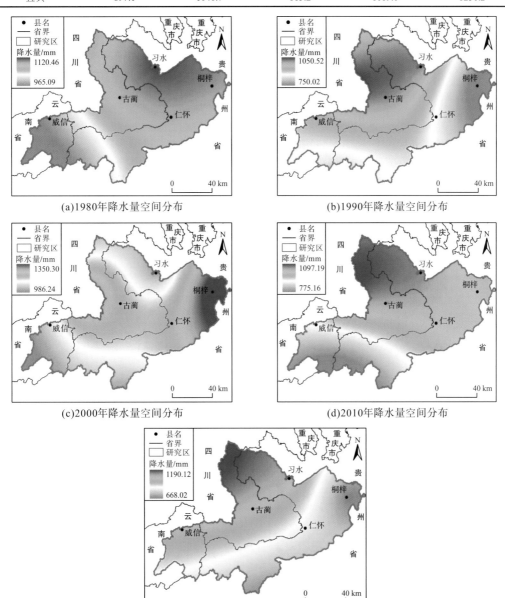

图 5.49　赤水河流域不同年份降水量空间分布

2. 年潜在蒸散量

潜在蒸散量 ET_0 是指生态系统在水分充足的情况下,下垫面有植被覆盖的区域的蒸散发能力(高歌等,2006)。潜在蒸散量常用的估算方法有彭曼公式、遥感估算法、Thornthwaite 方法、Hamorio 方法等。本书采用 FAO56 彭曼公式(史建国等,2007),该公式有一定的物理学意义,参考蒸散量的计算公式如下:

$$ET_0 = \frac{0.408\Delta(Rn - G) + \gamma\dfrac{900}{T + 273}U_2(e_a - e_d)}{\Delta + \gamma(1 + 0.34U_2)} \tag{5.47}$$

式中,ET_0 为潜在蒸散量,mm/d;Rn 为净辐射量,MJ/m^2 d;Δ 为饱和水汽压关系曲线在温度为 T 时刻的斜率,kPa/℃;e_a 为饱和水汽压,kPa;e_d 为实际水汽压,kPa;T 为区域的平均温度,℃;γ 为湿度常数,kPa/℃;U_2 为 2 m 高的风速,m/s,可由 10 m 高的风速计算得到;G 为土壤的热通量,$MJ/(m^2 \cdot d)$。

潜在蒸散量 ET_0 的计算需要日值的太阳辐射值、风速、大气的湿度和水汽压等许多参数,本书中的气象日值数据来源于中国地面气象观测站和自动站中的数据,通过整理和计算可以得到赤水河流域不同年份的蒸散量数据,之后采用 GIS 中的克里金插值方法对潜在蒸散量数据进行插值,插值完后需要对生成的栅格数据进行重采样以及裁剪等操作,最终形成了赤水河流域不同时期的潜在蒸散量空间分布图(图 5.50)。

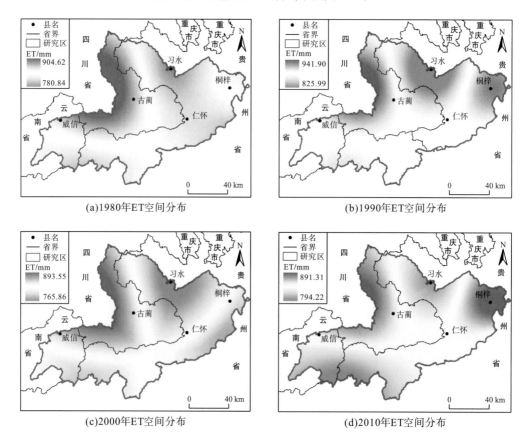

(a)1980年ET空间分布　　　　　　　　　　　(b)1990年ET空间分布

(c)2000年ET空间分布　　　　　　　　　　　(d)2010年ET空间分布

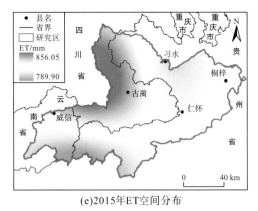

(e)2015年ET空间分布

图 5.50   赤水河流域不同年份 ET 空间分布

3. 土地利用类型图

研究区的土地利用类型是通过对不同年份的遥感数据进行遥感解译得到的，遥感解译使用的是分类与决策树(CART)方法。CART 是一种监督分类的学习算法，用户在使用前必须先构建一个样本数据集对 CART 的数据进行评估后方可使用。而决策树是计算机分类预测算法中的一种，它是通过对一个已知的序列生成一系列二叉树来实现对图像像元的分类，依次类推直到满足条件，在操作过程中所选取的遥感处理软件是 ENVI5.3。图 5.51 为赤水河流域不同年份的土地利用类型图。

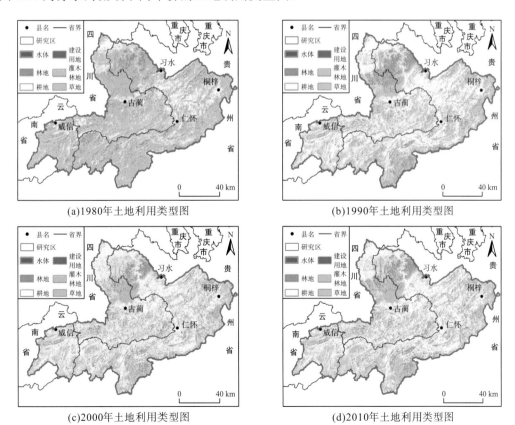

(a)1980年土地利用类型图

(b)1990年土地利用类型图

(c)2000年土地利用类型图

(d)2010年土地利用类型图

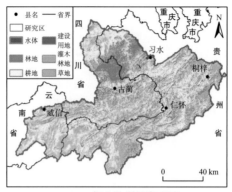

(e)2015年土地利用类型图

图 5.51　赤水河流域不同年份土地利用类型图

4. 根系约束层土壤深度因子

根系约束层土壤深度因子,主要是指由于物理或化学特性导致植物根系渗透被强烈限制的土壤层深度。该数据来源于中国 1∶100 万土壤数据库,先将其转换为栅格数据格式,之后用赤水河流域的边界进行裁剪,可得到赤水河流域土壤深度空间分布图(图 5.52)。

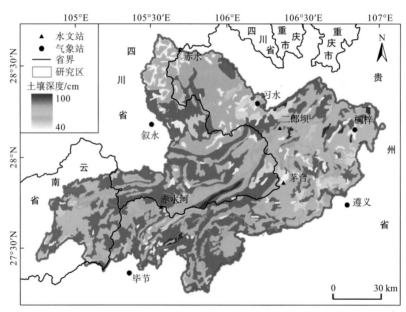

图 5.52　赤水河流域土壤深度空间分布

5. 植被层可利用有效水

植被层可利用有效水(plant available water capacity,PAWC)是指土壤层中可以被植物或农作物吸收的可用水的比例,也可以表征为田间持水率和萎蔫持水率之间的差值,计算植被层可利用有效水所需的数据来源于世界和谐土壤数据库,先将其转换为栅格数据格式后,再进行运算。PAWC 可以使用两种方法进行估算,一种是按照经验公式进行估算,计算方法如下:

$$\begin{aligned}
\text{PAWC} = &54.509 - 0.132 \times \text{SAN} - 0.003 \times (\text{SAN})^2 \\
&- 0.055 \times \text{SIL} - 0.06 \times (\text{SIL})^2 - 0.738 \times \text{CLA} + 0.007 \\
&\times (\text{CLA})^2 - 2.688 \times \text{C} + 0.501 \times (\text{C})^2
\end{aligned} \tag{5.48}$$

式中，SAN、SIL、CLA、C 分别为砂粒、粉粒、黏粒以及有机质的含量，%。

另一种方法是直接使用 SPWA 软件进行计算。在用 SPWA 软件进行计算时，需要将 Options 选项中的单位转换为 Meters，否则这个软件计算出的结果不适合于中国的区域(图 5.53)。本书采用此方法对赤水河流域的 PAWC 进行估算，空间分布图见图 5.54。

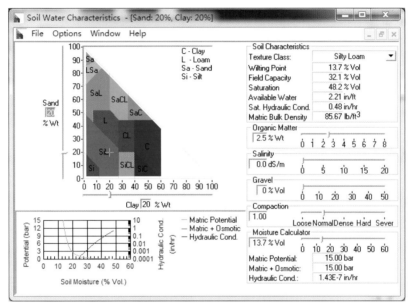

图 5.53　SPWA 软件运行过程

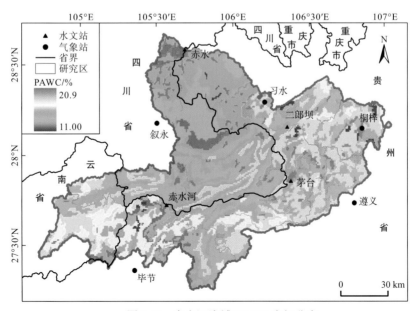

图 5.54　赤水河流域 PAWC 空间分布

6. 蒸散系数

蒸散系数不仅要考虑区域的大气干燥程度、气象条件中的辐射度、风力的大小，同时还要考虑土壤的导水能力，本书所定义的不同土地利用类型的蒸散系数见表 5.18。

表 5.18　不同土地利用类型的蒸散系数

土地利用类型	水体	建设用地	林地	灌木林地	耕地	草地
蒸散系数	1	0.804	0.613	0.585	0.683	0.591

7. 集水区

由于 InVEST 模型的水源涵养模块需要在子流域上进行运算，因此在估算区域的水源涵养量前必须进行子流域的划分。本书的子流域划分是基于 DEM 数据通过 GIS 中的水文分析模块生成。具体操作流程如下。

(1) 对从地理空间数据云上下载的 DEM 数据进行重新投影。

(2) 对投影后的 DEM 数据进行填注处理。

(3) 利用流向工具 (flow direction) 进行流向分析，并在此基础上提取赤水河流域的水流方向。

(4) 使用水文工具箱中的累积汇流工具 (flow accumulation) 进行汇流的累积计算。

(5) 计算水流长度，使用的工具为水流长度工具 (flow length)。

(6) 使用栅格计算器提取河网信息，将提取的栅格河网数据进行矢量化，矢量化后对原有的线状河网数据进行平滑处理。

(7) 利用 Steam Link 命令生成河网的节点。

(8) 使用 Watershed 工具生成集水区，最终形成赤水河流域的 27 个子流域 (图 5.55)。

图 5.55　赤水河流域各个子流域空间分布图

5.4.4　不同时期水源涵养物质量估算

基于 InVEST 模型对不同年份赤水河流域水源涵养的物质量进行了测评，测评结果以栅格为评价单元。从图 5.56 中可以看出 2010 年单位面积的水源涵养量最高，其值为 576.58 mm，折合成水源涵养量为 94.91 亿 m^3，而 1990 年的水源涵养量最小，其值为 295.35 mm，折合成水源涵养量为 48.62 亿 m^3。不同阶段单位面积水源涵养空间差异较大，水源涵养的空间差异程度主要受降水量空间格局的影响，不同年份水源涵养总量的大小顺序为 2010 年（94.91 亿 m^3）＞1980 年（80.33 亿 m^3）＞2000 年（64.49 亿 m^3）＞2015 年（54.33 亿 m^3）＞1990 年（48.62 亿 m^3）。

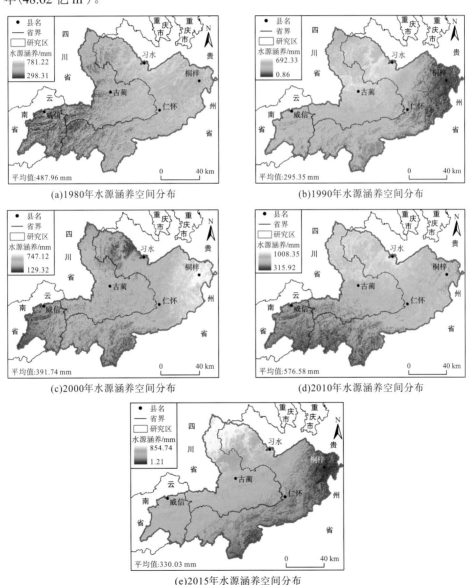

(a)1980年水源涵养空间分布　　(b)1990年水源涵养空间分布

(c)2000年水源涵养空间分布　　(d)2010年水源涵养空间分布

(e)2015年水源涵养空间分布

图 5.56　赤水河流域不同年份水源涵养空间分布

5.4.5 不同时期水源涵养价值总量空间分布

采用影子工程法将生态系统水源涵养的物质量转换为水源涵养的价值量，从图 5.57 中可以看出，1980～2015 年赤水河流域单位面积水源涵养总价值量与土壤保持总价值量的变化趋势一致，同样经历了两个下降以及一个上升阶段，其中两个下降阶段分别为 1980～1990 年和 2010～2015 年，而一个上升阶段则为 1990～2010 年。具体来说，1980～1990 年赤水河流域单位面积水源涵养总价值量均值由 1980 年的 29818.30 元/(hm²·a) 下降到 1990 年的 18048.50 元/(hm²·a)，折合成水源涵养价值总量是由 1980 年的 490.86 亿元下降到 1990 年的 297.11 亿元；1990 年以后流域单位面积水源涵养总价值量均值呈现出显著上升的趋势，由 1990 年的 18048.50 元/(hm²·a) 上升到 2010 年的 35232.99 元/(hm²·a)，折合成水源涵养价值总量是由 1990 年的 297.11 亿元上升到 2010 年的 579.99 亿元；2010～2015 年，流域单位面积水源涵养的总价值量均值呈现出下降趋势，由 2010 年的 35232.99 元/(hm²·a) 下降到 2015 年的 20167.41 元/(hm²·a)，折合成水源涵养价值总量是由 2010 年的 579.99 亿元下降到 2015 年的 331.99 亿元。从不同年份水源总价值量的空间分布上看，不同年份水源涵养总价值量的空间波动性较大，1990 年水源涵养总价值量的最大值出现在赤水河流域的下游地区，而到了 2000 年高值区域主要集中在赤水河流域的东部，这与该时期的降雨格局有直接关系，不同的降雨格局产生的降雨量不同，必然会影响到研究区的水源涵养空间格局，而水源涵养的空间格局也必定会影响到水源涵养的价值量。从表 5.19 可以看出，不同县域不同年份植被生态系统水源涵养的总价值量古蔺县最高，其中 2010 年的水源涵养总价值量超过了 110 亿元。其原因一方面在于古蔺县的面积在赤水河流域相对较大；

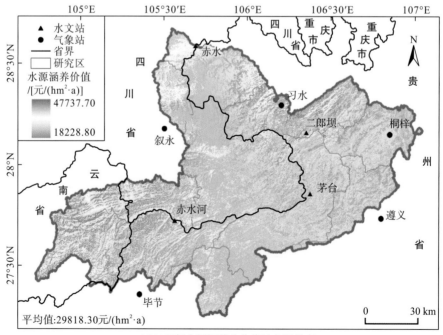

(a)1980年水源涵养总价值量空间分布

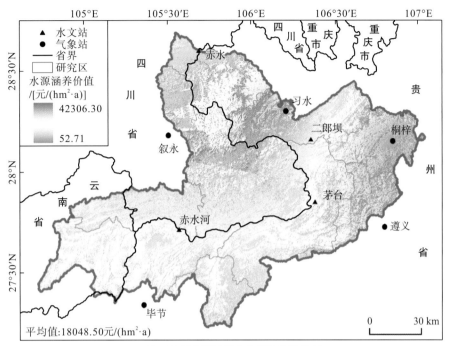

(b)1990年水源涵养总价值量空间分布

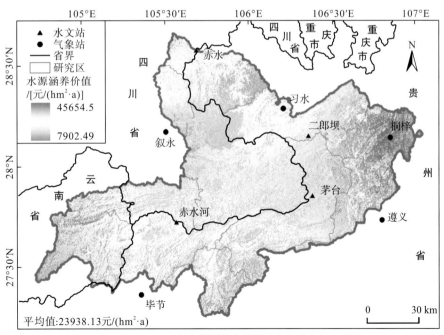

(c)2000年水源涵养总价值量空间分布

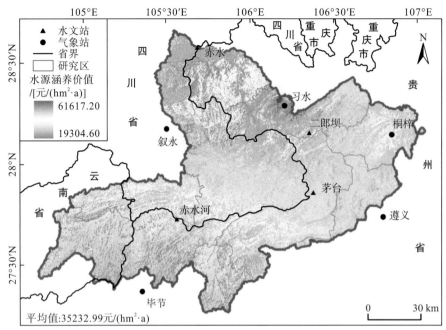

(d)2010年水源涵养总价值量空间分布

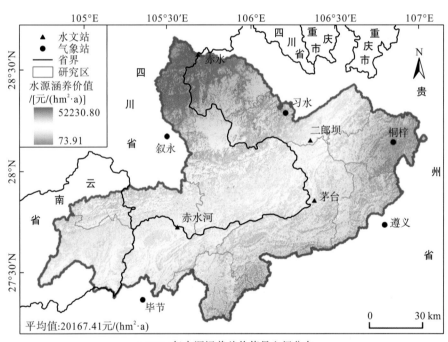

(e)2015年水源涵养总价值量空间分布

图5.57 赤水河流域不同年份水源涵养总价值量空间分布图

另一方面在于古蔺县地处赤水河流域典型的非喀斯特地区，该区域植被生长茂盛，县域尺度上产生的 NPP 总物质量较高，植被保持水土的能力也越强，因此其水源涵养的价值量也较高。

表 5.19 赤水河流域不同市/县域土壤保持价值量 （单位：亿元）

市/县	1980 年	1990 年	2000 年	2010 年	2015 年
赤水市	36.32	26.84	33.63	38.43	37.81
习水县	54.29	35.32	47.05	59.34	38.14
威信县	12.27	8.80	9.61	15.21	11.63
镇雄县	35.63	24.67	25.51	43.51	30.83
叙永县	39.54	29.61	34.71	49.81	38.72
仁怀市	55.83	28.41	45.18	65.70	26.54
古蔺县	95.66	66.53	80.61	111.16	69.71
桐梓县	39.56	11.61	29.81	52.35	11.66
遵义市	30.56	10.04	24.20	38.28	10.89
金沙县	20.35	11.12	14.00	22.42	8.94
毕节市	38.83	25.53	27.26	49.44	27.51
合江县	7.54	5.46	7.29	7.89	8.90
大方县	24.94	13.47	15.59	27.02	11.08

5.4.6 水源涵养方法讨论

传统的层次分析法、数学统计、主成分分析法、灰色关联度法在估算水源涵养时是基于实测降水、蒸散、径流数据等特征的研究成果对生态系统水源涵养功能和价值进行分析，实测数据精度高，估算较准确，但其对于中、大尺度流域仅仅靠实测数据难以体现水源涵养的生态价值。王晓学等（2010）利用元胞自动机模型模拟不同时空尺度的森林水文过程，模拟了降水季节（7 月和 8 月）的水源涵养量，但其模型忽略了森林水文细节特征。本书使用的 InVEST 模型除了可以从长时间序列对中尺度流域进行水源涵养生态效应估算外，还可对多种生态系统服务功能进行空间直观量化，对数据变化十分敏感；此外，InVEST 模型允许输入研究区的相关数据，可适用于全球范围内景观或区域尺度的生态系统服务功能评估，可推广性很强。但模型中一些假设及对算法的简化，导致模型具有一定的局限性。本研究区域为喀斯特地貌，由于其存在地表地下二元结构，InVEST 模型中忽略了地表和地下水的交互作用，这对喀斯特地貌地区的估算可能会产生一定误差，结果中的值可能比实际情况的偏大。虽然模型的简化和局限性可能影响了估算结果的精度和不确定性，但算法的简化可减少数据信息的需求，降低模型使用的难度，使模型应用范围更加广泛。王小琳（2016）基于 InVEST 模型对贵州省 2010 年的水源涵养功能进行了评估，与本书研究对比，水源涵养生态效应趋势一致。不同研究中使用的水源涵养计算方法及其对比见表 5.20。

表 5.20　不同研究区水源涵养计算方法及其对比

对比	方法	作者	研究区	时间尺度	尺度
传统方法	AHP-模糊评价法	杨竹	北京北部	2001~2008 年	点
	层次分析法	杨洪宁	黄河上游流域	1981~2006 年	点
	物质量及价值量评价法	张海波	南方丘陵山地带	2000 年、2005 年、2010 年	点
	数学统计、主成分分析法	陈引珍	三峡库区森林	1974 年、1982 年	点
	灰色关联度法	惠秀娟	辽河流域	2009 年 6~8 月	点
	熵值理论和综合指数模型	盛东等	太湖流域	—	点
	水量平衡法	聂忆黄等	青藏高原	1982~2003 年	点
	水量平衡法	李士美等	广西龙胜县、宜州市	1980~1991 年	点
	元胞自动机模型	王晓学等	不同林地类型	7 月和 8 月（降水季节）	点
本书	InVEST	田义超等	赤水河流域	2000~2015 年	面

第6章　赤水河流域水文过程及其变化特征

　　赤水河是长江上游唯一一条干流没有修建水坝以及水库的一级支流,赤水河流域是重要的生物多样性优先保护区域(图6.1)。但是近年来随着工业、产业和城市化进程的加快,赤水河流域的径流变化和输沙过程发生了显著变化。有关赤水河流域径流以及输沙过程对气候变化的响应机制与机理目前尚不明晰,同时该区域气候变化和人类活动对径流和泥沙的贡献率也未见报道。基于此,本章以赤水河流域为研究对象,基于赤水河流域4个水文监测断面长时间序列的水文气象监测资料,通过累积距平法、连续小波分析法、滑动 T 检验法和 Hurst 指数定量分析赤水河流域近56年来径流以及泥沙量的演变特征和未来趋势。本研究不仅意义重大,而且对于深入研究近56年赤水河流域的径流、泥沙变化过程以及人类活动影响背景下流域的水沙变化规律具有重要的科技支撑作用,同时可为赤水河流域新时期水土保持、生态环境建设、水资源可持续利用以及生态系统管理等工作的开展提供数据支撑和理论依据。

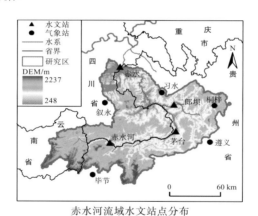

赤水河流域水文站点分布

图6.1　赤水河流域水文站空间分布图

　　桐梓河流域 (贵州省地方志编纂委员会,1985),古名漤溪水,也称牛渡河,是赤水河最大的支流。发源于桐梓楠牛石大火土,上源称天门河,西北流转西南流,经天门洞、蟠龙洞两段伏流,至混子河口折西流,至观音寺河口折西北流,至石嘴折西流,至两河口注入赤水河。观音寺河口至石嘴段为仁怀、桐梓界河,石嘴至两河口段为仁怀、习水界河。河道总长122 km,总落差588 m,河口多年平均流量52.9 m³/s,平均比降0.48%。流域海拔为484~1843 m,沿河都是崇山峻岭,山高坡陡,多悬岩崩石,除河源天门河段有桐梓冲积盆地外,沿河台地少,耕地分散,河谷深切,为U形谷,一般宽80 m。傍河城镇有桐梓县城、二郎坝镇,全流域总人口64.86万人,以农业人口为主(59.92万人)。流域内有小型采煤、铁合金冶炼、机械、电力、轻手工业等。流域内交通,上游发达,有川黔公路干线和川黔铁路通过，中、下游则靠公路与外界联系，下游可利用同赤水河干流进行水运。桐梓河下游设有二郎坝水文站。

桐梓河流域面积 3348 km²，本书的研究区域主要是二郎坝水文站以上的区域，正源(东源，又称天门河)发源于贵州省桐梓县小坝乡楠牛石大火土，东侧与乌江水系分水。于桐梓县县城右岸与发源于桐梓县长田乡(楚米铺)韭菜坝的西源相汇，汇合后又称官渡河。流经桐梓县、仁怀市边界进入习水县，至瓮坪乡入渡汇入赤水河。中游另一支流古蔺河，流域面积约 1015 km²，发源于四川省古蔺县箭竹乡袁家沟，于古蔺县太平镇(太平渡)汇入赤水河，河长 72 km。桐梓河流域位于大娄山山脉西缘，河流呈东向西，属中亚热带季风性湿润气候，气候垂直变化明显，气候温和湿润，雨量较丰沛，降水分布不均。冷暖气流常被海拔高的山脉阻挡，局部地区形成强对流天气。多年平均气温 17.7℃，极端最高气温 39.9℃，极端最低气温-2.7℃，平均全年积温 5392℃。桐梓河属于典型的雨源型山区河流，径流的时空分布变化与降水基本一致，上游桐梓水文站多年平均径流深 563 mm，下游二郎坝水文站多年平均径流深 503 mm，从上游到下游的递减趋势比较明显(图 6.2)。径流年际变化较大，年内分配不均。在年内分配上，虽然汛期径流总量大，但其分配很不均匀，汛中有枯。

根据二郎坝水文站径流资料统计：1975～2015 年实测最大流量 4380 m³/s，实测最枯流量 4.2 m³/s。汛期多年平均流量 74.7 m³/s，占全年的 76.8%；枯水期多年平均流量 22.8 m³/s，占全年的 23.2%，汛期是枯期的 3.3 倍。最大年平均流量为 78.7 m³/s，最小年平均流量为 24.4 m³/s，最大年平均流量和最小年平均流量分别是多年平均流量的 1.6 倍和 0.5 倍。

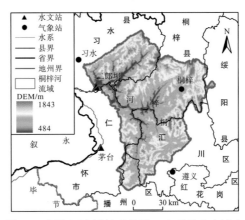

图 6.2　桐梓河流域地理位置、水系及水文站点分布

本书在对赤水河流域生态水文要素中的泥沙和径流数据进行分析时选用的水文站主要包括 4 个，其中赤水河流域干流上的水文站包括赤水河站、茅台站以及赤水站，赤水河站位于流域的上游地区，茅台站位于流域的中游地区，而赤水站位于流域的下游地区；二郎坝站则位于赤水河流域最大的支流桐梓河流域上。选用的水文数据的具体时间跨度以及流域的控制面积及区域分布见图 6.2 和表 6.1。径流数据的原始数据单位为 m³/s，使用前将其乘以每年的总时间数值可以得到不同年份的径流量，单位为 m³，数据来源于 http://www.gzswj.gov.cn/hydrology_gz_new/index.phtml。

表 6.1　流域站点一览

断面或流域	站位	控制面积/km^2	年均降水量/mm	年均径流量/亿 m^3	年均输沙量/万 t	时期/年
赤水站断面	赤水	16478.55	1181.35	77.65	512.87	1957～2015
赤水河站断面	赤水河	3052.25	720.50	15.66	—	1960～2015
茅台站断面	茅台	7884.75	852.87	32.14	—	1960～2015
桐梓河流域	二郎坝	3182.56	829.00	14.36	64.68	1965～2015

6.1　研　究　方　法

6.1.1　累积距平法

本书采用累积距平法甄别赤水河流域径流量和泥沙量长时间序列的突变年份。该方法是由累积距平曲线直接判断离散时间序列数据变化趋势的一种非线性数理统计方法（王随继等，2012）。定义时间序列 $X(x_1, x_2, \cdots, x_n)$，在某一时刻 t 的累积距平为

$$\overline{X}_t = \sum_{i=1}^{t}(x_i - \overline{x}) \tag{6.1}$$

$$\overline{x} = \frac{1}{n}\sum_{i=1}^{n}x_i$$

其中，t 为 1～n 的时间序列。该算法的核心思想是判断时间序列数据对其平均值的离散程度大小，若累积距平值越大，说明离散数据大于其平均值，反之则小于其平均值。如果曲线介于上述两者之间说明该时间序列数据存在明显的拐点。

6.1.2　滑动 T 检验方法

在上述计算时间序列突变点的基础上，为了更进一步确定时间序列的突变点，本书采用了滑动 T 检验方法对赤水河流域的径流、泥沙以及降水的突变点进行了甄别（吕琳莉和李朝霞，2013）。滑动 T 检验的基本原理是利用 T 检验方法对时间序列数据逐个进行 T 检验。T 检验的基本原理为：首先定义滑动点前后两个时间序列的分布函数为 $F_1(x)$ 和 $F_2(x)$，从总体样本的 $F_1(x)$ 和 $F_2(x)$ 中分别随机取出大小为 n_1 和 n_2 的两个样本，并且要求原假设为 $F_1(x)=F_2(x)$，则

$$T = \frac{\overline{x}_1 - \overline{x}_2}{S_w\left(\dfrac{1}{n_1} + \dfrac{1}{n_2}\right)^{0.5}} \tag{6.2}$$

其中，

$$\overline{x}_1 = \frac{1}{n_1}\sum_{i=1}^{n_1}x_t, \quad \overline{x}_2 = \frac{1}{n_2}\sum_{t=n_1+1}^{n_1+n_2}x_t$$

$$S_w{}^2 = \frac{(n_1-1)S_1{}^2 + (n_2-1)S_2{}^2}{n_1+n_2-2}$$

$$S_1^2 = \frac{1}{n_1 - 1} \sum_{t=1}^{n_1} (x_t - \overline{x}_1)^2$$

$$S_2^2 = \frac{1}{n_2 - 1} \sum_{t=n_1+1}^{n_1+n_2} (x_t - \overline{x}_2)^2$$

这里，T 服从 $t(n_1+n_2-2)$ 的分布，显著性水平为 a，查 t 分布表可以得到显著性水平为 $a/2$ 的临界值 $t_{a/2}$，当 $T > t_{a/2}$ 时，拒绝原假设，说明原始时间序列数据存在显著性差异，否则接受原假设，说明原时间序列数据不存在显著性差异。

6.1.3 累积滤波器法

累积滤波器法是一种检测水文时间序列变化趋势的方法（马正耀等，2011）。定义时间序列的累积平均值 S 为

$$S = \frac{\sum_{i=1}^{n} R_i / n}{\overline{R}} \tag{6.3}$$

式中，R_i 表示流域的年径流量；n 表示时间序列的长度；$\overline{R}$ 表示多年径流的平均值。

6.1.4 Theil-Sen Median 趋势

本书将 Theil-Sen Median 趋势分析方法与 Mann-Kendall 检验方法使用到水文数据的时间序列分析中，可以解释水文数据长期变化的显著性趋势（Yue et al., 2002）。

Sen 趋势度（ρ）的计算公式为

$$\rho = \text{median} \frac{x_j - x_i}{j - i}, 1 < i < j < n \tag{6.4}$$

式中，x_j、x_i 为水文要素时间序列。当 $\rho < 0$ 时，表示时间序列呈现下降趋势；当 $\rho > 0$ 时，表示时间序列呈现上升趋势，使用 Mann-Kendall 检验方法进行显著性检验。

6.1.5 Hurst 指数未来趋势

Hurst 指数 H 的一般取值范围为 $0 \leqslant H < 1$。当 $0 \leqslant H < 0.5$ 时，水文时间序列表现为反持续性；当 $H = 0.5$ 时，水文时间序列数据表现为一个随机序列；当 $0.5 < H < 1$ 时，水文序列数据表现为持续性。

为了定量描述长时间序列数据未来变化趋势的平均循环周期，本书引入统计量 $V(\tau)$，其计算公式为

$$V(\tau) = \left[\frac{R(\tau)}{S(\tau)} \right]_{\tau} \bigg/ \sqrt{\tau} \tag{6.5}$$

$V(\tau)$ 主要用于检验 R/S 时间序列分析结果的稳定性，该变量可以很好地识别时间序列数据是否存在周期循环并对其周期长度进行估计。对于一个任意给定的时间序列数据，$V(\tau)$-lgτ 曲线接近平缓；而对于具有状态持续性（$H > 0.5$）的时间序列，$V(\tau)$-lgτ 曲线则向

上倾斜；反之，对于具有逆状态的时间序列的持续性($H<0.5$)，$V(\tau)$-lgτ 曲线则向下倾斜。如果 $V(\tau)$-lgτ 曲线上 $V(\tau)$ 随 lgτ 的变化趋势发生显著变化，即曲线出现显著转折时，说明历史状态时间序列数据对未来状态的影响自该时刻起消失，此时系统的平均循环周期 T 就是该时刻对应的时间跨度 n。T 代表系统对初始时间序列原始条件的平均记忆长度，即系统通常在多长时间后完全失去对原始时间序列初始条件的依赖。

6.1.6　小波分析

本书基于流域径流和降水数据，利用统计分析方法进行趋势分析，采用 Morlet 小波分析进行变化周期研究。其中，小波分析是一种时频多分辨分析方法，能反映时间序列的局部变化特征，分辨时间序列在不同尺度上的演变特征。小波函数 $\Psi(t)$ 指具有震荡性、能迅速衰减到零的一类函数，若其傅里叶变换 $\Psi(t)$ 满足条件：

$$\int_R \frac{|\Psi(t)|^2}{|t|}\mathrm{d}t < \infty \tag{6.6}$$

则称 $\Psi(t)$ 为基本小波或母小波。通过 $\Psi(t)$ 伸缩和平移后派生出一组函数：

$$\Psi_{a,b}(t) = \frac{1}{\sqrt{|a|}}\varphi\left(\frac{t-b}{a}\right) \tag{6.7}$$

式中，$\Psi_{a,b}(t)$ 称为连续小波；a 为尺度因子；b 为时间因子。在实际应用中，常将连续小波离散化，$a = a_0^j$，$b = kb_0$，$a_0^j > 1$，$b_0 \in R$，k、j 为整数，则 $f(t)$ 的离散小波变换为

$$W_\Psi f(j,k) = a_0^{-j/2}\int_R f(t)\Psi\left(a_0^{-j}t - kb_0\right)\mathrm{d}t \tag{6.8}$$

称 $W_\Psi f(j,k)$ 为小波系数，表示该部分信号与小波的近似程度。

Morlet 小波与径流长时间序列的形状接近，且在时频域局部性上表现较好，所以本书采用 Morlet 小波方法对流域的年径流量时间序列进行小波变换，分别提取序列的小波系数和小波方差。小波方差反映了能量随尺度的分布特征，方差值的峰值由大到小对应着不同的主周期，可用来描述一个时间序列中存在的主要时间尺度。小波系数表示时间序列中每种周期的小波随时间变化的特征，如果小波系数与径流量存在正相关关系，表示某一时间尺度下小波系数极大值与极小值的交替出现对应着该尺度下径流的丰枯变化，所以通过分析小波系数，可以识别时间序列的多时间尺度周期性和突变性。

6.2　径流变化特征

6.2.1　干流上游赤水河站

1. 年际变化

1）径流量年际变化及其阶段特征

赤水河流域干流上游赤水河站 1960～2015 年的径流量特征值见表 6.2。由表 6.2 可知，

赤水河流域多年平均径流量为 15.52 亿 m³，多年平均年际变差系数 C_v 为 0.24，大于下游赤水站的变差系数，年际变化较大。径流量极大值为 28.82 亿 m³，出现在 1968 年，极小值为 8.02 亿 m³，出现在 2011 年。赤水河站各年代径流量呈现出三个阶段，其中 1960～1979 年径流量呈现出上升趋势，由 20 世纪 60 年代的 16.42 亿 m³ 上升到 20 世纪 70 年代的 17.16 亿 m³；自 20 世纪 80 年代起呈现出下降趋势，由 15.88 亿 m³ 下降到 2010 年的 13.49 亿 m³；自 2010 年之后径流量稍微有所回升，达到 14.62 亿 m³。极值比是反映径流量极大值与极小值之间的比值，其值越大，代表径流的年际变化越大。1960～1969 年以及 2011～2015 年赤水河站径流量的极值比较大，分别为 2.77 和 2.24，说明该时期径流的年际变化较大。

表 6.2　干流上游赤水河站不同年份径流量变化特征

年份	年均径流量/亿 m³	极大值(年份)/亿 m³	极小值(年份)/亿 m³	极值比	年际变差系数
1960～1969	16.42	28.82(1968)	10.39(1963)	2.77	0.32
1970～1979	17.16	19.95(1975)	14.34(1971)	1.39	0.14
1980～1989	15.88	24.32(1983)	14.53(1981)	1.67	0.22
1990～1999	15.52	21.52(1998)	10.62(1993)	2.03	0.23
2000～2010	13.49	19.12(2000)	10.56(2009)	1.81	0.17
2011～2015	14.62	19.99(2012)	8.02(2011)	2.24	0.35
平均	15.52	28.82(1968)	8.02(2011)	3.59	0.24

2) 径流量年际变化趋势及其阶段特征

根据赤水河站多年径流量的变化趋势可以看出，赤水河站自 20 世纪 60 年代以来多年平均径流量呈现下降趋势，下降的速率为 0.0501 亿 m³/a，20 世纪 80 年代赤水河站的多年平均径流量多高于平均值，80 年代之后径流量变幅较小。1968 年的径流量达到了多年径流量的最大值，而 2011 年径流量为多年的最小值。P 值为 0.048，没有达到显著性 0.1 的水平，说明赤水河站多年平均径流量减少不显著(图 6.3)。

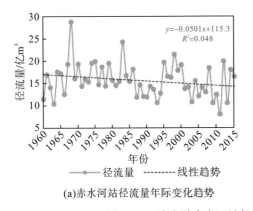

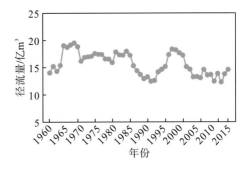

(a)赤水河站径流量年际变化趋势　　　　　　(b)赤水河站年径流量变化特征

图 6.3　干流上游赤水河站径流量年际变化趋势及其阶段性特征

　　从表 6.3 和图 6.4 中可以看出，Kendall 秩相关系数检验的 M 值为 1.567，说明赤水河站径流量递减不显著。用 R/S 分析法中的 Hurst 指数来预测赤水河站径流量变化后的未来趋势，得出 Hurst 指数为 0.7283，说明未来径流量变化与历史时期和现在保持相同的趋势，即赤水河站未来年份的径流量呈现出持续性递减的特征。结合 M 值与 Hurst 指数分析，若赤水河站的气候变化和人类活动保持现在的变化趋势或者径流量变化更为剧烈时，赤水河流域的径流量仍将继续保持递减状态。从图 6.4(b) 中可以看出赤水河站径流时间序列在 $n=20$ a 时（曲线出现明显转折点的位置）出现了明显的拐点，说明径流时间序列的平均循环周期 T 值为 20 a。T 值表征了径流时间序列系统对初始条件的平均记忆长度，即赤水河站径流量时间序列在 20 a 后将完全失去对初始径流量条件的依赖。

表 6.3　干流上游赤水河站年平均径流变化趋势及其检验

| 水文站 | Kendall 秩相关系数 | | | | 累积滤波器法 | Hurst 指数 | 未来趋势 | 持续时间/a |
	M 值	趋势	Ma	显著性				
赤水河站	1.567	下降	1.96	不显著	减少	0.7283	持续减少	20

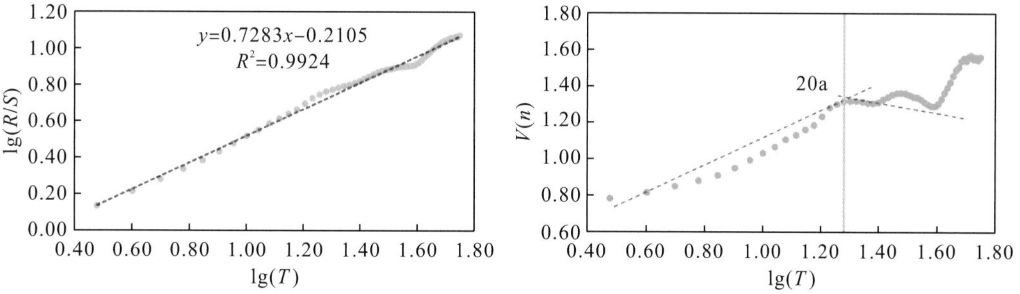

(a)赤水河站年平均径流变化Husrt指数图　　　　　(b)赤水河站年平均径流变化持续性周期图

图 6.4　干流上游赤水河站年平均径流变化 Hurst 指数及其持续性周期图

3) 径流量突变年份

　　从图 6.5(a) 可以看出，赤水河站多年径流量的变化具有明显的阶段性特征。径流量累积距平值在 1986 年达到了最大值，早于下游赤水站径流量突变点出现的时间，表明赤水河站的累积距平值在 1986 年发生突变，由此可知流域的降水-径流关系可能发生了改变，因此本书将赤水河站的径流量分为两个大的阶段，分别为 1960~1986 年的丰水阶段（多年平均径流量为 16.85 亿 m³）和 1986~2015 年的枯水阶段（多年平均径流量为 14.63 亿 m³）。以突变年 1986 年为基础，本书使用 Sen 趋势以及 M-K 检验方法分别对突变点前后赤水河站的径流量进行趋势分析，从图 4.5(b) 中可知，1986 年以前赤水河站径流量的上升速率为 0.08 亿 m³/a，1986 年以后下降速率为 0.02 亿 m³/a，突变前后赤水河站的径流量变化都没有达到 0.05 的显著性水平（Z 值为 1.96）。为了更好地验证径流量的突变年份，本书采用滑动 T 检验方法对赤水河站的径流量进行检验，从滑动 T 检验所甄别出的突变点可知，突变年份也为 1986 年［图 6.5(c)］。

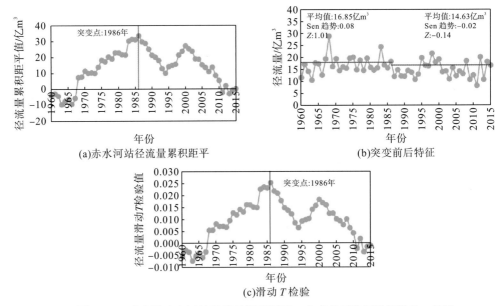

图 6.5 干流上游赤水河站径流量累积距平、突变前后特征及其滑动 T 检验

2. 季节变化

由图 6.6 和表 6.4 可知，赤水河站四个季节的多年平均径流量呈现出减少趋势，递减趋势为冬季(0.0204 亿 m^3/a)＞秋季(0.0104 亿 m^3)＞夏季(0.0095 亿 m^3/a)＞春季(0.0084 亿 m^3/a)。通过 Kendall 秩相关系数检验可以看出，四个季节的多年平均径流量变化过程都没有达到 Z 值为 1.96(P=0.05)的显著性水平，表明赤水河站四个季节的径流

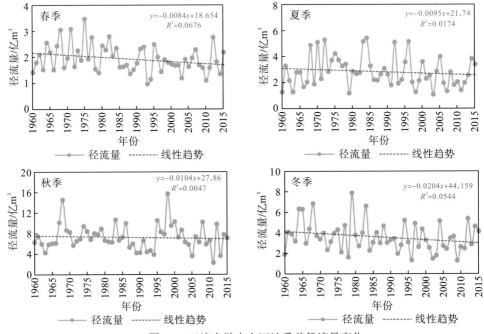

图 6.6 干流上游赤水河站季节径流量变化

表6.4 干流上游赤水河站季节平均径流变化趋势及其检验

季节	Kendall 秩相关系数				累积滤波器法	Hurst 指数	未来趋势	持续时间/a
	M值	趋势	Ma	显著性				
春季	1.665	下降	1.96	不显著	减少	0.8165	持续减少	8
夏季	0.958	下降	1.96	不显著	减少	0.7511	持续减少	14
秋季	0.435	下降	1.96	不显著	减少	0.6245	持续增加	22
冬季	1.546	下降	1.96	不显著	减少	0.8284	持续减少	45

量呈现下降趋势但不显著。用 Hurst 指数方法对赤水河站春季、夏季、秋季和冬季径流量的未来趋势进行预测，预测值分别为 0.8165、0.7511、0.6245 和 0.8284，都大于 0.5，表明流域四季径流量的变化趋势与历史时期和现在保持一致，其中冬季的 Hurst 指数值最大，代表未来时期冬季径流量降低的持续性最强。结合 M 值与 Hurst 指数值的分析结果，未来时期，赤水河流域四季的径流量将会呈现出持续但不显著的减少趋势。

从图 6.7 中可以看出冬季径流时间序列的持续性时间在 45 a 时出现最大的循环周期，说明冬季径流量时间序列系统对初始条件的平均记忆长度的时间最长，即冬季径流量时间序列在 45 a 后将完全失去对初始径流量条件的依赖；而春季赤水河水文站径流量时间序列对初始条件的平均记忆长度的时间最短，仅为 8 a，说明春季径流量时间序列对初始条件依赖的循环周期和记忆时间最弱。

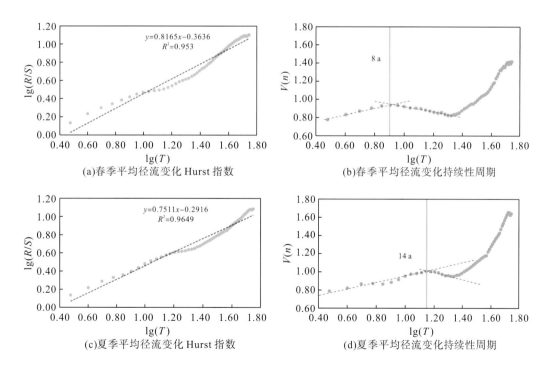

(a)春季平均径流变化 Hurst 指数

(b)春季平均径流变化持续性周期

(c)夏季平均径流变化 Hurst 指数

(d)夏季平均径流变化持续性周期

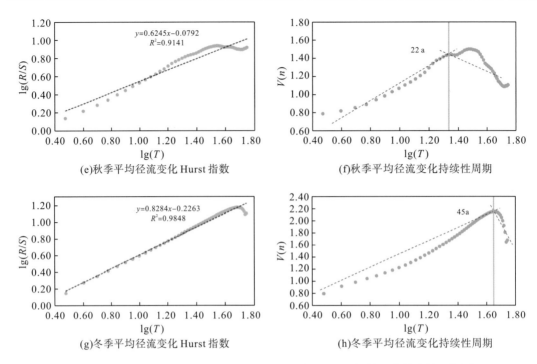

图 6.7　干流上游赤水河站季节平均径流变化 Hurst 指数及其持续性周期图

3. 不同时间尺度小波分析

为了进一步研究赤水河流域赤水河站径流量变化的周期性特征，本书借助 MATLAB 中的 Morlet 小波分析工具对赤水河水文站的径流量进行了周期分析，并在此基础上绘制了小波方差图。

从图 6.8 中可以看出，赤水河站径流量在不同时间尺度上呈现出丰枯交替变化的特征，且年径流量时间序列具有较强的多时间尺度特征，主要表现为 8～16 a 和 24～40 a 的震荡周期，其中 24～40 a 的震荡周期信号能量相对较强，周期性最为明显，而 8～16 a 的信号能量相对偏弱，周期性存在局部显著的特征。具体来说径流量在 28 a 左右年代际变化的震荡周期最为显著，形成了两个高震荡周期和一个低震荡中心，高震荡周期位于 1963～1977 年以及 2002～2012 年，径流量在这两个时期内呈现出正相位，表明径流量偏多；而 1982～1998 年径流量呈现出负相位，表示径流量偏少。8～16 a 的信号能量较弱，年正负相位转换周期较短，但周期性更替更加明显，尤其是在 1972 年之后径流量周期性交替比较明显。小波方差图显示赤水河站径流量分别对应着 12 a、28 a 以及 46 a 的峰值，其中 28 a 赤水河站的方差值最大，说明 28 a 是赤水河站径流量变化的第一主周期，这个主周期与赤水站的主周期保持一致，而 12 a 是第二主周期，46 a 是第三主周期。

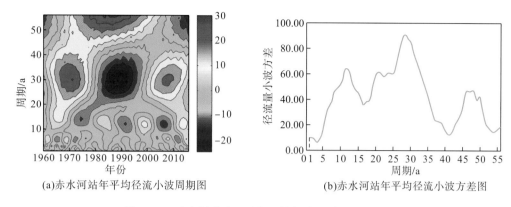

(a)赤水河站年平均径流小波周期图 (b)赤水河站年平均径流小波方差图

图 6.8 干流上游赤水河站年平均径流小波周期图及方差图

6.2.2 干流中游茅台站

1. 年际变化

1)年际变化及其阶段特征

赤水河流域中游茅台站 1960～2015 年的径流量特征值见表 6.5。由表 6.5 可知,茅台站多年平均径流量为 31.79 亿 m³,多年平均年际变差系数为 0.23,年际变化较大。径流量极大值为 50.86 亿 m³,出现在 1983 年;极小值为 16.25 亿 m³,出现在 2011 年。各年代径流量增减交替转换,其中 1960～1979 年径流量呈现出上升趋势,由 20 世纪 60 年代的 31.43 亿 m³ 上升到 20 世纪 70 年代的 33.95 亿 m³;自 20 世纪 70 年代后呈现出下降趋势,由 33.95 亿 m³ 下降到 80 年代的 33.58 亿 m³;90 年代回升,2010 年下降,直到 2015 年增加到 30.01 亿 m³。从表 6.5 中可知,1960～1969 年以及 2011～2015 年的极值比较大,分别为 1.98 和 2.60,说明这两个时期径流量的年际变化较大。

表 6.5 中游茅台站不同年份径流量变化特征

年份	年均流量/亿 m³	极大值(年份)/亿 m³	极小值(年份)/亿 m³	极值比	年际变差系数
1960～1969	31.43	41.18(1967)	20.77(1963)	1.98	0.21
1970～1979	33.95	40.46(1975)	25.38(1978)	1.59	0.17
1980～1989	33.58	50.86(1983)	26.21(1981)	1.94	0.22
1990～1999	33.82	44.10(1995)	23.94(1990)	1.84	0.24
2000～2010	27.95	42.50(2000)	21.96(2005)	1.94	0.19
2011～2015	30.01	42.27(2014)	16.25(2011)	2.60	0.37
平均	31.79	50.86(1983)	16.25(2011)	3.13	0.23

2)年际变化趋势及其阶段特征

从图 6.9 中可以看出,茅台站自 20 世纪 60 年代以来多年平均径流量呈现下降趋势,下降的速率为 0.0436 亿 m³/a,20 世纪 90 年代以前茅台站多年平均径流量的变化幅度较小,90 年代之后径流量波动幅度较大。1983 年的径流量达到了多年径流量的最大值,而 2011

年的径流量为多年的最小值。P 值较小，没有达到显著性为 0.1 的水平，说明茅台站径流量减少不显著。

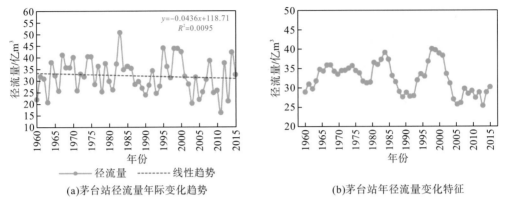

(a)茅台站径流量年际变化趋势

(b)茅台站年径流量变化特征

图 6.9　中游茅台站径流量年际变化趋势及其阶段性特征

　　由图 6.10(a)和表 6.6 可以看出，Kendall 秩相关系数检验的 M 值为 0.86，说明茅台站径流量递减不显著。用 R/S 分析法中的 Hurst 指数来预测茅台站径流量变化后的未来趋势，通过计算可以得出 Hurst 指数为 0.6402，说明未来径流量变化与历史时期和现在保持相同的趋势，即茅台站未来年份的径流量呈现出持续性递减的特征。结合 M 值与 Hurst 指数分析，若茅台站的气候变化和人类活动保持现在的变化趋势或者径流量变化更为剧烈时，赤水河流域的径流量仍将继续保持递减状态。从图 6.10(b)中可以看出径流时间序列在 n=18 a 时（曲线出现明显转折点的位置）出现了明显的拐点，说明径流时间序列的平均循环周期为 18 a。该值表征了径流时间序列系统对初始条件的平均记忆长度，即茅台站的径流量时间序列在 18 a 后将完全失去对初始径流量条件的依赖。

表 6.6　中游茅台站年平均径流变化趋势及其检验

| 水文站 | Kendall 秩相关系数 | | | | 累积滤波器法 | Hurst 指数 | 未来趋势 | 持续时间/a |
	M 值	趋势	Ma	显著性				
茅台站	0.86	下降	1.96	不显著	减少	0.6402	持续减少	18

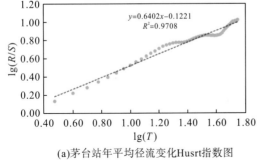

(a)茅台站年平均径流变化Husrt指数图

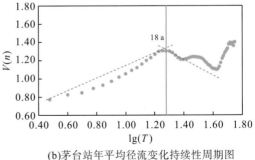

(b)茅台站年平均径流变化持续性周期图

图 6.10　中游茅台站年平均径流变化 Hurst 指数及其持续性周期图

3) 突变年份

由图 6.11(a)可以看出,茅台站多年径流量的变化具有明显的阶段性特征。径流量累积距平值在 2001 年达到最大值,表明赤水河流域的累积距平值在 2001 年发生突变,由此可知流域的降水-径流关系可能发生了改变,因此本书将流域的径流量分为两个大的阶段,分别为 1960~2001 年的丰水阶段(多年平均径流量为 33.42 亿 m³)和 2001~2015 年的枯水阶段(多年平均径流量为 28.64 亿 m³)。以突变年 2001 年为基础,本书使用 Sen 趋势以及 M-K 检验方法分别对突变点前后茅台站的径流量进行了趋势分析,从图 6.11(b)中可知,2001 年以前茅台站径流量的上升速率为 0.11 亿 m³/a,2001 年以后下降速率为 0.10 亿 m³/a,突变前后茅台站的径流量变化都没有达到 0.05 的显著性水平。为了更好地验证径流量的突变年份,本书采用滑动 T 检验方法对茅台站的径流量进行了检验,从滑动 T 检验所识别出的突变点可知,突变年份也为 2001 年［图 6.11(c)］。

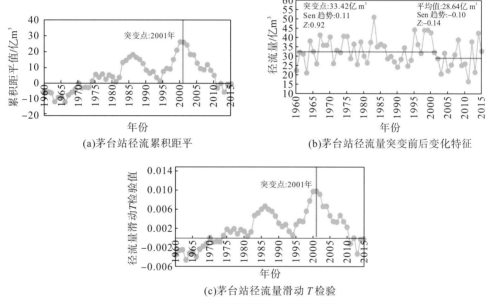

图 6.11 中游茅台站径流量累积距平、突变前后特征及其滑动 T 检验

2. 季节变化

由图 6.12 和表 6.7 可以看出,茅台站除了秋季外,其他季节的多年平均径流量均呈现出减少趋势,递减趋势为冬季(0.0322 亿 m³/a)>春季(0.0178 亿 m³/a)>夏季(0.009 亿 m³/a)。通过 Kendall 秩相关系数检验可以看出,春季多年径流量的 M 值为 2.079,达到了 Z 值为 1.96(P=0.05)的显著性水平,而其他三个季节的多年径流量变化过程都没有达到 Z 值为 1.96(P=0.05)的显著性水平,表明茅台站春季多年平均径流量下降显著,夏季和冬季多年平均径流量下降但不显著,而秋季多年平均径流量上升但不显著。用 Hurst 指数方法对赤水河流域春季、夏季、秋季以及冬季径流量的未来趋势进行预测,预测值分别为 0.6969、0.6324、0.7088 和 0.6911,都大于 0.5,表明流域四季未来径流量的变化趋势与历史时期

和现在保持一致，其中秋季的 Hurst 指数值最大，代表未来时期秋季径流量持续增加的趋势较为明显（图 6.13）。

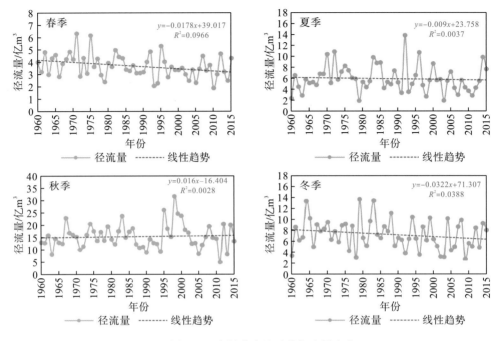

图 6.12   中游茅台站季节径流量变化

从图 6.13 可知，4 个季节径流量均存在着循环周期，其中冬季径流量的循环周期最长，而春季的循环周期最短，说明冬季径流量对初始条件的依赖和记忆时间最久，而春季最小。

表 6.7   中游茅台站季节平均径流变化趋势及其检验

季节	Kendall 秩相关系数				累积滤波器法	Hurst 指数	未来趋势	持续时间/a
	M 值	趋势	Ma	显著性				
春季	2.079	下降	1.96	显著	减少	0.6969	持续减少	8
夏季	0.708	下降	1.96	不显著	减少	0.6324	持续减少	16
秋季	0.229	上升	1.96	不显著	增加	0.7088	持续增加	29
冬季	1.600	下降	1.96	不显著	减少	0.6911	持续减少	45

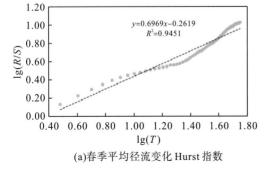

(a)春季平均径流变化 Hurst 指数

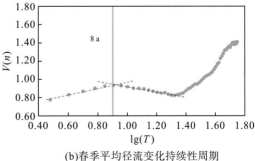

(b)春季平均径流变化持续性周期

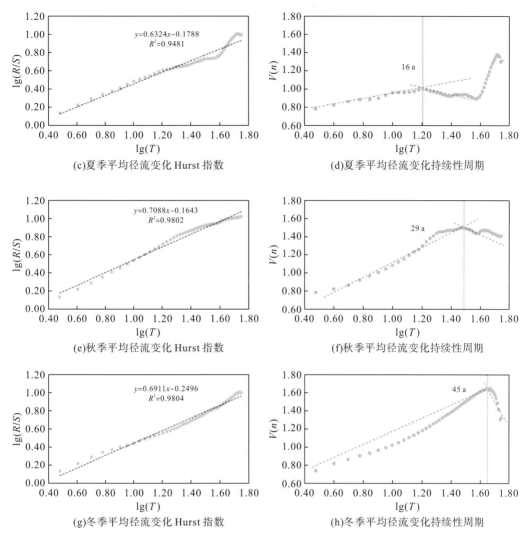

图 6.13　中游茅台站季节平均径流变化 Hurst 指数及其持续性周期图

3. 小波周期特征

从图 6.14（a）中可以看出，赤水河流域茅台站径流量在不同的时间尺度上呈现出丰枯交替变化的趋势，且年径流量时间序列具有较强的多时间尺度特征，主要表现为 8～18 a 和 25～40 a 的震荡周期，其中 25～40 a 震荡周期的信号能量相对较强，周期性最为明显，而 8～18 a 时间尺度的信号能量相对偏弱，周期性存在局部显著的特征。具体来说径流量在 28 a 左右年代际变化的震荡周期最为显著，形成了两个高震荡周期和一个低震荡中心，高震荡周期位于 1963～1978 年以及 2001～2012 年，径流量在这两个时期内呈现出正相位，表明径流量偏多；而 1982～1998 年径流量呈现出负相位，表示径流量偏少。8～18 a 时间尺度信号能量较弱，年正负相位转换周期变化较小，但自 1980 年之后周期性更替更加显著。图 6.14（b）显示茅台站径流量分别对应着 12 a、28 a 以及 48 a 的峰值，其中 28 a 赤水河流域茅台站的方差值最大，说明 28 a 是赤水河流域茅台站径流量变化的第一主周期，而 12 a 是第二主周期, 48 a 是第三主周期。

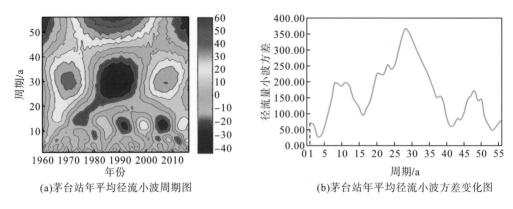

(a)茅台站年平均径流小波周期图 　　　　(b)茅台站年平均径流小波方差变化图

图 6.14　中游茅台站年平均径流小波周期图及方差图

6.2.3　干流下游赤水站

1. 年际变化

1)年际变化及其阶段特征

赤水河流域下游赤水站 1957～2015 年径流量统计特征值见表 6.8。由表 6.8 可知,赤水站多年平均径流量为 77.49 亿 m^3,年际变差系数为 0.21,年际变化较大。径流量极大值为 124.9975 亿 m^3,出现在 1968 年,极小值为 39.5094 亿 m^3,出现在 2011 年。各年份径流量呈现出两个阶段,其中 1957～1989 年径流量呈现出上升趋势,由 20 世纪 50 年代的 74.40 亿 m^3 上升到 20 世纪 80 年代的 81.99 亿 m^3;自 20 世纪 90 年代起径流量呈现出下降趋势,由 80.53 亿 m^3 下降到 2015 年的 69.20 亿 m^3。从表 6.8 中可知,1960～1969 年以及 2011～2015 年的极值比较大,分别为 2.53 和 2.54,说明这两个时期径流量的年际变化较大。

表 6.8　干流下游赤水站不同年份径流量变化特征

年份	年均流量/亿 m^3	极大值(年份)/亿 m^3	极小值(年份)/亿 m^3	极值比	年际变差系数
1957～1959	74.40	103.7534(1954)	51.1803(1954)	2.03	0.36
1960～1969	79.12	124.9975(1968)	49.3354(1963)	2.53	0.29
1970～1979	80.74	98.2872(1977)	56.9172(1971)	1.73	0.17
1980～1989	81.99	100.9520(1983)	63.2060(1981)	1.60	0.14
1990～1999	80.53	99.9980(1999)	57.9080(1990)	1.73	0.18
2000～2010	68.46	94.0766(2000)	59.3008(2003)	1.59	0.10
2011～2015	69.20	100.4684(2014)	39.5094(2011)	2.54	0.34
平均	77.49	124.9975(1968)	39.5094(2011)	3.16	0.21

2) 年际变化趋势及其阶段特征

根据干流下游赤水站多年径流量的变化趋势可以看出, 赤水站自 20 世纪 60 年代以来多年平均径流量呈现减少趋势, 减少的速率为 0.18 亿 m³/a, 20 世纪 80 年代赤水河流域的多年平均径流量多高于平均值, 80 年代之后径流量变幅较小。1968 年的径流量达到了多年径流量的最大值, 而 2011 年径流量为多年的最小值。P 值为 0.19, 没有达到显著性为0.1 的水平, 说明赤水站径流量减少不显著(图 6.15)。

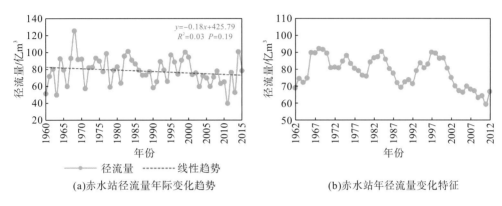

(a)赤水站径流量年际变化趋势　　　　　　(b)赤水站年径流量变化特征

图 6.15　干流下游赤水站径流量年际变化趋势及其阶段性特征

由图 6.16(a) 和表 6.9 可以看出, Kendall 秩相关系数检验的 M 值为 1.437, 说明流域径流量递减不显著。用 R/S 分析法中的 Hurst 指数来预测流域径流量变化后的未来趋势, 通过计算可以得出 Hurst 指数为 0.6983, 说明未来径流量变化与历史时期和现在保持相同的趋势, 即干流赤水站未来年份的径流量呈现出持续递减的特征。结合 M 值与Hurst 指数分析, 若干流赤水站的气候变化和人类活动保持现在的变化趋势或者径流量变化更为剧烈时, 流域的径流量仍将继续保持递减状态。从图 6.16(b) 中可以看出, 流域赤水站径流时间序列在 n=20 a 时(曲线出现明显转折点的位置)出现了明显的拐点, 说明径流时间序列的平均循环周期 T 值为 20 a。T 值表征了径流时间序列系统对初始条件的平均记忆长度, 即赤水河流域径流量时间序列在 20 a 后将完全失去对初始径流量条件的依赖。

表 6.9　干流下游赤水站年平均径流变化趋势及其检验

水文站	Kendall 秩相关系数				累积滤波器法	Hurst 指数	未来趋势	持续时间/a
	M 值	趋势	Ma	显著性				
赤水站	1.437	下降	1.96	不显著	减少	0.6983	持续减少	20

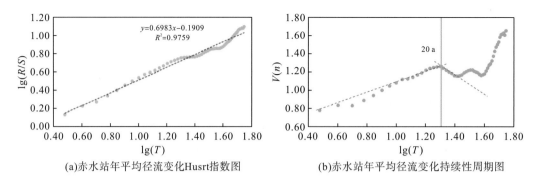

(a)赤水站年平均径流变化Husrt指数图　　(b)赤水站年平均径流变化持续性周期图

图 6.16　干流下游赤水站年平均径流变化 Hurst 指数及其持续性周期图

3) 突变特征

由图 6.17(a)可以看出，干流赤水站多年径流量的变化具有明显的阶段性特征。径流量累积距平值在 2000 年达到最大值，表明赤水河流域的累积距平值在 2000 年发生突变，由此可知流域的降水-径流关系可能发生了改变，因此将流域的径流量分为两个大的阶段，分别为 1960～2000 年的丰水阶段(多年平均径流量为 80.60 亿 m³)和 2000～2015 年的枯水阶段(多年平均径流量为 70.20 亿 m³)。以突变年 2000 年为基础，本书使用 Sen 趋势以及 M-K 检验方法分别对突变点前后赤水河流域的径流量进行了趋势分析，从图 6.17(b)中可知，2000 年以前赤水河流域径流量的上升速率为 0.17 亿 m³/a，2000 年以后下降速率为 0.52 亿 m³/a，突变前后赤水河流域的径流量变化都没有达到 0.05 的显著性水平。为了更好地验证径流量的突变年份，本书采用滑动 T 检验方法对赤水河流域的径流量进行了检验。从滑动 T 检验所甄别出的突变点可知，突变年份也为 2000 年 ［图 6.17(c)］。

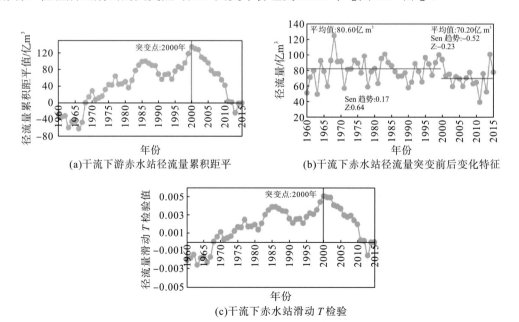

(a)干流下游赤水站径流量累积距平　　(b)干流下赤水站径流量突变前后变化特征

(c)干流下赤水站滑动 T 检验

图 6.17　干流下游赤水站径流量累积距平、突变前后特征及其滑动 T 检验

2. 季节变化

由图 6.18 和表 6.10 可知，赤水河站除了秋季外，其他季节的多年平均径流量均呈现出减少趋势，递减趋势为冬季（0.1105 亿 m³/a）＞夏季（0.0477 亿 m³/a）＞春季（0.032 亿 m³/a）。通过 Kendall 秩相关系数检验可以看出，四个季节的多年平均径流量变化过程都没有达到 Z 值为 1.96（P=0.05）的显著性水平，表明赤水河流域春季、夏季和冬季多年平均径流量下降但不显著，而秋季多年平均径流量上升但不显著。用 Hurst 指数方法对赤水河站春季、夏季、秋季以及冬季径流量的未来趋势进行预测，预测值分别为 0.7151、0.6828、0.6821 和 0.6983，都大于 0.5，表明流域四季径流量的变化趋势与历史时期和现在保持一致，其中春季的 Hurst 指数值最大，代表未来时期春季的径流量降低最为显著（图 6.19）。结合 M 值与 Hurst 指数值的分析结果表明，未来时期内，赤水站春季、夏季以及冬季的径

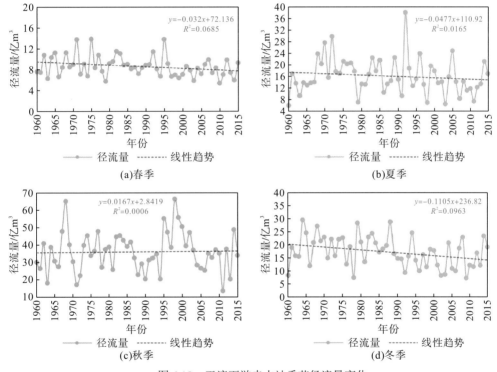

图 6.18　干流下游赤水站季节径流量变化

表 6.10　干流下游赤水站季节平均径流变化趋势及其检验

| 季节 | Kendall 秩相关系数 | | | | 累积滤波器法 | Hurst 指数 | 未来趋势 | 持续时间/a |
	M 值	趋势	Ma	显著性				
春季	1.763	下降	1.96	不显著	减少	0.7151	持续减少	7
夏季	0.947	下降	1.96	不显著	减少	0.6828	持续减少	23
秋季	0.131	上升	1.96	不显著	增加	0.6821	持续减少	21
冬季	1.328	下降	1.96	不显著	减少	0.6983	持续减少	6

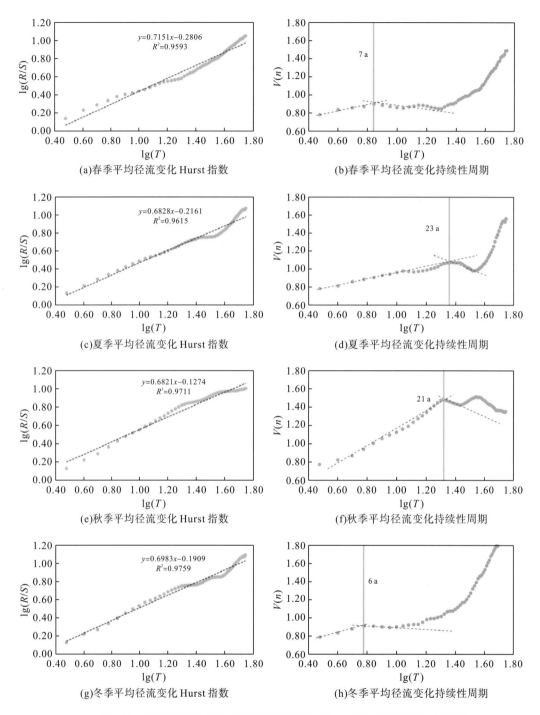

图 6.19　干流下游赤水站季节平均径流变化 Hurst 指数及其持续性周期图

流量将会呈现出持续但不显著减少的趋势，而秋季的径流量将会呈现出持续增加但不显著的趋势。从图 6.19 中可以看出，夏季径流时间序列的持续性时间在 23 a 出现最大的循环周期，说明夏季径流量时间序列系统对初始条件平均记忆长度的时间最长，即夏季径流量时间序列在 23 a 后将完全失去对初始径流量条件的依赖；而冬季径流量时间序列对初始条件平均记忆长度的时间最短，仅为 6 a，说明冬季径流量时间序列对初始条件依赖的循环周期和记忆时间最弱。

3. 小波周期特征

从图 6.20(a)中可以看出，赤水站径流量在不同的时间尺度上呈现出丰枯交替变化的趋势，且年径流量时间序列具有较强的多时间尺度特征，主要表现为 5~10 a 和 18~40 a 的震荡周期，其中 18~40 a 震荡周期的信号能量相对较强，周期性最为明显，而 5~10 a 时间尺度信号的能量相对偏弱，周期性存在局部显著的特征。具体来说，径流量在 28 a 左右年代际变化的震荡周期最为显著，形成了两个高震荡周期和一个低震荡中心，高震荡周期位于 1963~1978 年以及 2002~2012 年，径流量在这两个时期内呈现出正相位，表明径流量偏多；而 1978~1998 年径流量呈现出负相位，表示径流量偏少。5~10 a 时间尺度信号能量较弱，年正负相位转换周期较小，但周期性更替更加明显。从图 6.20(b)中可以看出，赤水站径流量分别对应着 28 a、12 a 以及 43 a 的峰值，其中 28 a 赤水站的方差值最大，说明 28 a 是赤水站径流量变化的第一主周期，而 12 a 是第二主周期，43 a 是第三主周期。

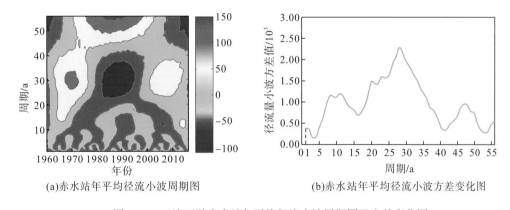

(a)赤水站年平均径流小波周期图　　　　　(b)赤水站年平均径流小波方差变化图

图 6.20　干流下游赤水站年平均径流小波周期图及方差变化图

6.2.4　支流二郎坝站

1. 年际变化

1)年际变化及其阶段特征

桐梓河流域二郎坝站 1975~2015 年的径流量统计特征值见表 6.11。由表 6.11 可知，桐梓河流域多年平均径流量为 14.12 亿 m³，多年平均年际变差系数为 0.31，年际变化较大。径流量极大值为 25.33 亿 m³，出现在 2014 年，极小值为 6.84 亿 m³，出现在 2006 年。各年代际径流量呈现出两个阶段，其中 1975~1989 年径流量呈现出上升趋势，由 20 世纪 70 年代的 14.69 亿 m³ 上升到 20 世纪 80 年代的 14.81 亿 m³；自 20 世纪 90 年代后呈现出下降趋势，由 13.94 亿 m³ 下降到 2011～2015 年的 13.59 亿 m³。从表 6.11 中可知，2000～2010 年以及 2011～2015 年之间的极值比较大，分别为 3.49 和 3.32，说明这两个时期径流的年际变化较大。

表 6.11   支流二郎坝不同年份径流量变化特征

年份	年均流量/亿 m³	极大值(年份)/亿 m³	极小值(年份)/亿 m³	极值比	年际变差系数
1975～1979	14.69	22.36(1977)	10.20(1978)	2.19	0.33
1980～1989	14.81	18.07(1980)	10.08(1981)	1.79	0.17
1990～1999	13.94	19.03(1996)	8.69(1990)	2.19	0.30
2000～2010	13.64	23.88(2000)	6.84(2006)	3.49	0.35
2011～2015	13.59	25.33(2014)	7.63(2011)	3.32	0.49
平均	14.12	25.33(2014)	6.84(2006)	3.70	0.31

2) 年际变化趋势及其阶段特征

由图 6.21 可以看出，自 20 世纪 70 年代以来支流二郎坝站的多年平均径流量呈现减少趋势，减少的速率为 0.05 亿 m³/a，进入 21 世纪桐梓河流域的多年平均径流量多高于平均值，之后径流量变幅较小。2014 年的径流量达到了多年径流量的最大值，而 2006 年径流量为多年径流量的最小值。P 值为 0.37，没有达到显著性为 0.1 的水平，说明桐梓河流域径流量减少不显著。

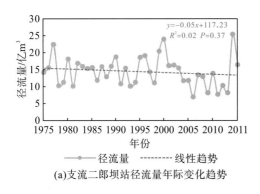

(a)支流二郎坝站径流量年际变化趋势   (b)支流二郎坝站径流量年际变化阶段性特征

图 6.21   支流二郎坝站径流量年际变化趋势及其阶段性特征

由图 6.22(a) 和表 6.12 可以看出，Kendall 秩相关系数检验的 M 值为 0.967，说明桐梓河流域径流量递减不显著。用 R/S 分析法中的 Hurst 指数预测桐梓河流域径流量变化后的未来趋势，通过计算可以得出 Hurst 指数为 0.7412，说明未来径流量变化与历史时期和现在保持相同的趋势，即桐梓河流域未来年份的径流量呈现出持续递减的特征。结合 M 值与 Hurst 指数分析，如桐梓河流域的气候变化和人类活动保持现在的变化趋势或者径流量变化更为剧烈时，流域的径流量仍然继续保持递减状态。从图 6.22(b) 中可以看出，流域径流时间序列没有出现明显的拐点，说明径流的时间序列系统对初始条件的平均记忆长度不存在。

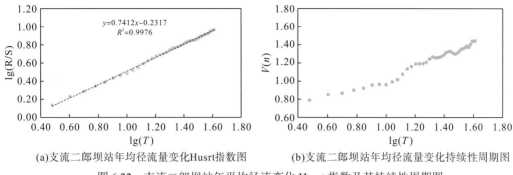

(a)支流二郎坝站年均径流量变化Husrt指数图　　(b)支流二郎坝站年均径流量变化持续性周期图

图 6.22　支流二郎坝站年平均径流变化 Hurst 指数及其持续性周期图

表 6.12　支流二郎坝站年平均径流变化趋势及其检验

| 水文站 | Kendall 秩相关系数 | | | | 累积滤波器法 | Hurst 指数 | 未来趋势 | 持续时间 |
	M 值	趋势	Ma	显著性				
二郎坝站	0.967	下降	1.96	不显著	减少	0.7412	持续减少	—

3) 突变特征

由图 6.23(a) 可以看出,桐梓河流域多年径流量的变化具有明显的阶段性特征。径流量累积距平值在 2003 年达到最大值,表明桐梓河流域的累积距平值在 2003 年发生突变,由此可知流域的降水-径流关系在 2003 年可能发生了改变,因此本书将流域的径流量分为两个大的阶段,分别为 1975~2003 年的丰水阶段(多年平均径流量为 15.26 亿 m^3)和 2003~2015 年的枯水阶段(多年平均径流量为 12.44 亿 m^3)。以突变年 2003 年为基础,本书使用 Sen 趋势以及 M-K 检验方法分别对突变点前后桐梓河流域的径流量进行了趋势分析。从图 6.23(b) 中可知,2003 年以前桐梓河流域径流量的上升速率为 0.06 亿 m^3/a,

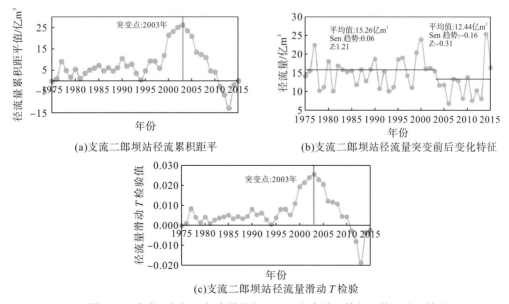

(a)支流二郎坝站径流累积距平　　　　　(b)支流二郎坝站径流量突变前后变化特征

(c)支流二郎坝站径流量滑动 T 检验

图 6.23　支流二郎坝站径流量累积距平、突变前后特征及其滑动 T 检验

2003 年以后下降速率为 0.16 亿 m³/a，突变前后桐梓河流域的径流量都没有达到 0.05(Z=1.96)的显著性水平。为了更好地验证径流量的突变年份，本书采用滑动 T 检验方法对桐梓河流域的径流量进行了检验，从滑动 T 检验所甄别出的突变点可知，突变年份也为 2003 年［图 6.23(c)］。

2. 季节变化

由图 6.24 和表 6.13 可知，桐梓河流域二郎坝站多年季节径流量都呈现出减少趋势，递减趋势为冬季(0.0265 亿 m³/a)＞夏季(0.0148 亿 m³/a)＞春季(0.0037 亿 m³/a)＞秋季(0.0003 亿 m³/a)。通过 Kendall 秩相关系数检验可知，四个季节的多年径流量变化过程都没有达到 Z 值为 1.96(P=0.05)的显著性水平，表明桐梓河流域春季、夏季、秋季和冬季的径流量下降均不显著。用 Hurst 指数方法对二郎坝站春季、夏季、秋季以及冬季径流量未来的变化趋势进行预测，预测值分别为 0.6668、0.5275、0.7880 和 0.7412，都大于 0.5，表明流域四季径流量的变化趋势与历史时期和现在保持一致，其中秋季的 Hurst 指数值最大，代表未来时期秋季的径流量降低最为显著。结合 M 值与 Hurst 指数值的分析结果表明，未来时期，桐梓河流域春季、夏季、秋季以及冬季的径流量将会呈现出持续但不显著的减少趋势。从图 6.25 中可以看出，秋季径流时间序列的持续性时间在 21 a 出现最大的循环周期，说明秋季径流量时间序列系统对初始条件平均记忆长度的时间最长，即秋季径流量时间序列在 21 a 后将完全失去对初始径流量条件的依赖；而春季径流量时间序列对初始条件平均记忆长度的时间最短，仅为 7 a，说明春季径流量时间序列对初始条件依赖的循环周期和记忆时间最弱，而夏季和冬季则不存在循环周期。

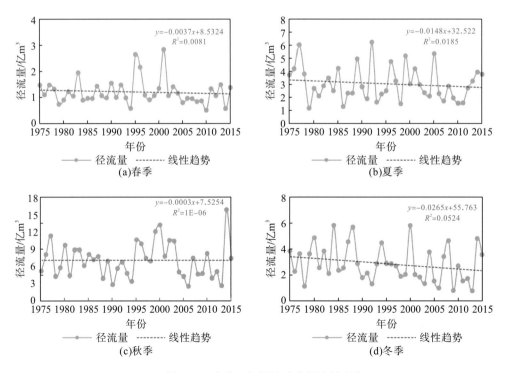

图 6.24　支流二郎坝站季节径流量变化

表 6.13　支流二郎坝站季节平均径流变化趋势及其检验

| 季节 | Kendall 秩相关系数 | | | | 累积滤波器法 | Hurst 指数 | 未来趋势 | 持续时间/a |
	M 值	趋势	Ma	显著性				
春季	1.059	下降	1.96	不显著	减少	0.6668	持续减少	7
夏季	0.810	下降	1.96	不显著	减少	0.5275	持续减少	—
秋季	0.580	下降	1.96	不显著	减少	0.7880	持续减少	21
冬季	1.952	下降	1.96	不显著	减少	0.7412	持续减少	—

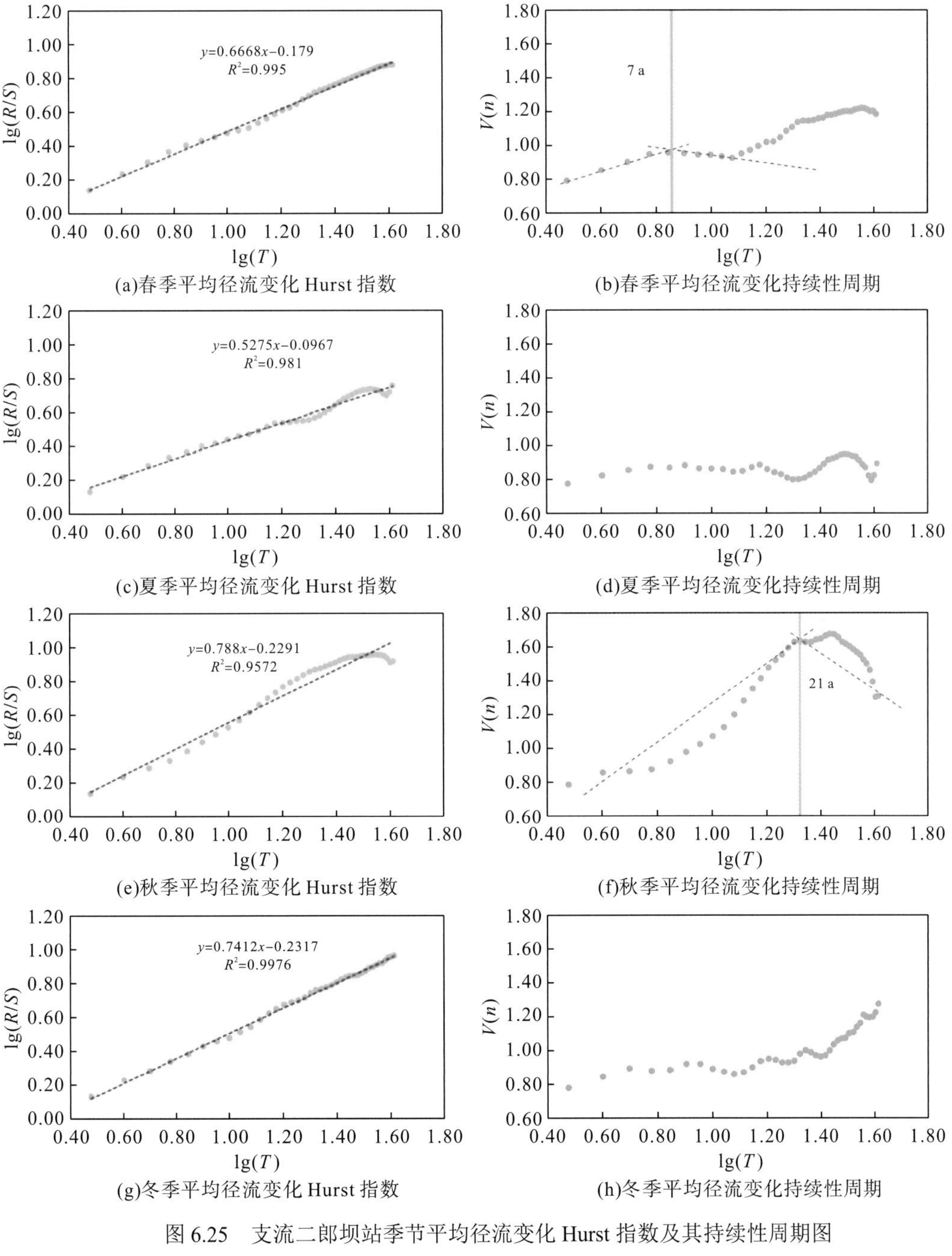

(a)春季平均径流变化 Hurst 指数

(b)春季平均径流变化持续性周期

(c)夏季平均径流变化 Hurst 指数

(d)夏季平均径流变化持续性周期

(e)秋季平均径流变化 Hurst 指数

(f)秋季平均径流变化持续性周期

(g)冬季平均径流变化 Hurst 指数

(h)冬季平均径流变化持续性周期

图 6.25　支流二郎坝站季节平均径流变化 Hurst 指数及其持续性周期图

3. 小波周期特征

从图 6.26(a)中可以看出,桐梓河流域二郎坝站径流量在不同的时间尺度上呈现出丰枯交替变化的趋势,且年径流量时间序列具有较强的多时间尺度特征,主要表现为 8~17 a 和 18~30 a 的震荡周期,其中 18~30 a 震荡周期的信号能量相对较强,周期性最为明显,而 8~17 a 时间尺度的信号能量相对偏弱,周期性存在局部显著的特征。具体来说,径流量在 22 a 左右年代际变化的震荡周期最为显著,形成了两个高震荡周期和一个低震荡中心,高震荡周期位于 1977~1982 年以及 2006~2014 年,径流量在这两个时期内呈现出正相位,表明径流量偏多;而 1988~2001 年径流量呈现出负相位,表示径流量偏少。8~17 a 时间尺度能量较弱,年正负相位转换周期较小,但自 1998 年后周期性更替变化较为显著。图 6.26(b)显示桐梓河流域径流量分别对应着 22 a 和 14 a 的峰值,其中 22 a 桐梓河流域的方差值最大,说明 22 a 是桐梓河流域径流量变化的第一主周期,而 14 a 是第二主周期。

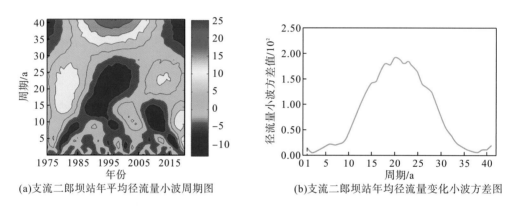

(a)支流二郎坝站年平均径流量小波周期图 (b)支流二郎坝站年平均径流量变化小波方差图

图 6.26 支流二郎坝站年平均径流小波周期图及方差变化图

6.3 泥沙变化特征

6.3.1 干流下游赤水站

1. 年际变化

1)输沙量年际变化及其阶段特征

赤水河流域赤水站 1957~2015 年的输沙量统计特征值见表 6.14。由表 6.14 可知,赤水站多年平均输沙量为 513.74 万 t,年际变差系数为 0.74,年际变化波动强烈。输沙量极大值为 1607.7339 万 t,出现在 1995 年,极小值为 47.9564 万 t,出现在 1960 年。各年代输沙量整体上呈现出两个大的阶段,其中 1957~1979 年输沙量呈现出上升趋势,由 20 世纪 50 年代的 530.12 万 t 上升到 20 世纪 70 年代的 647.58 万 t;自 20 世纪 80 年代起输沙量呈略微上升趋势,由 581.11 万 t,上升到 90 年代的 692.59 万 t;之后输沙量呈现出急剧下

降趋势，由 90 年代的 692.59 万 t 下降到 2011~2015 年的 218.75 万 t，年输沙量减少了
63.65%。流域输沙量变差系数的变动范围为 0.31~0.91，1960~1969 年输沙量的变差系数
最大，其值为 0.91，说明 20 世纪 60 年代输沙量变化剧烈。极值比反映了输沙量最大值与
最小值的比值大小，其值越大，代表输沙量的年际变化越大。从表 6.14 中可知，1960~1969
年以及 2011~2015 年的极值比较大，分别为 2.53 和 2.54，说明这两个时期输沙量的年际
变化较大。

表 6.14 干流下游赤水站不同年份输沙量变化特征

年份	年均输沙量/万 t	极大值(年份)/万 t	极小值(年份)/万 t	极值比	年际变差系数
1957~1959	530.12	1022.4476(1957)	261.2408(1958)	2.03	0.81
1960~1969	540.02	1466.9359(1967)	47.9564(1960)	2.53	0.91
1970~1979	647.58	1429.2904(1977)	114.6759(1971)	1.73	0.63
1980~1989	581.11	1560.8241(1983)	252.9450(1986)	1.60	0.64
1990~1999	692.59	1607.7339(1995)	242.5040(1994)	1.73	0.57
2000~2010	272.72	369.3375(2007)	132.7469(2003)	1.59	0.31
2011~2015	218.75	371.1277(2014)	81.1232(2011)	2.54	0.56
平均	513.74	1607.7339(1995)	47.9564(1960)	33.52	0.74

2) 年际变化趋势及其阶段特征

由图 6.27 可以看出，赤水河流域赤水站自 20 世纪 60 年代以来多年平均输沙量呈现
减少趋势，减少的速率为 5.79 万 t/a，进入 21 世纪赤水站的输沙量多低于多年平均值，之
后输沙量变幅较小。1995 年以前多年平均输沙量波动幅度较大，1995 年之后多年平均输
沙量波动幅度较小。1995 年的输沙量达到了多年输沙量的最大值，而 1960 年的输沙量为
多年输沙量的最小值。P 值为 0.07，没有达到显著性为 0.1 的水平，说明赤水河流域赤水
站的输沙量减少不显著。

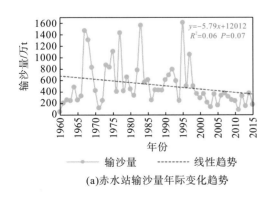

(a)赤水站输沙量年际变化趋势

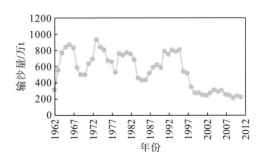

(b)赤水站输沙量年际变化阶段性特征

图 6.27 干流下游赤水站输沙量年际变化趋势及其阶段性特征

由图 6.28(a)和表 6.15 可以看出，Kendall 秩相关系数检验的 M 值为 2.068，说明赤水站 1960～2015 年输沙量呈现显著减少趋势。用 R/S 分析法中的 Hurst 指数预测赤水站输沙量变化后的未来趋势，通过计算可以得出 Hurst 指数为 0.7908，显著大于赤水站径流量的持续性(0.6983)，说明未来泥沙量变化与历史时期和现在保持相同的趋势，即赤水站未来年份的输沙量呈现出持续性显著递减的特征。结合 M 值与 Hurst 指数分析，若赤水站的气候变化和人类活动保持现在的变化趋势或者输沙量变化更为剧烈时，赤水站的输沙量仍将继续保持显著递减状态。从图 6.28(b)中可以看出，赤水站输沙量时间序列在 $n=10$ a 时(曲线出现明显转折点)出现了明显的拐点，说明输沙量时间序列的平均循环周期 T 值为 10 a。T 值表征了流域输沙量时间序列系统对初始条件的平均记忆长度，即赤水站输沙量时间序列在 10 a 后将完全失去对初始条件输沙量的依赖。

表 6.15　干流下游赤水站年平均输沙变化趋势及其检验

| 水文站 | Kendall 秩相关系数 | | | | 累积滤波器法 | Hurst 指数 | 未来趋势 | 持续时间/a |
	M 值	趋势	Ma	显著性				
赤水站	2.068	下降	1.96	显著	减少	0.7908	持续减少	10

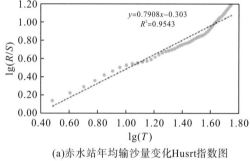

(a)赤水站年均输沙量变化Husrt指数图

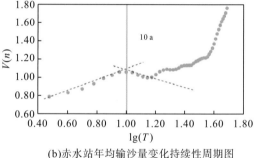

(b)赤水站年均输沙量变化持续性周期图

图 6.28　干流下游赤水站年平均输沙量变化 Hurst 指数及其持续性周期图

3)输沙量突变年份

由图 6.29(a)可以看出，赤水河流域赤水站多年平均输沙量的变化具有明显的阶段性特征。多年输沙量累积距平值在 1997 年达到最大值(显著早于赤水河流域赤水站径流量最大值出现的时间 2000 年)，表明赤水河流域的输沙量累积距平值在 1997 年发生突变，由此可知流域的降水-输沙量关系可能发生了改变，因此本书将流域的输沙量分为 1960～1997 年(多年平均输沙量为 613.66 万 t)和 1997～2015 年(多年平均输沙量为 316.58 万 t)两个阶段，突变年份后的输沙量较突变年份前的输沙量减少了 48.41%。以突变年 1997 年为基础，本书使用 Sen 趋势以及 M-K 检验方法分别对突变点前后赤水站的输沙量进行了趋势分析，从图 6.29(b)中可知，1997 年以前赤水站输沙量的上升速率为 8.41 万 t/a，1997 年以后下降速率为 13.44 万 t/a，其中突变年份后赤水河流域的输沙量达到了 Z 值为 1.96($P=0.05$)的显著性水平，说明赤水站输沙量自 1997 年以后呈现出显著减少趋势。为了更好地验证流域输沙量的突变年份，本书采用滑动 T 检验方法对赤水站的输沙量进行检验，从滑动 T 检验所识别出的突变点可知，突变年份也为 1997 年［图 6.29(c)］。

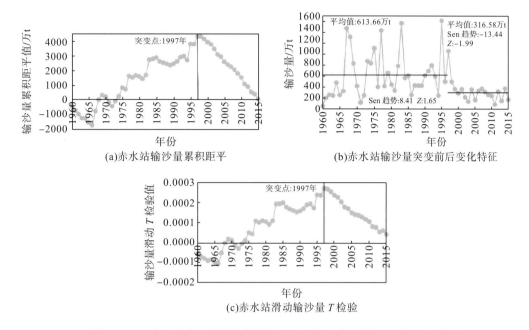

(a)赤水站输沙量累积距平　　　　　　(b)赤水站输沙量突变前后变化特征

(c)赤水站滑动输沙量 T 检验

图 6.29　干流下游赤水站输沙量累积距平、突变前后特征及其滑动 T 检验

2. 季节变化

由图 6.30 和表 6.16 可以看出，赤水站多年季节输沙量都呈现出减少趋势，递减趋势为秋季（3.2977 万 t/a）＞夏季（1.554 万 t/a）＞冬季（0.9625 万 t/a）＞春季（0.0031 万 t/a）。通过 Kendall 秩相关系数检验可以看出，夏季和冬季多年输沙量的 M 值分别为 2.177 和 1.992，达到了 Z 值为 1.96（$P=0.05$）的显著性水平，而春季和秋季多年输沙量的 M 值分别为 0.425 和 1.426，没有达到 Z 值为 1.96（$P=0.05$）的显著性水平，说明赤水站的输沙量自 1960 年以来，夏季和冬季的输沙量呈现出显著下降的趋势，而春季和秋季的输沙量没有达到显著下降水平。本书使用 Hurst 指数方法对赤水站春季、夏季、秋季以及冬季输沙量的未来趋势进行预测，预测值分别为 0.6665、0.7864、0.7278 和 0.6731，都大于 0.5，表明流域四季输沙量的变化趋势与历史时期和现在保持一致，其中夏季的 Hurst 指数值最大，代表未来时期夏季的输沙量持续性降低最为显著。结合 M 值与 Hurst 指数值的分析结果表明，未来时期，赤水站夏季和冬季的输沙量将会呈现出持续且显著减少的趋势，而春季和秋季的输沙量将会呈现出持续但不显著减少的趋势。从图 6.31 中可以看出，赤水站春季输沙量时间序列对初始条件不存在依赖性，秋季输沙量时间序列的持续性时间在 10 a 尺度上出现最大的循环周期，说明秋季输沙量时间序列系统对初始条件平均记忆长度的时间最长，即秋季输沙量时间序列在 10 a 后将完全失去对初始输沙条件的依赖；而夏季和冬季赤水站输沙量时间序列对初始条件平均记忆长度的时间相差不大，仅相差 1 a。

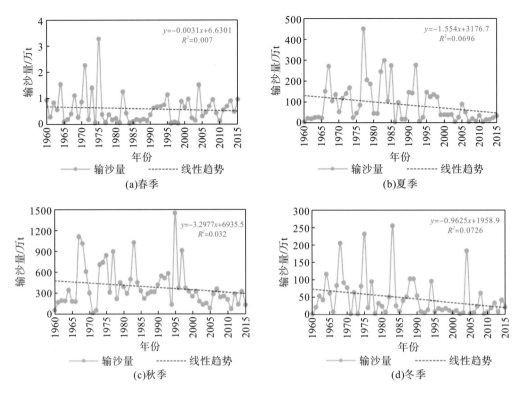

图 6.30　干流下游赤水站季节输沙量变化

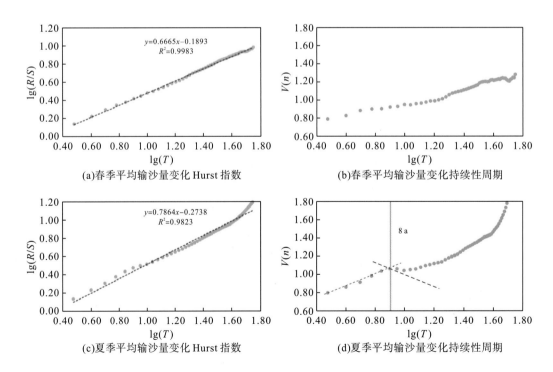

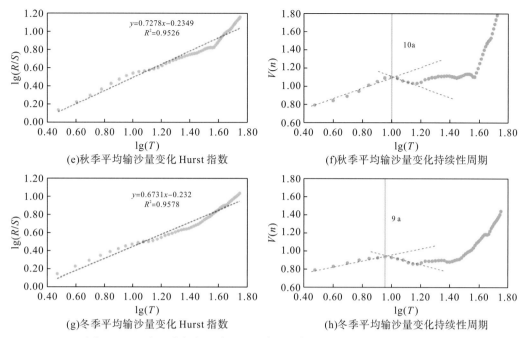

图 6.31　干流下游赤水站季节平均输沙量变化 Hurst 指数及其持续性周期图

表 6.16　干流下游赤水站季节平均泥沙变化趋势及其检验

季节	Kendall 秩相关系数				累积滤波器法	Hurst 指数	未来趋势	持续时间/a
	M 值	趋势	Ma	显著性				
春季	0.425	下降	1.96	不显著	减少	0.6665	持续减少	—
夏季	2.177	下降	1.96	显著	减少	0.7864	持续减少	8
秋季	1.426	下降	1.96	不显著	减少	0.7278	持续减少	10
冬季	1.992	下降	1.96	显著	减少	0.6731	持续减少	9

3. 输沙量不同时间尺度小波分析

赤水河流域赤水站输沙量在不同的时间尺度上呈现出丰枯交替变化的特征，且年输沙量时间序列具有较强的多时间尺度特征，主要表现为 5～10 a 和 20～30 a 的震荡周期，其中 20～30 a 震荡周期的信号能量相对较强，周期性最为明显，而 5～10 a 震荡周期的信号能量相对偏弱，周期性存在局部显著的特征。具体来说，输沙量在 23 a 左右年代际变化的震荡周期最为显著，形成了两个高震荡周期和一个低震荡中心，高震荡周期位于 1968～1975 年以及 1992～2000 年，输沙量在这两个时期呈现出正相位，表明年输沙量偏多；而1982～1985 年输沙量呈现出负相位，表明年输沙量偏少。5～10 a 时间尺度信号能量较弱，年正负相位转换周期较短但周期性更替变化较为显著，其中在 1960～1989 年周期性变化极为显著［图 6.32（a）］。图 6.32（b）显示赤水站输沙量分别对应着 23 a、18 a、27 a 以及 8 a 的峰值，其中 23 a 输沙量的方差值最大，说明 23 a 是赤水站输沙量变化的第一主周期，而 18 a 是第二主周期，27 a 是第三主周期，8 a 是第四主周期，其中第四主周期在小波周期图上的变化最为明显。

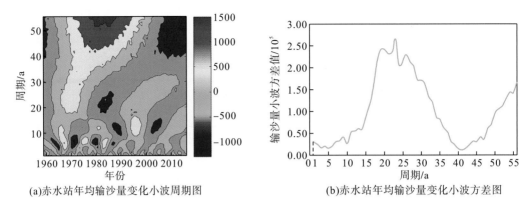

(a)赤水站年均输沙量变化小波周期图   (b)赤水站年均输沙量变化小波方差图

图6.32 干流下游赤水站年均输沙量变化小波周期图及方差变化图

6.3.2 支流二郎坝站

1. 年际变化

1)输沙量年际变化及其阶段特征

桐梓河流域二郎坝站1975～2015年的输沙量统计特征值见表6.17。由表6.17可知，桐梓河流域二郎坝站多年平均输沙量为64.68万t，年际变差系数为1.33，输沙量年际变化波动强烈。输沙量极大值为478.01万t，出现在1977年，极小值为0.44万t，出现在2012年。各年代际输沙量整体上呈现出三个大的阶段，其中1975～1989年输沙量呈现出下降趋势，由20世纪70年代的647.58万t下降到20世纪80年代的581.11万t；自20世纪80年代后呈现出急剧增长趋势，90年代达到历史时期的最大值，其值为692.59万t；90年代后呈现出急剧下降趋势，由90年代的692.59万t下降到2010～2015年的218.75万t。二郎坝站输沙量变差系数的变动范围为0.38～1.99，2011～2015年输沙量的变差系数最大，其值为1.99，说明此时期输沙量变化剧烈。从表6.17中可知，1990～1999年以及2011～2015年的极值比较大，分别为19.89和85.35，说明这两个时期输沙量的年际变化较大。

表6.17 桐梓河流域二郎坝站不同年份输沙量变化特征

年份	年均输沙量/万t	极大值(年份)/万t	极小值(年份)/万t	极值比	年际变差系数
1975～1979	647.58	478.01(1977)	42.50(1979)	11.25	0.96
1980～1989	581.11	165.80(1987)	24.92(1981)	6.65	0.38
1990～1999	692.59	108.72(1992)	5.46(1993)	19.89	0.91
2000～2010	272.72	93.56(2000)	6.24(2006)	14.99	0.93
2011～2015	218.75	37.61(2014)	0.44(2012)	85.35	1.99
平均	64.68	478.01(1977)	0.44(2012)	1084.89	1.33

2)年际变化趋势及其阶段特征

由图6.33可以看出，二郎坝站自20世纪70年代以来多年平均输沙量呈现减少趋势，减少的速率为4.13万t/a，进入21世纪赤水河流域的多年平均输沙量多高于平均值，之后输沙量变幅较小。2000 年以前多年平均输沙量波动幅度较大，2000 年之后多年平均输沙量波动幅度较小。1977 年的输沙量达到了多年输沙量的最大值，而 2012 年输沙量为多年的最小值。P 值小于 0.001，达到数理统计分析中的极显著下降水平，说明桐梓河流域二郎坝站输沙量在历史时期呈现出极显著减少的趋势。

由图 6.34(a)和表 6.18 可以看出，Kendall 秩相关系数检验的 M 值为 4.964，说明桐梓河流域二郎坝 1975～2015 年输沙量呈现显著减少趋势。用 R/S 分析法中的 Hurst 指数预测桐梓河流域二郎坝站输沙量变化后的未来趋势，通过计算可以得出 Hurst 指数为 0.8217，说明未来泥沙量变化与历史时期和现在保持相同的趋势，即桐梓河流域未来年份的输沙量呈现出持续性显著递减的特征。结合 M 值与 Hurst 指数分析，若桐梓河流域的气候变化和人类活动保持现在的变化趋势或者输沙量变化更为剧烈时，流域的输沙量仍然继续保持显著递减状态。从图 6.34(b)中可以看出，二郎坝站输沙量时间序列在 $n=10$ a 时(曲线出现明显转折点)出现了明显的拐点，说明输沙量时间序列的平均循环周期 T 值为 10 a。T 值表征了流域输沙量时间序列系统对初始条件的平均记忆长度，即桐梓河流域输沙量时间序列在 10 a 后将完全失去对初始条件的依赖。

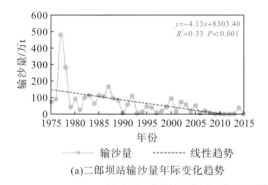

(a)二郎坝站输沙量年际变化趋势　　　　　(b)二郎坝站输沙量年际变化阶段性特征

图 6.33　桐梓河流域二郎坝站输沙量年际变化趋势及其阶段性特征

表 6.18　桐梓河流域二郎坝站年平均输沙变化趋势及其检验

水文站	Kendall 秩相关系数				累积滤波器法	Hurst 指数	未来趋势	持续时间/a
	M 值	趋势	Ma	显著性				
二郎坝站	4.964	下降	1.96	显著	减少	0.8217	持续减少	10

(a)二郎坝站年均输沙量变化Hurst指数图　　　(b)二郎坝站年均输沙量变化持续性周期图

图 6.34　桐梓河流域二郎坝站年平均输沙量变化 Hurst 指数及其持续性周期图

3）输沙量突变年份

由图 6.35（a）可以看出，二郎坝水文站多年平均输沙量变化具有明显的阶段性特征。多年输沙量累积距平值在 1989 年达到最大值（显著早于桐梓流域二郎坝站径流量最大值出现的时间 2003 年），表明桐梓河流域二郎坝站的输沙量累积距平值在 1989 年发生突变，由此可知流域的降水-输沙量关系可能发生了改变，因此本书将流域的输沙量分为 1975～1989 年（多年平均输沙量为 130.91 万 t）和 1989～2015 年两个阶段（多年平均输沙量为 30.34 万 t），突变年份后的输沙量较突变年份前的输沙量减少了 76.82%。以突变年 1989 年为基础，本书使用 Sen 趋势以及 M-K 检验方法分别对突变点前后二郎坝站的输沙量进行趋势分析，从图 6.35（b）中可知，1989 年以前二郎坝站输沙量的上升速率为 1.72 万 t/a，1989 年以后下降速率为 1.57 万 t/a，其中突变年份后桐梓河流域的输沙量达到 Z 值为 1.96（P=0.05）的显著性水平，说明桐梓河流域二郎坝站输沙量自 1989 年以后呈现出极显著减少趋势。

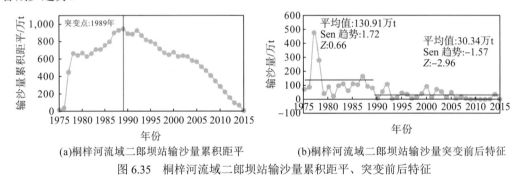

（a）桐梓河流域二郎坝站输沙量累积距平　　　（b）桐梓河流域二郎坝站输沙量突变前后特征

图 6.35　桐梓河流域二郎坝站输沙量累积距平、突变前后特征

2. 季节变化

由图 6.36 和表 6.19 可知，二郎坝站流域多年季节输沙量都呈现出减少趋势，递减趋势为秋季（2.5755 万 t/a）＞夏季（1.293 万 t/a）＞冬季（0.2895 万 t/a）＞春季（0.0012 万 t/a）。通过 Kendall 秩相关系数检验可以看出，夏季、秋季和冬季多年输沙量的 M 值分别为 4.669、4.697 和 4.246，不仅达到了 Z 值为 1.96（P=0.05）的显著性水平，而且达到了 Z 值为 2.57（P=0.001）的显著性水平；春季多年输沙量的 M 值为 1.345，没有达到 Z 值为 1.96（P=0.05）的显著性水平。说明二郎坝站的输沙量自 1960 年以来，夏季、秋季和冬季的输沙量呈现出显著下降的趋势，而春季的输沙量没有达到显著下降水平。本书使用 Hurst 指数方法对桐梓河流域春季、夏季、秋季以及冬季输沙量的未来趋势进行预测，预测值分别为 0.9614、0.7323、0.7722 和 0.7880，都大于 0.5，表明流域四季输沙量的变化趋势与历史时期和现在保持一致，其中春季的 Hurst 指数值最大，代表未来时期春季的输沙量持续性降低最为明显。结合 M 值与 Hurst 指数值的分析结果表明，未来时期内，桐梓河流域夏季、秋季和冬季的输沙量将会呈现出持续且显著减少的趋势，而春季的输沙量将会呈现出持续但不显著减少的趋势。从图 6.37 中可以看出，春季、秋季以及冬季输沙量时间序列对初始条件不存在依赖性，夏季输沙时间序列的持续性时间在 8 a 尺度上出现最大的循环周期，说明夏季输沙量时间序列系统对初始条件平均记忆长度的时间为 8 a，即夏季输沙量时间序列在 8 a 之后将完全失去对初始条件的依赖。

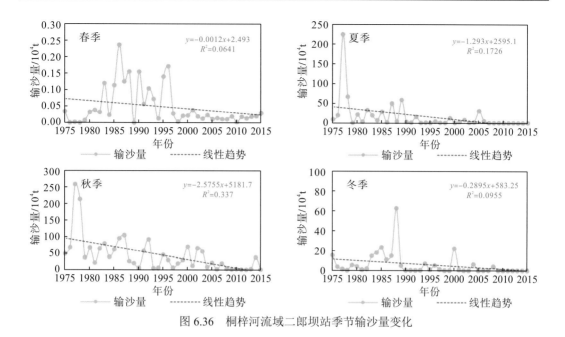

图 6.36　桐梓河流域二郎坝站季节输沙量变化

表 6.19　桐梓河流域二郎坝站季节平均泥沙变化趋势及其检验

| 季节 | Kendall 秩相关系数 | | | | 累积滤波器法 | Hurst 指数 | 未来趋势 | 持续时间/a |
	M 值	趋势	Ma	显著性				
春季	1.345	下降	1.96	不显著	减少	0.9614	持续减少	—
夏季	4.669	下降	1.96	显著	减少	0.7323	持续减少	8
秋季	4.697	下降	1.96	显著	减少	0.7722	持续减少	—
冬季	4.246	下降	1.96	显著	减少	0.7880	持续减少	—

$y=0.9614x-0.4203$
$R^2=0.9857$

(a)春季平均输沙量变化 Hurst 指数

(b)春季平均输沙量变化持续性周期

$y=0.7323x-0.2449$
$R^2=0.9976$

8 a

(c)夏季平均输沙量变化 Hurst 指数

(d)夏季平均输沙量变化持续性周期

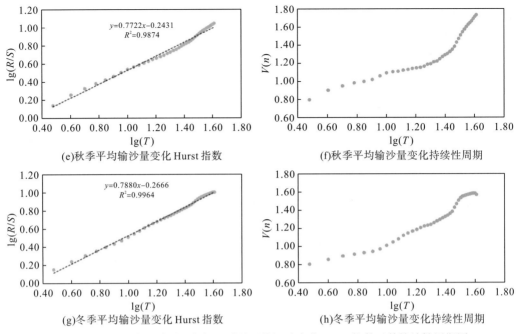

(e)秋季平均输沙量变化 Hurst 指数　　　　　(f)秋季平均输沙量变化持续性周期

(g)冬季平均输沙量变化 Hurst 指数　　　　　(h)冬季平均输沙量变化持续性周期

图 6.37　桐梓河流域二郎坝站季节平均泥沙变化 Hurst 指数及其持续性周期图

3. 输沙量不同时间尺度小波分析

桐梓河流域二郎坝站输沙量在不同时间尺度上呈现出丰枯交替变化的特征,主要表现为 5～15 a 的震荡周期。其中 5～15 a 震荡周期的信号能量相对较强,周期性最为明显。具体来说,径流量在 12 a 左右年际变化的震荡周期最为显著,形成了两个高震荡周期和一个低震荡中心,高震荡周期位于 1976～1979 年以及 1986～1992 年,输沙量在这两个时期内呈现出正相位,表明输沙量偏多;而 1979～1985 年输沙量呈现出负相位表明年输沙量偏少［图 6.38(a)］。图 6.38(b)显示二郎坝站输沙量对应着 12 a 的峰值,说明 12 a 是桐梓河流域二郎坝站输沙量变化的主周期。

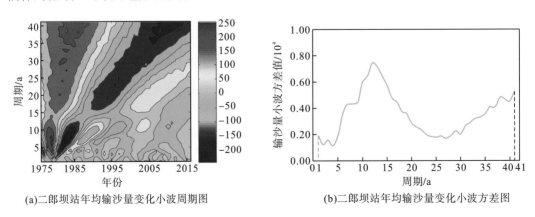

(a)二郎坝站年均输沙量变化小波周期图　　　　　(b)二郎坝站年均输沙量变化小波方差图

图 6.38　桐梓河流域二郎坝站年平均输沙量小波周期图及方差变化图

6.4　水　质　现　状

由于只收集到了赤水河流域上游断面的水质情况数据，因此本书只分析了上游的水质情况。上游是指从源头毕节市林口镇鸡鸣三省革命纪念地，至中游仁怀市茅台镇沙滩乡的河段。根据《贵州省水功能区划》，该河段分属于两个功能区，分别是赤水河滇黔川缓冲区和赤水河仁怀保留区。其中赤水河滇黔川缓冲区，从鸡鸣三省革命纪念地到仁怀小河口，河段长 133 km，为滇、黔、川三省区界河，该水功能区水质目标为Ⅱ类，据 2006 年贵州省水环境监测中心监测成果，2006 年赤水河滇黔川缓冲区水质现状为Ⅱ类水质；赤水河仁怀保留区，起始于仁怀小河口，至元厚大福寺，全长 93 km，水质目标为Ⅱ类，2006 年全年水质状况为Ⅱ类水质。

赤水河上游河段流域面积在 300 km^2 以上的支流，有二道河、水边河、长堰河、五马河。

(1)二道河。二道河发源于大方县后山，经毕节、金沙，至青杠坡电站汇入赤水河，全长 72 km，流域面积 1353 km^2，是赤水河上游最大的一条支流。根据《贵州省水功能区划》，二道河为毕节金沙保留区，水质目标定为Ⅱ类。2005 监测评价结果显示，该河段现状水质较好，为Ⅱ类水质。

(2)水边河。水边河发源于大方县和平乡滥坝，于金沙县保安乡石院子汇入二道河，全长 52 km，流域面积为 495 km^2。根据《贵州省水功能区划》水边河为大方金沙保留区，该河段水质现状为Ⅱ类，水质目标为Ⅲ类。

(3)长堰河。长堰河发源于仁怀市后山乡窄窝沟，于金沙县石路乡小河汇入赤水河，全长 44 km，流域面积为 332 km^2。根据《贵州省水功能区划》长堰河为仁怀金沙保留区，该河段水质现状为Ⅲ类，水质目标为Ⅲ类。

(4)五马河。五马河发源于仁怀市井坝乡冉家坡，流域面积为 447 km^2，河段长 38 km。根据《贵州省水功能区划》五马河为仁怀保留区，水质目标定为Ⅱ类。2005 年 10 月在仁怀市五马镇五马大桥下游约 180 m 采样，监测结果为Ⅱ类水质。

茅台站水质趋势分析结果表明：从 1985～2000 年，总硬度、硫酸盐、高锰酸盐指数、五日生化需氧量、氨氮、溶解氧、氯化物、挥发酚等项目均无显著的上升和下降趋势。

第7章 赤水河流域生态水文过程 对气候和人类活动的响应

本书在分析赤水河流域生态水文过程对气候和人类活动的响应和贡献率时，主要从两个方面进行阐述：①流域生态过程对气候的响应机理及其对气候和人类活动的贡献率，这里的生态过程主要侧重于强调流域的植被过程对气候因子的响应特性，选用的相关分析方法为改进的时滞偏相关分析法，计算植被过程对气候和人类活动的贡献率时采用的方法是残差分析法；②流域水文过程对气候的响应机理，本书主要采用交叉小波分析法分析径流和泥沙对降水的响应特性及其滞后周期，计算流域水文过程对气候和人类活动的贡献率时，采用的是中国科学院地理科学与资源环境研究所王随继提出的累积量斜率变化率比较法。

7.1 响应和贡献率研究方法

7.1.1 植被生态过程对气候和人类活动的响应计算方法

1. 植被生态过程对气候因子的响应计算方法

目前国内外大多数学者都应用偏相关以及时滞偏相关分析法分析植被对气候因子的响应机理，但是他们在分析植被变化与气象要素的响应关系时，多是以气象站点为尺度分析二者之间的响应关系，并没有在空间整体上揭示气温与降水对植被的响应特性，同时也没有得出空间上具体的响应时间。另一个问题是大部分学者在应用时滞互相关分析植被和气候的关系时，并没有注意到 NDVI 与气象要素的相关程度受其他气象因子的影响。考虑到以上两个方面，本书在分析赤水河流域植被与气候之间的关系时对传统的时滞偏相关分析法进行了改进。计算思路如下。

(1)计算研究区不同时滞下 NDVI 与气温和降水之间的相关系数：

$$R_{N\_T} = \frac{\sum\limits_{i=1}^{n-k}(T_i - \overline{T_i})(N_{i+k} - \overline{N_{i+k}})}{\sqrt{\sum\limits_{i=1}^{n-k}(T_i - \overline{T_i})^2 \sum\limits_{i=1}^{n-k}(N_{i+k} - \overline{N_{i+k}})^2}} \tag{7.1}$$

$$R_{N\_P} = \frac{\sum\limits_{i=1}^{n-k}(P_i - \overline{P_i})(N_{i+k} - \overline{N_{i+k}})}{\sqrt{\sum\limits_{i=1}^{n-k}(P_i - \overline{P_i})^2 \sum\limits_{i=1}^{n-k}(N_{i+k} - \overline{N_{i+k}})^2}} \tag{7.2}$$

$$R_{T\_P} = \frac{\sum_{i=1}^{n-k}(T_i - \overline{T_i})(P_{i+k} - \overline{P_{i+k}})}{\sqrt{\sum_{i=1}^{n-k}(T_i - \overline{T_i})^2 \sum_{i=1}^{n-k}(P_{i+k} - \overline{P_{i+k}})^2}} \tag{7.3}$$

式中，R_{N_T}、R_{N_P} 分别为不同滞后时间下 NDVI 与气温和降水量的相关系数；R_{T_P} 为不同滞后时间下气温和降水的相关系数；N_i 为 NDVI 时间序列；P_i 和 T_i 分别为降水和气温长时间序列数据；i 为时间序列的跨度；k 为滞后时间，根据前人的研究成果 $k \leqslant i/4$，由于本书是对赤水河流域的旬数据进行相关分析，因此，本书中 i 为 36，k 的最大值为 9；n 为滞后时间 9 旬。

（2）不同时滞下偏相关序列的计算公式如下：

$$R_{N\_T\_P} = \frac{R_{N\_T} - R_{N\_P}R_{T\_P}}{\sqrt{(1 - R_{N\_P}^2)(1 - R_{T\_P}^2)}} \tag{7.4}$$

$$R_{N\_P\_T} = \frac{R_{N\_P} - R_{N\_P}R_{T\_P}}{\sqrt{(1 - R_{N\_T}^2)(1 - R_{T\_P}^2)}} \tag{7.5}$$

式中，$R_{N\_T\_P}$ 为不同滞后时间剔除降水影响下 NDVI 与气温的偏相关系数；$R_{N\_P\_T}$ 为同滞后时间剔除气温影响下 NDVI 与降水的偏相关系数。

2. 气候和人类活动对生态过程的贡献率计算方法

影响区域植被覆盖变化的因素既有自然因素也有人为因素，其中自然因素中的气温和降水量对植被变化的影响比较明显，人为因素中退耕还林还草的实施无疑是赤水河流域 NDVI 增加的主要原因。为了进一步量化赤水河流域气候因素和人类因素对区域植被的贡献率，本书提出了基于残差分析法甄别赤水河流域影响植被生长的气候因素和人为因素的相对贡献率。使用残差分析法甄别区域植被贡献率的前提是 NDVI 的增长过程与气候因子之间存在明显的相关关系，这样对气候和人为因素贡献率的剥离才有意义。目前国内外大多数学者在使用残差分析法分析 NDVI 与降水和气温的关系时，仅仅是从同一个生长季进行计算，未考虑 NDVI 对降水和气温的滞后效应，这样计算出来的结果很容易夸大人类活动对气候的贡献率。而本书在计算气候变化和人类活动的贡献率时，首先计算了流域 NDVI 对气温和降水的滞后效应。因此，本书使用残差分析来剥离气候因子和人类活动对生态过程的贡献率是可靠的。

残差分析是由 Evans 和 Geerken（2004）提出的，用来区分人类活动和气候变化这两种因素对区域植被的贡献率。该方法以区域多年的气温和降水数据为自变量，多年 NDVI 为因变量建立线性回归方程，用回归模型确定回归系数，之后逐栅格预测温度以及降水对区域 NDVI 的贡献率。在不考虑其他非决定性因子制约的条件下，回归方程计算出的 NDVI 实际值与 NDVI 模拟值之间的残差数值即为人类活动所贡献的部分，基本运算公式为

$$\text{NDVI}' = aP + bT + c \tag{7.6}$$

$$\sigma = \text{NDVI}_c - \text{NDVI}' \tag{7.7}$$

式中，a 和 b 分别为 NDVI 对降水 P 和温度 T 的回归方程的系数；c 为回归方程的常数项；

σ 为区域 NDVI 实测值与预测值的差值，即残差值。

7.1.2 水文过程对气候和人类活动的响应计算方法

1. 水文过程对气候因子的响应计算方法

对于水文过程(泥沙和径流)与气候因子响应关系的分析本书采用的是交叉小波功率谱、交叉小波凝聚谱和位相谱，计算中仍采用 Morlet 小波方法(Torrence and Compo 1998; Grinsted et al., 2004; Li et al., 2013)。

两个时间序列 $X(t)$ 和 $Y(t)$ 之间的交叉小波功率谱可定义为

$$W_{XY}(\alpha,\tau) = C_X(\alpha,\tau) C_Y^*(\alpha,\tau) \tag{7.8}$$

式中，$C_X(\alpha,\tau)$ 为时间序列 $X(t)$ 的小波变换系数；$C_Y^*(\alpha,\tau)$ 为时间序列 $Y(t)$ 小波变换系数的复共轭。交叉小波功率谱能够反映两个时间序列经过小波变换后具有的相同的能量谱区域，从而揭示出两个时间序列在不同频域上相互作用的显著性水平。

另一个用于揭示两个小波变换在时间频域上相干程度的量是交叉小波凝聚谱，这种方法被定义为

$$R^2(\alpha,\tau) = \frac{\left| S\left(\alpha^{-1} W_{XY}(\alpha,\tau) \right) \right|^2}{S\left(\alpha^{-1} W_X(\alpha,\tau) \right) S\left(\alpha^{-1} W_Y(\alpha,\tau) \right)} \tag{7.9}$$

式中，S 为平滑算子；α 为白噪声谱。小波相干谱可以反映出两个小波变换在时频域上的相关程度，表明信号随时间的变动情况。位相位可以反映出两个时间序列在不同时域上的滞后时间。

2. 气候和人类活动对水文过程贡献率的计算方法

王随继等(2012)提出的累积量斜率变化率比较方法的理论原理为，以水文时间序列数据的年份数据为自变量，各因子的累积量为因变量进行斜率变化率的分析。该理论的创新点在于将累积量引入后可以在一定程度上消除实测数据年际以及代际的差异性大小的影响。采用该方法计算气候变化和人类活动对水文过程的贡献率时，首先要确定径流量和泥沙量长时间序列数据的突变年份，突变年份的识别在本书中采用的是累积距平法和滑动 T 检验方法；随后需要计算累积径流量、累积降水量以及累积蒸散量与年份之间的相关关系方程式，根据相关关系方程的斜率变化率可以计算出降水和蒸散发对径流或者泥沙的贡献率；最后使用 100%减去降水和蒸散发(表征气温)两个因子对流域径流量的贡献就可以得到人类活动对径流量或者泥沙量的贡献率。这里需要假设基准期和变异时期降水量的变量为 P，累积降水量与年份之间的一次线性回归方程在突变前后的斜率分别为 S_{pa} 和 S_{pb}，其单位为 mm/a，斜率的变化率为 S_p；区域的蒸散量为 E，累积蒸散量与年份之间的一次线性回归方程在突变点前后的斜率分别为 S_{ea} 和 S_{eb}，其单位为 mm/a，斜率的变化率定义为 S_e；区域的径流量为 R，累积径流量与年份之间的一次线性回归方程在突变点前后的斜率分别为 S_{ra} 和 S_{rb}，其单位为 m³/a，斜率的变化率定义为 K_r。

则降水量对径流量变化的贡献率 C_p(符号为%)，可以定量地表述为

$$C_p = 100 \times (|S_{pa}/S_{pb}|-1)/(|S_{ra}/S_{rb}|-1) \qquad (7.10)$$

蒸散量对径流量变化的贡献率 C_e（符号为%），可以定量地表述为

$$C_e = 100 \times (|S_{ea}/S_{eb}|-1)/(|S_{ra}/S_{rb}|-1) \qquad (7.11)$$

分别计算出以上贡献率之后，可以依据下列方程计算出人类活动对径流量或者泥沙量减少的贡献率：

$$C_h = 100 - C_p - C_e \qquad (7.12)$$

对于资料缺乏地区的年均蒸散量估算，本书采用张氏公式（Zhang et al., 2001）进行估算：

$$\mathrm{ET} = \left(f\, \frac{1+2\dfrac{1410}{p}}{1+2\dfrac{1410}{p}+\dfrac{p}{1410}} + (1-f)\frac{1+0.5\dfrac{1100}{p}}{1+0.5\dfrac{1100}{p}+\dfrac{p}{1100}} \right) p \qquad (7.13)$$

式中，f 代表森林覆盖度；p 代表研究区的年平均降水量。

7.2　植被生态过程对气候和人类活动的响应

7.2.1　植被生态过程对气候因子的响应

随着人类对全球气候变化等问题的日益关注，用 NDVI 指标来监测植被对气候变化的响应日益成为国内外研究的热点。但目前的研究工作大多是基于年际尺度研究植被与气象因子之间的关系，从季节尺度上分析 NDVI 与气象因子间响应关系的较少，从旬尺度上研究 NDVI 与气象因子间响应关系的则更少。另外大部分研究成果考虑的是零时滞情况，在某种程度上忽略了植被在气候影响下，各种自然地理因素如岩性对其产生的制约作用，其研究结果存在着一定的滞后效应。而这种滞后效应的存在又会反馈于气候系统，加强或者减缓气候的变化。目前对于气候变化与植被之间的时滞效应以及植被对气候的响应特性在喀斯特地区仍不明晰，借助时滞分析方法有利于我们认识喀斯特地区植被与气候之间交互的过程，为预测喀斯特地区未来植被覆盖、应对全球气候变化提供决策支持，同时也为气候变化背景下喀斯特地区自然资源的合理利用和保护提供科学依据。

本书为了揭示赤水河流域在全球气候变化背景下，植被对降水和气温的响应特性及其滞后效应，利用赤水河流域的 SPOT VEGETATION NDVI 数据对赤水河流域近 16 年来逐旬 NDVI 与气温和降水的响应特征进行了分析。这一部分的研究之所以选择 SPOT VEGETATION 数据是因为该数据具有很高的时间分辨率，每月的遥感图像分为上旬、中旬和下旬三景，全年共分为 36 景遥感栅格图像。这套遥感数据所具有的时间尺度是其他遥感数据无法比拟的，因此可以作为全球气候变化与植被时滞分析的有效数据。

1. NDVI 旬值分布特征

为了揭示赤水河流域 NDVI 旬值变化特征，本书利用研究区 2000～2015 年共 16 年的旬值 SPOT VEGETATION 时间序列数据，采用最大值合成法对研究区每旬 NDVI 进行多年均值化处理，在此基础上绘制出多年旬 NDVI 的直线图（图 7.1）。

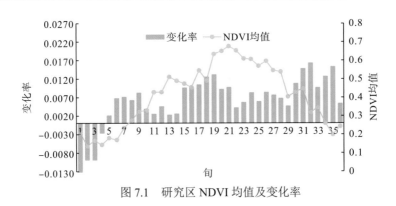

图 7.1　研究区 NDVI 均值及变化率

由图 7.1 可以看出，从植被生长季开始，旬 NDVI 均值在年内不同阶段变化不同步，旬 NDVI 均值的范围为-0.0075～0.6769，曲线上表现出"降低—增长—降低"三种趋势。从旬 NDVI 均值曲线上可以看出研究区植被覆盖 NDVI 均值在第 1～8 旬的值小于 0，表现出上升趋势，第 8 旬 NDVI 均值由负值转为正值，第 9 旬之后研究区 NDVI 均值呈现持续上升趋势，到第 21 旬 NDVI 均值达到年内的峰值，之后 NDVI 均值整体上呈现出下降趋势。从多年旬 NDVI 均值的变化率折线图中可知，多年旬 NDVI 均值在 15 旬之后的变化速率明显高于 15 旬之前的变化速率。具体来讲，1～4 旬的 NDVI 值呈现出下降趋势，其余旬份则表现出上升趋势。旬 NDVI 均值变化率在 5 旬以后主要表现为三个典型的波峰，其中第一个阶段为 15～21 旬，波峰为 19 旬；第二个阶段为 22～29 旬，波峰为 26 旬；第三个阶段为 29～36 旬，波峰为 32 旬。

2. 时滞偏相关分析

本书使用 MATLAB 2013a 软件按照前述时滞偏相关分析方式实现 NDVI 对降水和气温滞后时间的逐像元空间计算。图 7.2(a) 为多年旬 NDVI 与多年旬降水的时滞偏相关系数，由图中可以看出，旬 NDVI 与旬降水的时滞偏相关系数在流域整体上表现出上游和下游的时滞偏相关系数较低，而流域中游地区的桐梓河流域时滞偏相关系数较高的空间格局，时滞偏相关系数的平均值为 0.21～0.79，多年平均值为 0.55。具体来讲，相关系数小于 0.40 的区域所占的面积比重较小，为 3.21%，主要分布在赤水河流域上游的威信县周边；相关系数为 0.40～0.50 的区域所占的面积比重为 16.83%，主要分布在赤水河流域上游赤水河水文站以上控制的区域，此外赤水河流域下游的泸州市也有大面积分布；相关系数为 0.50～0.60 的区域所占的面积比重最大，其值为 56.46%，主要集中连片分布于赤水河流域的中游地区；相关系数为 0.60～0.70 的区域所占的面积比重为 22.62%，主要分布于桐梓河流域的上游地区，该地区植被与降水的相关系数较高，说明在该地区 NDVI 受降雨的影响比较明显；相关系数大于 0.70 的区域所占的面积比重较小，仅为 0.88%。

从图 7.2(b) 可以看出，赤水河流域多年旬 NDVI 与多年旬降水的滞后时间呈现出明显的区域分异规律，流域上游地区 NDVI 对多年旬降水的滞后时间多为 1～4 旬，而中游地区 NDVI 对降水的滞后时间多为 7～9 旬。具体来说，研究区 NDVI 对降水滞后 9 旬的区域所占的面积比重为 23.38%，主要分布在流域中游的仁怀市、桐梓河流域中上游的大部分地区以及古蔺县北部；NDVI 对降水滞后 8 旬的区域所占的面积比例最大，为 36.09%，主要分布在桐梓河流域的下游地区以及赤水河流域下游泸州市与习水县的交错地带；滞后 5～6 旬的区域所占的面积比重较小，为 1.46%，主要分布在古蔺县南部地区；滞后 3～4 旬的区域则主要分布在流域的上游，所占的面积比重为 19.6%。综上，赤水河流域上游 NDVI 对降水的滞后时间效应小于中游和下游地区，说明赤水河流域上游地区经历降雨之后，植被的响应效应大于中游和下游地区。原因可能在于上游地区是典型的喀斯特地区，植被受到地表下垫面性质的影响，工程性缺水问题比较严重，地表植被缺水，相对于其他地区植被对降水的响应时间和响应速度更快。

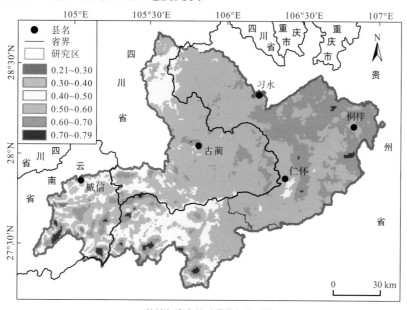

(a)植被与降水的时滞偏相关系数

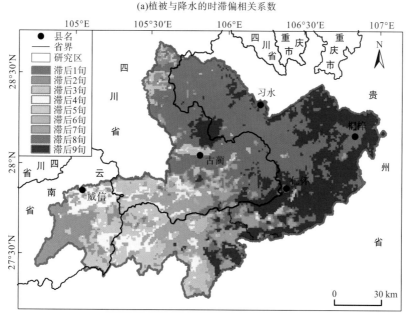

(b)植被与降水的滞后时间

图 7.2　研究区多年旬 NDVI 与多年旬降水的时滞偏相关系数及滞后时间

1) 植被覆盖对气温的时滞偏相关分析

图 7.3(a) 为赤水河流域多年旬 NDVI 与多年旬均温的时滞偏相关系数,由图可以看出旬 NDVI 与旬均温的时滞偏相关系数整体上处于高值区间,时滞偏相关系数的平均值为 0.80~0.98,多年平均值为 0.93,时滞偏相关系数的区间值和多年平均值显著大于赤水河流域多年 NDVI 与降水的时滞偏相关系数(0.21~0.79),空间上表现出赤水河流域中游和下游部分地区的时滞偏相关系数大于流域上游的时滞偏相关系数。具体来讲,时滞偏相关系数大于 0.95 的区域所占的面积百分比较大,其值为 37.51%,主要分布在仁怀、古蔺、习水以及桐梓河流域的中下游地区,此外,赤水河流域的下游地区也有集中分布;时滞偏相关系数为 0.90~0.95 的区域所占的面积百分比最大,为 56.60%,主要分布在泸州市的南部以及东南部地区,此外毕节市的北部地区也有部分分布;时滞偏相关系数为 0.80~0.85 和 0.85~0.90 的区域所占的面积比重均较小,两个区间的总和为 5.89%,主要分布于威信县以及桐梓县的北部地区。

从图 7.3(b) 中可以看出,赤水河流域多年 NDVI 对多年旬气温的时滞效应存在显著的区域分异规律,滞后时间以 0~2 旬为主;滞后 3~5 旬的区域零散地分布于赤水河流域的上游地区,该类地区所占的面积比重最少,仅为 0.79%;滞后 2 旬的区域所占的面积百分比较小,为 11.26%,主要集中分布于赤水河流域上游威信县的南部以及毕节市的北部地区;滞后 1 旬的区域在研究区所占的面积比重最大,为 64.54%,主要成集中连片分布于桐梓河流域的中下游地区,此外古蔺县的东部也有部分分布。

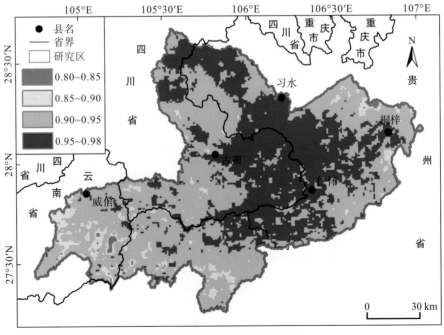

(a)植被与气温的时滞偏相关系数

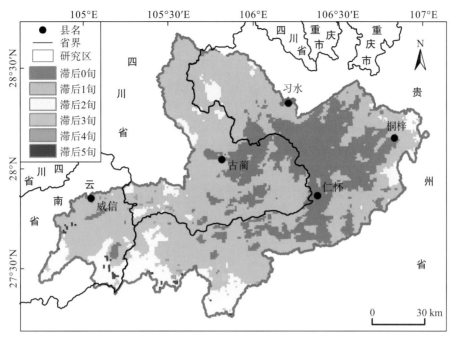

(b)植被对气温的滞后时间

图 7.3　研究区多年旬 NDVI 与多年旬均温的时滞偏相关系数及滞后时间

通过对赤水河流域多年旬 NDVI 与降水和气温的时滞偏相关对比分析后发现,赤水河流域多年旬 NDVI 与多年旬降水的时滞效应显著大于多年旬 NDVI 与多年旬气温的时滞效应,说明在赤水河流域植被对气温的敏感程度大于植被对降水的敏感程度。通过对比多年旬 NDVI 与降水和气温的时滞偏相关系数发现,植被与气温的时滞偏相关系数显著大于植被与降水的时滞偏相关系数,说明在赤水河流域植被对气温的敏感程度大于植被对降水的敏感程度。同时本书在区域上也揭示了降水和气温对植被的控制区域以及影响范围,该成果可为赤水河流域的植被恢复和生态治理提供理论支撑。

2)区域植被类型控制条件下 NDVI 与气象因子的时滞分析

区域植被类型的差异不仅对植被与气象因子的水热条件产生影响,而且也直接影响 NDVI 对水热因子的响应效应。为了研究不同植被类型控制条件下区域 NDVI 对气象因子的时滞效应,本书从寒区旱区科学数据中心下载 MICLCover 数据集提取研究区的植被类型。该数据集融合了中国 1∶10 万土地利用数据、中国 1∶100 万植被类型数据,同时结合 MODIS 的 13Q1 数据产品,选用 IGBP 的分类指标体系,经过验证最终得出中国的植被类型分布图。原始的植被类型图共分为 17 类,本书根据研究区的实际情况对部分原始的植被类型数据进行了合并处理,最终确定出研究区的植被类型为常绿针叶林、常绿阔叶林、落叶阔叶林、混交林、郁闭灌木林、草地、农田、城市与建筑用地以及裸地。得到不同植被类型后,通过 GIS 的区域统计分析工具计算了研究区 NDVI 与降水和气温的时滞偏相关系数与滞后时间。

由图 7.4(a)、(c)可知,对于研究区的 9 种植被类型,多年旬均温与多年旬 NDVI 的相关系数显著高于多年旬降水与多年旬 NDVI 的相关系数，多年旬均温与多年旬 NDVI 的时滞偏相关系数为 0.93~0.96，而多年旬降水与多年旬 NDVI 的时滞偏相关系数为 0.51~0.57。多年旬均温与不同植被类型的多年旬 NDVI 时滞偏相关系数大小排序为：落叶阔叶林＞郁闭灌木林＞农田＞混交林＞常绿阔叶林＞草地＞常绿针叶林，表明赤水河流域地区多年旬均温对落叶阔叶林的影响最大，其次为郁闭灌木林、农田、混交林、常绿阔叶林、草地，对常绿针叶林的影响最弱；从多年旬降水与多年旬 NDVI 的时滞偏相关系数可以看出，二者之间的时滞偏相关系数波动程度较小，多年旬降水与不同植被类型的多年旬 NDVI 时滞偏相关系数大小排序为：混交林＞常绿阔叶林＞常绿针叶林＞落叶阔叶林＞农田＞郁闭灌木林＞草地＞城建用地，说明赤水河流域旬降水对混交林的影响最大，其次为常绿阔叶林、常绿针叶林、落叶阔叶林、农田、郁闭灌木林、草地，而对城建用地地类的影响最小。

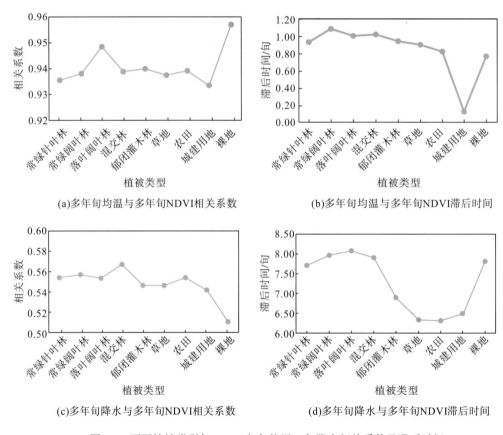

图 7.4   不同植被类型旬 NDVI 与旬均温、旬降水相关系数及滞后时间

由 7.4（b）、（d）可以看出，多年旬降水与多年旬 NDVI 的滞后时间均大于多年旬气温与多年旬 NDVI 的滞后时间，多年旬降水与多年旬 NDVI 的滞后效应为 6.32~8.07 旬，而多年旬均温与多年旬 NDVI 的滞后效应则为 0.13~1.09 旬，由于植被与降水的时滞效应大于植被与气温的时滞效应，说明植被对气温的敏感程度大于植被对降水的敏感程度。从不同植被类型多年旬降水与多年旬 NDVI 的滞后效应可知，二值之间波动性较小，滞后时间的大小排序为：落叶阔叶林＞常绿阔叶林＞混交林＞常绿针叶林＞郁闭灌木林＞城建用地

＞草地＞农田，说明在赤水河流域多年旬降水对落叶阔叶林的响应速度最慢，其次为常绿阔叶林、混交林、常绿针叶林、郁闭灌木林、城建用地、草地，对农田的响应速度最快；从不同植被类型多年旬均温对多年旬 NDVI 的滞后效应可知，二值之间波动性较大，滞后时间的大小排序为：常绿阔叶林＞混交林＞落叶阔叶林＞郁闭灌木林＞常绿针叶林＞草地＞农田＞城建用地，说明在赤水河流域多年旬均温对常绿阔叶林的响应速度最慢，其次为混交林、落叶阔叶林、郁闭灌木林、常绿针叶林、草地、农田，对城建用地的响应速度最快。综上可知，植被与降水的时滞效应大于植被与气温的时滞效应，说明植被对气温的敏感程度大于植被对降水的敏感程度。

3) 不同岩性背景下 NDVI 与气象因子的时滞分析

通过对多年旬降水和多年旬 NDVI 的时滞偏相关分析后发现，喀斯特地区多年旬 NDVI 与多年旬降水的相关系数(0.56)大于非喀斯特地区多年旬 NDVI 与多年旬降水的相关系数(0.54)，且喀斯特地区的相关系数多为 0.60～0.70，尤其是在桐梓河流域的上游和中游地区，该地区植被与降水的相关系数达到 0.68 左右，而在赤水河流域下游的非喀斯特地区植被与降水的相关系数多集中在 0.50～0.60[图 7.5(a)、(c)]。以上分析表明喀斯特地区植被与降水的相关程度大于非喀斯特地区植被与降水的相关程度。从多年旬 NDVI 对多年旬降水的滞后效应看，喀斯特地区植被对降水的滞后时间(6.59 旬)小于非喀斯特地区植被对降水的滞后时间(7.06 旬)[图 7.5(b)、(d)]。说明喀斯特地区植被对降水的敏感程度大于非喀斯特地区植被对降水的敏感程度。通俗地讲，在赤水河流域的喀斯特和非喀斯特地区同样经历一场雨之后，喀斯特地区的植被生长状况快于非喀斯特地区。

从图 7.5(e)、(g)可以看出，非喀斯特地区植被与气温的相关系数(0.98)大于喀斯特地区植被与气温的相关系数(0.97)，说明非喀斯特地区的多年旬 NDVI 与多年旬均温的相关程度大于喀斯特地区多年旬 NDVI 与多年旬均温的相关程度。从不同地质背景下多年旬 NDVI 对多年旬均温的滞后时间上看，喀斯特地区植被对气温的滞后时间(0.93 旬)大于非喀斯特地区植被对气温的滞后时间(0.86 旬)[图 7.5(f)、(h)]。说明喀斯特地区植被对气温的响应时间慢于非喀斯特地区，同时也说明非喀斯特地区植被对气温的敏感程度大于喀斯特地区植被对气温的敏感程度。通俗地讲，在赤水河流域的喀斯特和非喀斯特地区经历同样的升温后，非喀斯特地区的植被生长状况快于喀斯特地区。

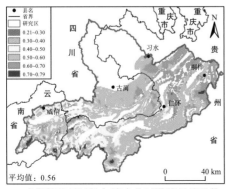 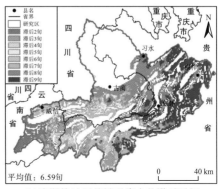

(a)喀斯特地区植被与降水的时滞偏相关系数　　　(b)喀斯特地区植被对降水的滞后时间

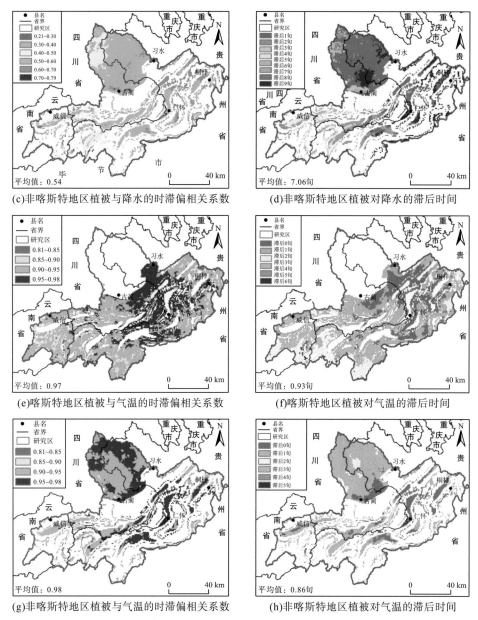

(c)非喀斯特地区植被与降水的时滞偏相关系数　(d)非喀斯特地区植被对降水的滞后时间

(e)喀斯特地区植被与气温的时滞偏相关系数　(f)喀斯特地区植被对气温的滞后时间

(g)非喀斯特地区植被与气温的时滞偏相关系数　(h)非喀斯特地区植被对气温的滞后时间

图 7.5　不同岩性背景下旬 NDVI 与旬均温、旬降雨的相关系数及滞后时间

3. NDVI 与气象因子的阈值分析

本书通过对年内旬 NDVI、旬气温以及旬降水进行聚合分析，得到月 NDVI、月气温以及月降水的统计数据，在此基础上分别绘制赤水河流域植被生长期内月 NDVI 与对应时间内月降水和月气温的变化曲线图。由图 7.6(a)可以看出，多年月 NDVI 在多年月降水量达到 144.80 mm 时达到最大值，为 0.65。在 1~12 月里，无论多年月降水量高于 144.80 mm（6 月）还是低于 144.80 mm（1~5 月/8~12 月），其多年月 NDVI 值均小于 0.65。由此可知，赤水河流域植被对降水的响应阈值为 144.80 mm。

由图 7.6(b)可以看出，多年月 NDVI 在多年月均温 23.33℃时(7 月)达到最大值，为 0.65；其余均小于 0.65。由此可知，赤水河流域植被对气温的响应阈值为 23.33℃。综上，赤水河流域植被对降水和气温的响应阈值分别为 144.80 mm 和 23.33℃，当降水和气温达到这一阈值时，降水和气温的增加或降低均会使 NDVI 减少。

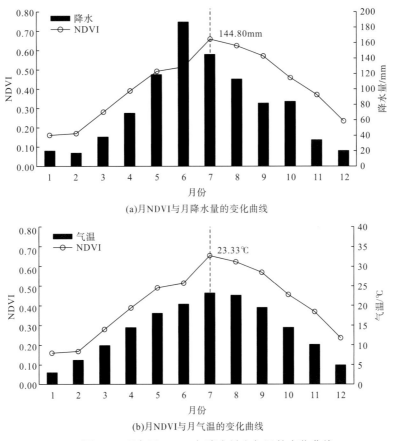

图 7.6　研究区 NDVI 与降水量和气温的变化曲线

7.2.2　气候和人类活动对植被生态过程的贡献率

通过对研究区近 16 年来的 NDVI 数据以及降水和气温数据进行残差分析，其中以每个年份的降水和气温数据为线性回归方程中的自变量，NDVI 为线性回归方程的因变量。通过 MATLAB 软件计算出每年的 NDVI 预测值，之后将 NDVI 预测值与实测值进行减法运算，可以得到不同年份的 NDVI 残差空间分布图(图 7.7)。在此基础上运用 MATLAB 软件对不同年份的 NDVI 残差值进行 Sen 趋势分析，通过分析可以得到 NDVI 残差值 16 年来变化趋势图［图 7.8(a)］。最后运用 ArcGIS 软件中的 Reclass 工具对残差值大于 0 的区域和小于 0 的区域进行分割，大于 0 的区域代表人类活动控制的区域，而小于 0 的区域则主要受到区域气候因子的控制。从图 7.8(b)中可知气候变化和人类活动对植被的贡献率分别为 43.70%和 56.30%。其中人类活动控制的区域主要位于赤水河流域的上游地区，而气候变化控制的区域主要集中在赤水河流域的下游地区。上游大部分是喀斯特

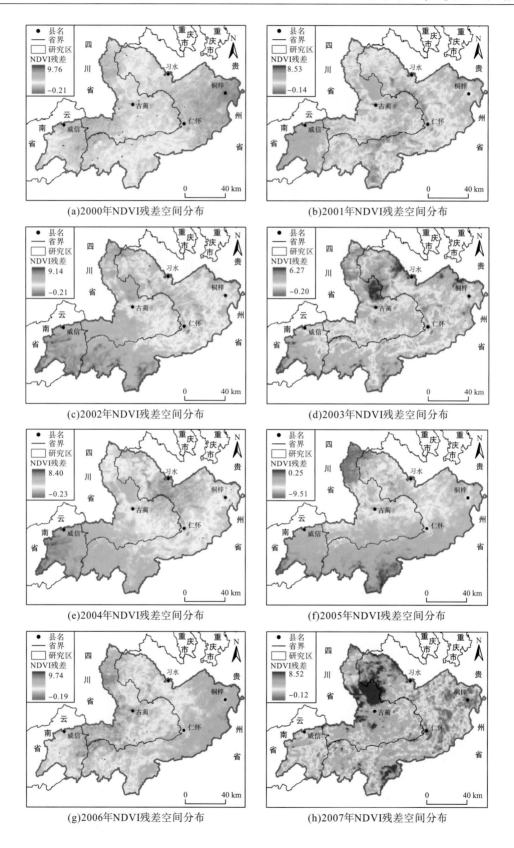

(a)2000年NDVI残差空间分布　　　　　　　(b)2001年NDVI残差空间分布

(c)2002年NDVI残差空间分布　　　　　　　(d)2003年NDVI残差空间分布

(e)2004年NDVI残差空间分布　　　　　　　(f)2005年NDVI残差空间分布

(g)2006年NDVI残差空间分布　　　　　　　(h)2007年NDVI残差空间分布

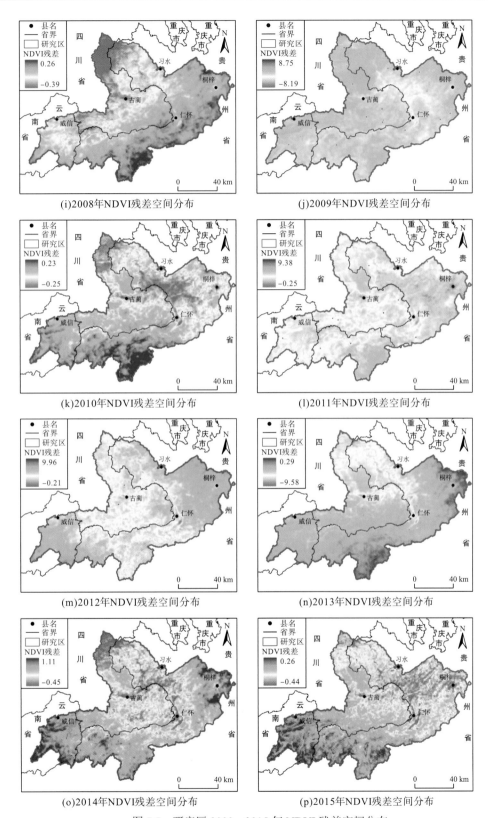

(i)2008年NDVI残差空间分布　　　　　　(j)2009年NDVI残差空间分布

(k)2010年NDVI残差空间分布　　　　　　(l)2011年NDVI残差空间分布

(m)2012年NDVI残差空间分布　　　　　　(n)2013年NDVI残差空间分布

(o)2014年NDVI残差空间分布　　　　　　(p)2015年NDVI残差空间分布

图 7.7　研究区 2000~2015 年 NDVI 残差空间分布

区域，地表植被抵抗人类活动破坏的能力较差，且中上游地区的人口密度以及经济密度都大于下游地区，下游地区位于非喀斯特地区，植被对人类活动的抗干扰能力较强，因此主要受气候因子的控制。

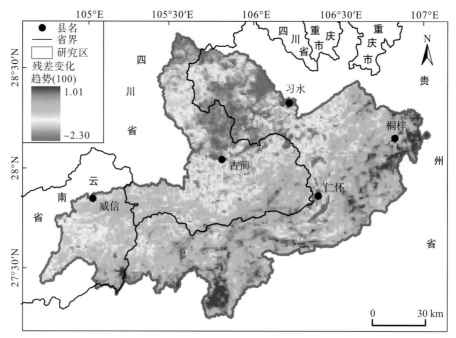

(a)2000~2015年NDVI残差变化趋势

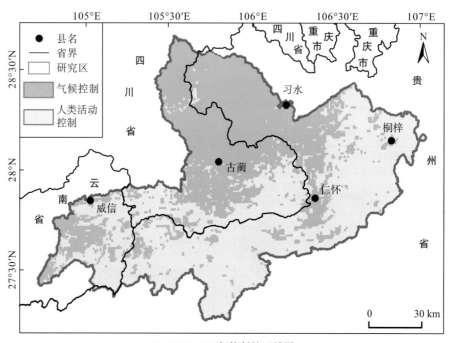

(b)2000~2015年控制性区域图

图 7.8　研究区 2000~2015 年 NDVI 残差变化趋势图及其控制性区域图

7.3　水文过程对气候和人类活动的响应

7.3.1　气候变化和人类活动对径流过程的贡献率

1. 干流上游赤水河站

1) 上游赤水河站径流量和降水量交叉小波功率谱与凝聚谱分析

本书借助 MATLAB 软件, 基于交叉小波变换以及小波相干方法对赤水河流域径流量与降水量之间的关系进行了定量分析。交叉小波变换可以表征两个时间序列数据在共同的高能量区之间的耦合关系以及位相关系, 但是对于低能量区的甄别还存在缺陷, 而小波相干方法能很好地弥补这个缺陷。图 7.9 中黑色粗实线所包围的范围代表通过了显著性水平为 0.05 的红噪声标准谱检验。气候因子与径流之间的相位关系用箭头表示, 从左到右表示降水与径流之间同相位, 代表两者之间存在正相关关系; 从右到左表示降水和径流之间反相位, 代表两者之间存在负相关关系; 垂直向下的箭头代表气象因子比径流的变化过程超前 90°; 垂直向上的箭头代表气象因子比径流的变化过程滞后 90°。从图 7.9 (a) 中可以看出, 降水和径流之间的交叉小波功率谱主要集中在 2.2～3.7 a、3.6～3.9 a 以及 8～17 a 的时间尺度, 即降水与径流之间的交互作用在这三个时间尺度上达到了显著性为 0.05 的水平, 其中最强的相关性出现在 8～17 a, 主要集中在 1977～2005 年; 其次为 2.2～3.7 a, 主要集中在 1965～1969 年; 而 3.6～3.9 a 尺度上降水和径流的相关性比较弱。从图 7.9 (b) 中可以看出, 降水和径流之间存在着正相位关系, 即两者之间是正相关关系, 1960～1970 年两者之间呈现出同步变化过程。

2) 气候变化和人类活动对上游赤水河站径流的作用辨析

以突变分析中甄别出的赤水河流域赤水河站径流的突变点 1986 年为界限将赤水河流域赤水河站产流量过程、降水量过程以及蒸散量变化过程分别划分为两个时期: 1960～1986 年 (TA) 和 1987～2015 年 (TB), 分别对其年份和流域径流量的累积值进行线性回归分析 (图 7.10), 可以得到关于累积径流量、累积降水量以及累积蒸散量的相关关系方程式, 其相关系数都超过 0.99 显著水平, 此外, 显著性水平 P 也都小于 0.001, 说明达到了显著相关水平。因此通过分析可知突变点前的一个时期径流量的变化基本受制于气候因素, 而突变点后径流量的变化主要受气候变化和人类活动的共同制约。通过计算可得到赤水河流域赤水河站径流量、降水量和蒸散量在突变点前后的斜率 (表 7.1)。之后将计算出的斜率分别代入气候变化和人类活动贡献率的公式中, 就可以得到不同时期降水量和蒸散量变化对赤水河流域径流量变化的贡献率。最后用 100% 减去降水量和蒸散量的贡献率就可以计算出人类活动对径流量的贡献率。如果不考虑蒸散量对赤水河流域径流量的影响, 则降水量和人类活动对赤水河流域赤水河站径流量变化的贡献率在 TB 时期分别为 19.27% 和 80.73%; 如果考虑蒸散量对赤水河流域径流量的影响, 则人类活动对赤水河流域赤水河站径流量变化的贡献率在 TB 时期会增加到 90.48% (表 7.2)。

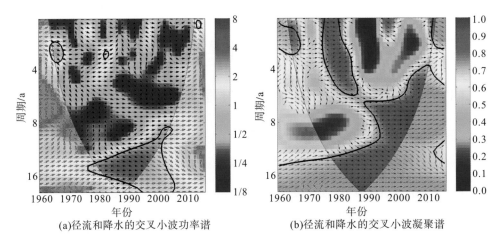

(a)径流和降水的交叉小波功率谱　　　　　(b)径流和降水的交叉小波凝聚谱

图 7.9　赤水河流域赤水河水文站年降水与径流交叉小波分析

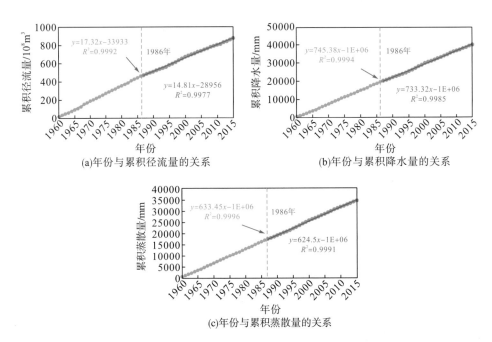

图 7.10　赤水河流域赤水河站年份与累积径流量、累积降水量、累积蒸散量之间的关系

表 7.1　赤水河流域赤水河站不同年份与累积量相互关系式的斜率

时期	1986 年	1987～2015 年
累积径流量斜率/10^8 m^3	17.32	14.81
累积降水量斜率/(mm·a^{-1})	754.38	733.32
累积蒸散量斜率/(mm·a^{-1})	633.45	634.50

表 7.2　气候变化和人类活动对赤水河流域赤水河站径流量变化的贡献率

影响因子	TB/%
C_p	19.27
C_e	−9.75
C_e+C_h	80.73
C_h	90.48

2. 干流中游茅台站

1) 上游茅台站径流量和降水量交叉小波功率谱与凝聚谱分析

从图 7.11(a)中可以看出，降水和径流之间的交叉小波功率谱主要集中在 1.1～2.0 a 以及 2.0～2.8 a，即降水与径流之间的交互作用在这两个时间尺度上达到了显著性为 0.05 的水平，其中最强的相关性出现在 1.1～2.0 a，主要集中在 1973～1980 年；而 2.0～2.8 a 尺度上降水和径流的相关性比较弱。从图 7.11(b)可以看出，降水和径流之间存在着正相位关系，1960～1980 年两者之间呈现出同步变化过程，1995～2000 年降水量 P 和径流量 Q 之间的相位大体为 30°，约为 1 a，表明降水对径流的变化具有超前作用，径流主要受 1 a 的降水变化影响。

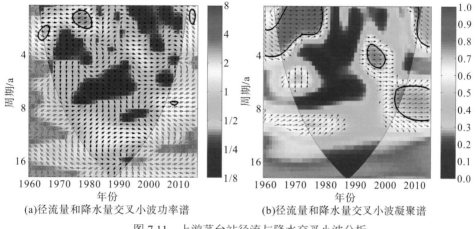

(a) 径流量和降水量交叉小波功率谱　　　　　(b) 径流量和降水量交叉小波凝聚谱

图 7.11　上游茅台站径流与降水交叉小波分析

2) 气候变化和人类活动对中游茅台站径流的作用辨析

以本书甄别出的赤水河流域径流茅台站的突变点 2001 年为界限将赤水河流域茅台站产流量过程、降水量过程以及蒸散量变化过程分别划分为两个时期：1960～2001 年(TA) 和 2002～2015 年(TB)，分别对其年份和流域径流量的累积值进行线性回归分析，可以得到关于累积径流量、累积降水量以及累积、蒸散量的相关关系方程式，其相关系数都超过 0.99 显著水平(图 7.12、表 7.3)。如果不考虑蒸散量对赤水河流域径流量的影响，则降水量和人类活动对赤水河流域茅台站径流量变化的贡献率在 TB 时期分别为 57.02% 和 42.98%；如果考虑蒸散量对赤水河流域径流量的影响，则人类活动对赤水河流域茅台站径流量变化的贡献率在 TB 时期会增加到 83.06%(表 7.4)。

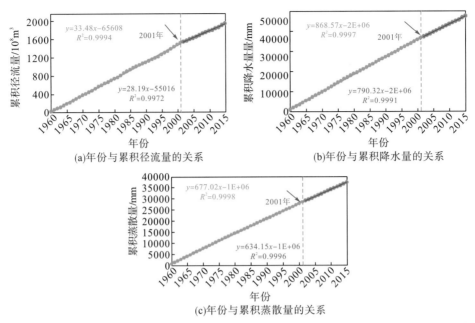

图 7.12 赤水河流域茅台站年份与累积径流量、累积降水量、累积蒸散量之间的关系

表 7.3 赤水河流域茅台站不同年份与累积量相互关系式的斜率

时期	1960~2001 年	2002~2015 年
累积径流量斜率/10^8 m³	33.48	28.19
累积降水量斜率/(mm·a⁻¹)	868.57	790.32
累积蒸散量斜率/(mm·a⁻¹)	677.02	634.15

表 7.4 气候变化和人类活动对赤水河流域茅台站径流量变化的贡献率

影响因子	TB/%
C_p	57.02
C_e	-40.08
C_e+C_h	42.98
C_h	83.06

3. 干流下游赤水站

1) 下游赤水站径流量和降水量交叉小波功率谱与凝聚谱分析

从图 7.13(a) 中可以看出，赤水河流域赤水站降水和径流之间的交叉小波功率谱主要集中在 1.2~3.8 a、3.6~3.9 a 以及 15.5~16.2 a，即降水与径流之间的交互作用在这三个时间尺度上达到了显著性为 0.05 的水平，其中最强的相关性出现在 1.2~3.8 a，主要集中在 1960~1970 年，而 3.6~3.9 a 尺度上降水和径流的相关性比较弱。从图 7.13(b) 中可以看出，降水和径流之间存在着正相位关系，即两者之间是正相关关系，1960~1970 年两者之间呈现出同步变化过程，1990~2005 年降水量 P 和径流量 Q 之间的相位大体为 60°，约为 2 a，表明降水对径流的变化具有超前作用。通俗地讲，代表该时期降水和径流之间的作用不同步，径流主要受约 2 a 的降水变化影响。

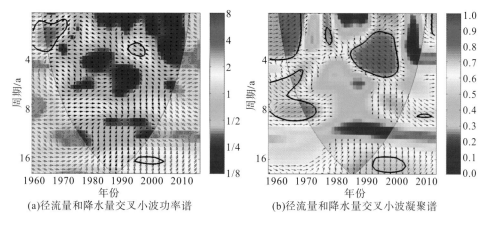

(a)径流量和降水量交叉小波功率谱　　　　　　(b)径流量和降水量交叉小波凝聚谱

图 7.13　赤水河流域赤水站径流与降水交叉小波分析

2) 气候变化和人类活动对下游赤水站径流的作用辨析

以本书甄别出的赤水河流域赤水站径流的突变点 2000 年为界限将赤水河流域赤水站产流量过程、降水量过程以及蒸散量变化过程分别划分为两个时期：1960~2000 年(TA)和 2001~2015 年(TB)，分别对其年份和流域径流量的累积值进行线性回归分析，可以得到关于累积径流量、累积降水量以及累积蒸散量的相关关系方程，其相关系数都达到了0.99 显著水平以上(图 7.14、表 7.5)。如果不考虑蒸散量对赤水河流域径流量的影响，则降水量和人类活动对赤水河流域赤水站径流量变化的贡献率在 TB 时期分别为 26.50%和73.50%；如果考虑蒸散量对赤水河流域径流量的影响，人类活动对赤水河流域赤水站径流量变化的贡献率在 TB 时期会增加到 88.13%(表 7.6)。

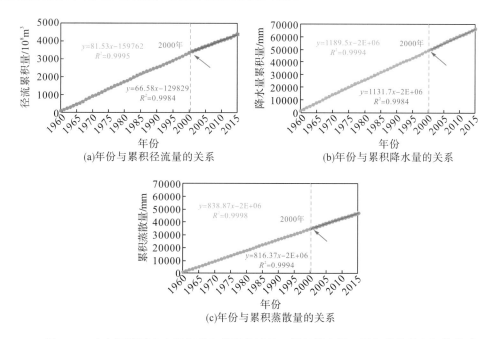

(a)年份与累积径流量的关系　　　　　　(b)年份与累积降水量的关系

(c)年份与累积蒸散量的关系

图 7.14　赤水河流域赤水站年份与累积径流量、累积降水量、累积蒸散量之间的关系

表 7.5   赤水河流域赤水站不同年份与累积量相互关系式的斜率

时期	1960~2000 年	2001~2015 年
累积径流量斜率/10^8 m^3	81.53	66.58
累积降水量斜率/(mm·a^{-1})	1189.50	1131.70
累积蒸散量斜率/(mm·a^{-1})	838.87	816.37

表 7.6   气候变化和人类活动对赤水河流域赤水站径流量变化的贡献率

影响因子	TB/%
C_p	26.50
C_e	-14.63
C_e+C_h	73.50
C_h	88.13

4. 支流桐梓河流域

1) 支流桐梓河流域径流量和降水量交叉小波功率谱与凝聚谱分析

从图 7.15(a)中可以看出，桐梓河流域二郎坝站降水和径流之间的交叉小波功率谱主要集中在 0.8~2.8 a 以及 3.8~6.5 a，即降水与径流之间的交互作用在这两个时间尺度上达到了显著性为 0.05 的水平，其中最强的相关性出现在 3.8~6.5 a，主要集中在 1990~1998 年，而 0.8~2.8 a 尺度上降水和径流的相关性比较弱。从图 7.15(b)可以看出，降水和径流之间的关系在 1978~2005 年的变化比较复杂，主要以正相位为主，但是降水量 P 和径流量 Q 之间的相位在 30°~60°波动，表明降水对径流的变化具有超前作用，超前作用的时间尺度为 1~2 a。

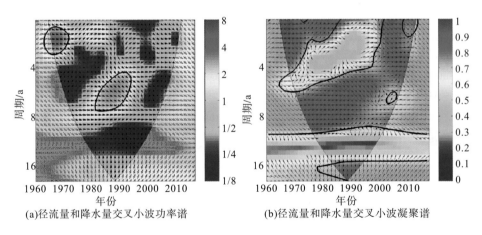

(a)径流量和降水量交叉小波功率谱   (b)径流量和降水量交叉小波凝聚谱

图 7.15   桐梓河流域二郎坝站径流与降水交叉小波分析

2) 气候变化和人类活动对桐梓河流域二郎坝站径流的作用辨析

以本书甄别出的桐梓河流域二郎坝站径流的突变点 2003 年为界限将桐梓河流域二郎坝站产流量过程、降水量过程以及蒸散量变化过程分别划分为两个时期：1960~2003 年(TA)和 2004~2015 年(TB)，分别对其年份和流域径流量的累积值进行线性回归分析，可以得到关于累积径流量、累积降水量以及累积蒸散量的相关关系方程式，其相关系数都达

到了 0.99 显著水平以上(图 7.16、表 7.7)。如果不考虑蒸散量对桐梓河流域径流量变化的
影响,则降水量和人类活动对桐梓河流域二郎坝站径流量变化的贡献率在 TB 时期分别为
43.42% 和 56.58%;如果考虑蒸散量对桐梓河流域径流量变化的影响,则人类活动对桐梓
河流域二郎坝站径流量变化的贡献率在 TB 时期会增加到 86.83%(表 7.8)。

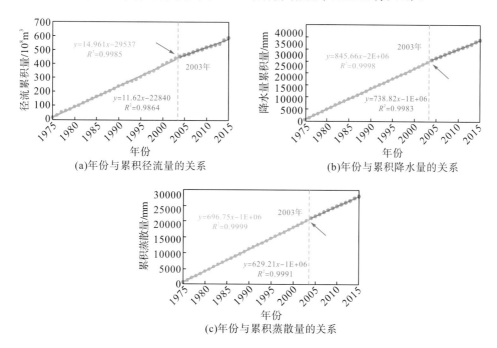

图 7.16　桐梓河流域二郎坝站年份与累积径流量、累积降水量、累积蒸散量之间的关系

表 7.7　桐梓河流域二郎坝站不同年份与累积量相互关系式的斜率

时期	1960~2003 年	2004~2015 年
累积径流量斜率/10^8 m^3	14.96	11.62
累积降水量斜率/$(mm·a^{-1})$	854.66	738.82
累积蒸散量斜率/$(mm·a^{-1})$	696.75	629.21

表 7.8　气候变化和人类活动对桐梓河流域二郎坝站径流量变化的贡献率

影响因子	TB/%
C_p	43.42
C_e	-43.41
C_e+C_h	56.58
C_h	86.83

7.3.2　气候变化和人类活动对输沙过程的贡献率

1. 气候变化和人类活动对下游赤水河站泥沙的作用辨析

以本书甄别出的赤水河流域赤水站泥沙的突变点 1997 年为界限将赤水河流域赤水站产沙量过程、降水量过程以及蒸散量变化过程分别划分为两个时期：1960～1997 年(TA)和 1998～2015 年(TB)，分别对其年份和流域泥沙量的累积值进行线性回归分析，可以得到关于累积泥沙量、累积降水量以及累积蒸散量的相关关系方程式，其相关系数都达到了 0.99 显著水平以上；此外，显著性水平 P 也都小于 0.001，说明达到了显著相关水平(图 7.17、表 7.9)。如果不考虑蒸散量对赤水河流域泥沙量的影响，则降水量和人类活动对赤水河流域赤水站泥沙量变化的贡献率在 TB 时期分别为 7.83%和 92.17%；如果考虑蒸散量对赤水河流域泥沙量的影响，则人类活动对赤水河流域赤水站泥沙量变化的贡献率在 TB 时期会增加到 96.47%(表 7.10)。

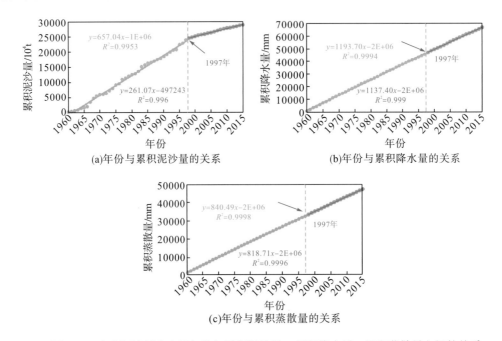

图 7.17　赤水河流域赤水站年份与累积泥沙量、累积降水量、累积蒸散量之间的关系

表 7.9　赤水河流域赤水站不同年份与泥沙累积量相互关系式的斜率

时期	1960～1997 年	1998～2015 年
累积泥沙量斜率/10^4 t	657.04	261.07
累积降水量斜率/(mm·a^{-1})	1193.70	1137.40
累积蒸散量斜率/(mm·a^{-1})	840.49	818.71

表 7.10　气候变化和人类活动对赤水河流域赤水站泥沙量变化的贡献率

影响因子	TB/%
C_p	7.83
C_e	−4.30
C_e+C_h	92.17
C_h	96.47

2. 气候变化和人类活动对桐梓河流域二郎坝站泥沙的作用辨析

以本书甄别出来的桐梓河流域二郎坝站泥沙的突变点 1989 年为界限将桐梓河流域二郎坝站产沙量过程、降水量过程以及蒸散量变化过程分别划分为两个时期：1960～1989年(TA)和 1990～2015 年(TB)，分别对其年份和流域泥沙量的累积值进行线性回归分析，可以得到关于累积泥沙量、累积降水量以及累积蒸散量的相关关系方程式，其相关系数都达到了 0.99 显著水平以上(图 7.18、表 7.11)。如果不考虑蒸散量对桐梓河流域泥沙量的影响，则降水量和人类活动对桐梓河流域二郎坝站泥沙量变化的贡献率在 TB 时期分别为4.87%和 95.14%；如果考虑蒸散量对桐梓河流域泥沙量的影响，则人类活动对桐梓河流域二郎坝站泥沙量变化的贡献率在 TB 时期会增加到 98.65%(表 7.12)。

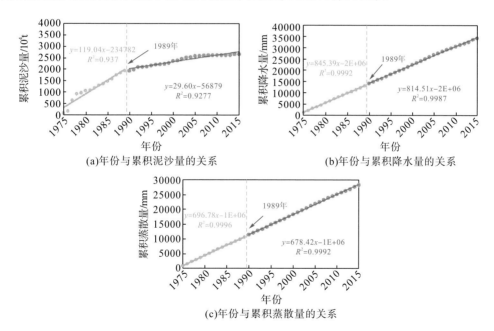

(a)年份与累积泥沙量的关系　　(b)年份与累积降水量的关系

(c)年份与累积蒸散量的关系

图 7.18　桐梓河流域二郎坝站年份与累积泥沙量、累积降水量、累积蒸散量之间的关系

表 7.11　桐梓河流域二郎坝站不同年份与泥沙累积量相互关系式的斜率

时期	1960～1989 年	1989～2015 年
累积泥沙量斜率/10^4 t	119.04	29.60
累积降水量斜率/(mm·a^{-1})	845.39	814.51
累积蒸散量斜率/(mm·a^{-1})	696.78	678.42

表 7.12 气候变化和人类活动对桐梓河流域二郎坝站泥沙量变化的贡献率

影响因子	TB/%
C_p	4.87
C_e	−3.51
C_e+C_h	95.14
C_h	98.65

7.3.3 生态水文过程对气候和人类活动响应探讨

1) 植被对气候的响应特性探讨

采用传统方法分析植被变化对气温和降水之间的响应关系时,主要是基于线性回归等趋势分析法,并采用相关分析、奇异值分析、偏相关分析以及残差分析法等。近年来众多研究者对攀西地区(邵怀勇等,2014)、黄河流域(杜加强等,2011)、贵州(丹利和谢明,2009)、陕西(李登科等,2010)、鄱阳湖(顾婷婷等,2009)、西北地区(刘宪锋和任志远,2012)以及其干旱半干旱地区(侯美亭等,2013)、北方地区(李霞,2004)、东部地区(王永立等,2009)、青藏高原(叶辉等,2012)、黄土高原(郭敏杰,2014)、内蒙古锡林郭勒(王鹏飞等,2013)等进行了大量研究(表 7.13)。这些研究虽然基于不同的时间尺度,但在空间尺度上,其中关于气候变化对植被的响应机理多集中在气象站点尺度上,并没有拓展到面上,在大区域尺度上较难适用。此外,传统的研究方法难以揭示植被变化对降水和气温响应的滞后时间,导致在不同时期内对植被控制关键性因子及其贡献率大小的误判。诸多研究大都表明降水是控制植被变化的主要因素,如 Alessandri 和 Navarra(2008) 使用 SVD方法评价了陆地区域的季节性植被动态和降水年际异常的关系,得出植被对降水的变化比气温敏感;信忠保等(2007)发现中国黄土高原地区的 NDVI 对降水有着敏感的响应,认为降水对该地区的植被空间分布起着决定性作用;索玉霞等(2009)发现中亚地区植被受降水的影响明显大于气温,年降水量尤其是春季降水是中亚地区植被生长的主要限制因子。但是不同的地区气候因素具有空间差异性,植被变化对降水和气温响应的滞后时间也不一致,如果流域内气温和降水的格局差异较大,就有可能导致气温成为控制该流域植被变化的关键性因子。

表 7.13 不同研究区植被对气候的响应计算方法及其对比

对比	方法	作者	研究区	时间尺度	空间尺度
传统方法	线性回归+相关分析	邵怀勇等	攀西地区	2001~2008 年	站点
	相关分析	杜加强等	黄河上游流域	1981~2006 年	站点
	相关分析	丹利和谢明	贵州	2000~2006 年	站点
	相关分析、奇异值分析	王永立等	我国 32°N 以南	1982~2001 年	站点
	相关分析	顾婷婷等	鄱阳湖	1982~1999 年	站点
	相关分析	刘宪锋和任志远	西北地区	1982~2006 年	站点
	相关分析	李登科等	陕西省	1982~2003 年	站点
	相关分析	孙睿	黄河流域	1982~1999 年	站点

续表

对比	方法	作者	研究区	时间尺度	空间尺度
	相关分析	叶辉等	青藏高原	2000~2008 年	站点
	残差分析 +偏相关性	郭敏杰	黄土高原	1982~2006 年	站点
	偏相关 和复相关方法	李霞	我国北方	1982~1999 年	站点
	相关分析	信忠保等	黄土高原	1981~2006 年	站点
	相关分析	索玉霞等	中亚地区	1982~2002 年	站点
	相关分析	王鹏飞等	锡林郭勒	1986~2010 年	站点
	相关分析	侯美亭等	干旱半干旱区	—	站点
	SVD 法	Alessandri 和 Navarra	全球陆地	—	站点
本书	改进的时滞偏相关分析法	田义超等	赤水河流域	2000~2015 年	区域

本书提出的改进的时滞偏相关分析方法，不但能够将站点尺度拓展到面上的空间尺度，而且能够准确地分析逐像元上植被对降水和气温响应的滞后时间，并确定陆表植被的关键性控制因子，为中国南方植被生态系统管理和水保措施的规划提供技术经验和学术参考。

2) 气候变化和人类活动对植被变化贡献率的探讨

本书的研究表明气候变化和人类活动对植被变化的贡献率分别为 43.70%和 56.30%，人类活动是影响植被变化的主要因素。而根据前人的研究发现，在不同地区影响植被变化的主导因素存在较大差异。谢宝妮(2016)研究发现气候变化和人类活动共同影响黄土高原近 30 多年的植被覆盖变化，气候因素占主导地位，相对贡献率为 77%，人类活动贡献率为 23%。干旱区和半湿润区植被覆盖改善区域受气候变化和人类活动驱动的面积相当(贡献率>50%)，而半干旱区有 81%的植被改善区域主要受气候变化的驱动；多数 NDVI 变化主要受气候变化驱动，湿地、农田和沙漠植被变化受气候变化和人类活动驱动的程度相当(贡献率均约 50%)；人类活动在植被覆盖减少区域多占主导地位。马小平(2015)对黑河流域的研究表明，从整体上看，流域内植被覆盖变化的主要驱动力是人为因子，其贡献率在 80%左右，且呈现出先增加后减小的趋势，相应的自然驱动力贡献率则为 20%左右，呈现出先减小后增加的趋势；在区域尺度上，引起上游植被覆盖变化的人为因子的影响程度呈现减小的趋势，自然因子的影响程度呈现先减小后增大的趋势；影响中游植被覆盖变化的主要驱动力是人为因子，且影响程度趋于稳定；影响下游植被覆盖变化的主要驱动力是自然因子，人为因子对植被覆盖变化的影响也很大。郭敏杰(2014)认为 1997~2006 年人类活动对黄土高原植被生长的贡献率约为 20%，气候变化对植被生长的贡献率达 80%。李作伟等(2016)对三江源区植被生产力的研究发现，气候变化是影响植被生产力的决定性因素，但人类活动在一定程度上加快了植被生产力变化的速率。尤其是进入 21 世纪以来，人类活动的正面影响较为明显，气候变化和人类活动对植被生产力的贡献率分别为 87%和13%。曹世雄等(2017)通过面板数据混合回归模型大数据分析方法，计算了 1983~2012年气候变化和人类活动对我国北方地区植被变化的贡献率。结果表明，气候变化和人类活动对 NDVI 变化均有重要作用，其中人类活动对 NDVI 变化的影响占 58.2%~90.4%、气候变化占 9.6%~41.8%；不同地区表现出不同的地理分异特征，并存在时滞效应。李晓光

(2014)采用回归分析、相关分析、残差分析及 GIS 空间方法,对内蒙古地区 NDVI 值变化及其与气候变化和人类活动的关系进行了研究,发现在年均温和降水量无显著变化的背景下,近年内蒙古地区 NDVI 的显著变化主要是受人为因素的影响。植被覆盖变化是一个自然与人类活动交互作用的过程(刘宪锋和任志远,2014)。张倩(2014)利用基于植被响应气候变化趋势回归模型改进的残差趋势法分析得出,黄土高原植被覆盖变化的主要驱动因子是人类活动,其贡献率为 86%,气候因素影响较弱。

综上可知,不同地区植被变化的驱动因素存在差异,主导因素对植被变化贡献率的大小因各地区环境条件和社会经济条件的不同而存在差异。赤水河流域人为因素对植被的影响主要是由于流域内大规模酿酒对流域内有限水资源的过度开采利用,以及大规模城镇化发展使得流域内许多自然植被被破坏,加之地质背景的差异,进而形成了人类活动和气候变化控制的敏感区。赤水河流域上游是喀斯特地区,人地矛盾突出,是人类活动控制的地区,因此该地区植被变化的驱动力以人类活动为主,气候变化影响相对较小。下游地区主要是非喀斯特地区,是气候控制区,植被生态系统相对稳定,其植被变化受气候因素主导,而人类活动的影响相对较弱。此外,由于植被对气温和降水的响应具有一定的滞后性,在不同时期,人类活动和气候因素对植被变化的贡献率也会有所差异。不同流域人类活动的强度和主要活动方式以及气候因素也有很大的区别,与其他流域相比,赤水河流域不仅是喀斯特与非喀斯特交错地带,还是岩溶槽谷、高原以及峡谷交错地区,也属乌蒙山集中连片特困地区。该流域长年受太平洋东南季风影响,具有亚热带湿润季风气候特征,在高温多雨、土层较厚的非喀斯特地区发育了常绿阔叶林,构建了气候控制敏感区。而上游喀斯特地区山脉众多、沟壑纵横、地形复杂、多草山草坡、耕地较少且零星分布。如此生态环境条件和人文背景均极其独特,这直接导致了本书的研究结果与其他学者在其他地区得出的研究结果存在较大差异。

3) 气候变化和人类活动对水文过程贡献率探讨

根据本书研究结果可知,赤水河流域降水、蒸散和人类活动对径流量变化的贡献率赤水河站分别为 19.27%、−9.15%和 90.48%;茅台站分别为 57.02%、−40.08%和 83.06%;二郎坝站分别为 43.42%、−43.41%和 86.83%;赤水站分别为 26.50%、−14.63%和 88.13%。各站点生态环境和人类活动的差异,使得降水量和蒸散量对径流量变化的贡献率差异较大,但人类活动对径流量变化的贡献率比较稳定,且影响较大。在考虑蒸散影响的条件下,人类活动对径流量变化的贡献率超过 80%。因此,人类活动是赤水河流域径流量减少的主要因素。而根据王雁等(2013)对长江流域的研究,2000 年之后,长江流域下垫面变化对径流量变化的贡献率上升到 73%。与 1951~1969 年相比,1970~2008 年人类活动引起的径流量增加到 71%。刘剑宇等(2016)的研究表明,长江流域人类活动对径流量减少的贡献率为 60.9%。代稳等(2016)研究得出,1969~2005 年,枝城、沙市、监利、城陵矶和螺山站人类活动对径流量变化的贡献率分别为 85.68%、50.89%、84.78%、89.81%和 68.39%;2006~2014 年人类活动对径流量变化的贡献率分别为 88.40%、59.47%、82.86%、80.03%、63.63%。这些研究显示人类活动是影响长江流域径流量变化的主要因素,且影响较大,与本研究结果一致。

此外，关于其他流域也有相关研究，王雁等(2013)对黄河流域的研究表明，与1951～1969年相比，1970～2008年降水减少和人类活动引起的下垫面变化对黄河流域径流量减少的贡献率分别为11%和83%；在长江流域降水减少对径流量变化的贡献占29%，2000年后，人类活动对径流量变化的贡献率为84%，黄河流域人类活动对径流量减少的影响比在长江流域更大。王随继等(2012)对黄河流域的研究结果显示，在忽略蒸散量的影响后，变异期降水量和人类活动对皇甫川流域径流量减小的贡献率分别为36.43%和63.57%，在措施期分别为16.81%和83.19%。在对黄河流域中游区间的研究中，如果不考虑蒸散量的影响，降水量、蒸散和人类活动对黄河中游区间产流量变化的贡献率在变异期分别为25.94%、−17.68%和74.06%，在措施期分别为25.13%、−18.54%和74.87%；如果考虑蒸散量的影响，则人类活动对黄河中游区间产流量变化的贡献率在变异期和措施期分别增大到91.74%和93.41%(Wang et al., 2013)。而对于整个黄河流域，措施期降雨量和蒸散量的贡献率分别为11.76%和−3.83%。不考虑蒸散量的影响，人类活动贡献率为92.07%，若考虑蒸散量的影响，人类活动的贡献率为88.24%(Wang et al., 2012)。此外，多位学者在对松花江(Wang et al., 2015)、黑河(He et al., 2012)、渭河(Huang et al., 2016)及湟水河(Zhang et al., 2014)等流域的研究中普遍发现气候要素对径流量变化的贡献率为40%～60%，其中降水对径流量变化的贡献率基本在30%左右，而蒸散量对径流量变化的贡献率仅在20%以内，大部分地区都小于10%，有的地区蒸散量对径流量的影响约为降水量影响的10%(Meng and Mo, 2012)，有的甚至低至3%左右(Wang et al., 2015)。与其他流域相比，赤水河流域的降水量和蒸散量对径流量变化的影响相对较高，而人类活动对径流量变化的影响与各流域一致，都普遍很高。

(1)降水对径流量变化的影响。

赤水河流域上游和中游是喀斯特地区，地表崎岖、地下管道裂隙纵横交错、水文动态变化剧烈、地表水渗漏严重，导致土层薄、肥力低、植被稀疏，水土流失极其严重，形成了独特而脆弱的自然景观，严重制约了喀斯特地区的持水、保水能力。流域中上游林地面积偏少，森林覆盖率低，水土涵养能力低，调蓄能力差，生态系统非常脆弱。加上赤水河流域的地形以山地高原为主，高农地利用率、高垦殖率加重了流域内水土流失。

赤水河流域中上游喀斯特坡面地表修建了大量集水保土措施，能够在降雨的时候拦截、收集、存储大量雨水，大部分降雨被拦截于坡面地表，难以形成径流。此外，降雨量与径流量具有相似的多时间尺度特征，径流量变化在一定程度上受降雨量周期性变化的影响，这也是降雨量对径流量变化贡献率偏高的一个重要原因。除了受多时间尺度特征影响外，赤水河流域的径流量变化还受到了喀斯特水文地质结构和地形地貌的严重制约。喀斯特流域岩性和水文地质结构极其特殊和复杂(Wang et al., 2004)，具有典型的二元三维水文地质结构(Luo et al., 2016)，流域内具有槽谷、峡谷、盆地和高原地貌，地貌复杂，有着广泛发育的岩溶裂隙通道。流域中上游喀斯特地区的河网密度非常低，从而导致形成径流的集流面积大大降低。此外，喀斯特地区地表破碎、土层浅薄、土壤通透性高、持水性差、坡面径流指数很低(Li et al., 2011; Chen et al., 2012; Peng and Wang, 2012)。喀斯特山区地表地下岩石孔隙、裂隙、管道发育，地表水漏失严重，尤其是流域槽谷地带的顺层岩层构造内发育了许多岩溶裂隙管道，并与破碎的地表连通(Wang et al., 2004)，为地表水向下漏失形成了条件,大气降水一旦到达地面,大部分降水很快经过发达的地下水系管道裂隙进入地下河流,通过地下河或透水管道,流往其他流域,或在地下岩溶环境蓄存,并非汇集到地表河道。因此,喀斯特流域河网密度小、径流指数低和地表水渗漏严重,加上较强的多时间尺度影响,降雨丰富、历时短而强度大,造成大量的水土流失。

(2)人类活动对径流量的影响。

蒸散量与喀斯特流域植被覆盖率、气温和降水量都有很大的关系,尤其是降水量和植被覆盖率。由于两者变化过程中的比重不同,蒸散量对径流量变化的影响会发生巨大变化。此外,喀斯特地形特征和气温也决定了蒸散量对径流量变化的贡献率较高,喀斯特流域地表水主要集中在河道,加上地表缺水、气温高,高强度蒸散是径流量损耗的直接原因。赤水河流域喀斯特地区因为人类活动改变了部分水循环途径,对径流变化的影响最终反映在了实际的蒸散量变化中,导致蒸散因素的影响比重发生改变。此外人类活动也对径流量变化产生影响,如修建水库、大坝和跨流域引水工程拦蓄滞留的径流大多数最终通过蒸散作用而从地表径流变为大气循环(Xu et al., 2009; Zhao et al., 2014)。

①支流水系水库修建的影响。赤水河流域是贵州人口、资源、环境矛盾最突出的地区之一。长期以来,中下游星罗棋布的水利水电设施,如水库大坝、沟渠引水通道,通过对河川径流的调节,改变了部分径流水循环。由于它们的调节作用,改变了下游河流的水文特性,增加了枯水期河流流量,减小了汛期流量。流域内兴建的小型水库等水利工程,不仅改变了河道径流在短时间尺度上的自然特征,增加了流域内的自由水体面积,而且流域内的水利工程主要用于灌溉等农业用水,从而有可能增加蒸散量。因此,这些水利工程的存在,增加了水资源消耗,造成径流减少,同时,水库的修建使原来的陆面蒸发改为水面蒸发,蒸发量的增加会加快水分垂直运行过程,从而导致流域径流量减少,耗水量增加。

②人为取水的影响。一般认为耗水会导致径流量减少,水土流失会导致径流量增加,水利工程建设、城镇建设对径流量有增加或减少的影响。森林覆盖率低和不合理的人类活动对植被的破坏是造成水土流失最主要的原因。由于经济和社会发展,工农业和城镇生活等从河道内引用的水量不断增加,直接造成河川径流量减少。根据历史资料数据,贵州省1999~2005年总耗水量呈逐步上升趋势,总耗水量从1999年的38.33亿 m^3 上升到2005年的44.91亿 m^3。总耗水量的增加主要是工业耗水量增加所致。流域内耗水量的增加属于人类活动对河川径流的直接影响,直接导致径流量减少。

③城镇化发展对径流变化的影响。随着社会经济的发展,虽然人为因素导致了喀斯特流域局部地区不断有新的水土流失产生,但由于各级政府和有关部门都加强了对水土流失的防治,近年来喀斯特流域水土流失总体上呈下降趋势。喀斯特流域内人多地少矛盾突出,坡耕地所占比例较大,因此,水土流失问题还比较突出。城镇建设一般通过两种途径改变城镇地区地面径流过程的水文特性。一种是城镇地面硬化,增加了不透水面积,减少了渗入地下的水量,也就减少了河床基流的补给来源;与此同时,来自城镇地区的地面径流增加,引起城镇地区河流水位上涨。另一种是城镇排水系统使城镇雨洪径流经硬化地面直接流入河床而排出城镇地区,缩短了地面径流汇水时间,导致河道径流滞后时间缩短。随着人口不断增加和经济的快速发展,城市生活、工矿企业等的用水量日益增大,造成径流耗

水量大大增加。同时，城镇面积在快速扩大，城镇建设的加快会导致流域内径流量的增加，但这种影响对于强烈的人为取水活动来说是极其微小的。综上，城镇化的加快增大了用水需求，增加了径流损耗量。

④水保措施的影响。近年来，通过加强地表坡面水土保护措施，虽然实现了生态恢复(Tian et al., 2017)，减缓了水土流失，但也通过坡改梯、堤坝建设、植林种草、引水灌溉等各种形式拦蓄滞留了地表大量径流。此外，大量小型水保措施也对径流量的变化产生了影响。为应对流域人口增加及随之而来的农作物面积激增，流域内前期有大规模的开山挖山种植，产业化经营，造成近年来河道泥沙淤积严重，对流域水文产生一系列影响，即人类活动对喀斯特流域径流量变化的影响主要是通过在喀斯特坡面的拦-蓄-引-用等形式减少了坡面产流量，导致径流集流面积大大减小，河道汇流效率降低。

第8章　径流预测与生态效应评估

流域土地利用变化的水文响应研究从早期的集总水文模型、试验流域法逐渐发展到当前采用各种分布式水文模型模拟水文过程。其中美国农业部农业研究中心开发的SWAT(soil and water assessment tool)分布式水文模型基于GIS和RS平台模拟复杂流域较长时间尺度的水文、物质循环变化过程，为定量研究流域土地利用变化的水文效应提供了有效的技术支撑(Jain et al., 2010)。不同学者分别使用不同模型对流域的水文过程与土地利用变化过程进行了模拟(Voinov et al., 1999a, 1999b; Niehoff et al., 2002; Beighley et al., 2003)。虽然在这些研究中的综合模型能够准确评估土地利用变化的水文响应，但在这些模型中，无论是分布式水文模型或土地利用变化模拟模型，在进行模拟时，所需的参数繁多且模型的设置复杂。因此，水文模型评估中迫切需要一个简单的集成模型，既可以运行现有的以及未来不同情景的输入数据，又可以很容易地操作。而SWAT模型和CLUE-S结合起来可以很好地解决情景模拟所需的数据短缺以及模型难以集成的问题。基于此，本章以赤水河流域典型流域为研究对象，基于桐梓河流域二郎坝水文监测断面的径流监测数据，通过耦合模型的研究定量评估喀斯特地区现状年以及未来年不同情景的土地利用及其气候变化对水文过程的响应，以期为桐梓河流域应对气候变化和水资源综合管理提供科学依据和技术支撑。

8.1　水文模型模拟参数设置

8.1.1　模型改进

SWAT模型在喀斯特地区应用时主要基于三点：①在喀斯特地区由于岩溶裂隙发育，该模型在小尺度上难以适用，但是随着流域的尺度增大，参数率定变得相对容易，其运行效果越好；②多数成果在应用此模型时，对地下的流域单元划分不准确，导致模型难以适用，一旦流域划分准确，流域水量会达到平衡，因此适合于喀斯特地区；③水文过程模块的改进，本书主要对地表下垫面性质和岩性模块进行改进。

本书在对桐梓河流域岩溶地区的水文过程进行模拟的过程中，在分析桐梓河流域地质构造、岩性空间分布异质性特征的基础上，将桐梓河流域划分为非喀斯特地区和喀斯特地区。岩性的空间异质性会导致流域的地表覆被类型产生显著差异，为了实现SWAT模型在岩溶地区模拟的适用性，本书首先对SWAT模型数据库进行参数率定，率定过程中主要进行两个方面的改进，一是在影响岩溶水文过程的地表下垫面性质方面进行改进；二是将岩性模块加到SWAT模块中。下面分别阐述上述两方面的实现过程。

1. 影响岩溶水文过程的地表下垫面性质模块改进

土地利用和土地覆被类型数据库作为 SWAT 模型的基础数据库，它的精度直接决定着模型的运行效果。主要原因在于它对降水形成地表坡面径流起着决定性作用，同时也会对径流量以及泥沙量等产生影响。而在喀斯特地区，地表石漠化程度的高低直接影响着径流量的形成过程。因此本书在对岩溶水文过程下垫面性质进行改进的过程中，基于桐梓河流域的地质地貌背景，根据石漠化发育程度将喀斯特地区的地表土地覆被类型划分为石漠化区和非石漠化区。之后在构建 SWAT 模型数据库时，根据桐梓河流域的土地覆被分类体系并结合流域的实际情况，将区域的土地覆被类型数据库划分为岩溶区土地覆被类型和非岩溶区土地覆被类型。非岩溶区土地覆被类型按照非喀斯特地区的地表植被覆盖类型进行分类，具体分为水体、建设用地、林地、灌木林地、耕地和草地 6 大类。而对于喀斯特地区的土地覆被类型则主要根据石漠化发育程度将其划分为非石漠化地区和石漠化地区，对于非石漠化地区的土地利用类型划分标准同样采用非喀斯特地区的土地覆被类型方案，而石漠化地区的地表覆盖类型则是依据基岩裸露率、地表植被覆盖度、土层的厚度以及土地利用类型将其划分为潜在石漠化区、轻度石漠化区、中度石漠化区和强度石漠化区四种分类体系（表 8.1）。为了确定遥感影像与地物之间的对应关系，需要建立合适的遥感图像解译标志，针对非喀斯特地区以及非石漠化地区的土地利用类型解译方法采用第 5 章提出的 CART 决策树遥感图像处理方法实现土地利用类型的分类处理；而对于石漠化地区的遥感图像处理主要是依据石漠化解译标志根据人工目视解译方法并加上 CART 决策树处理方法实现石漠化图像处理。图 8.1 为桐梓河流域土地利用和石漠化等级空间分布图。

表 8.1　桐梓河流域土地利用分类体系

一级分类	二级分类	土地利用分类
非喀斯特地区		水体
		建设用地
		林地
		灌木林地
		耕地
		草地
喀斯特地区	非石漠化区	水体
		建设用地
		林地
		灌木林地
		耕地
		草地
	石漠化区	潜在石漠化
		轻度石漠化
		中度石漠化
		强度石漠化

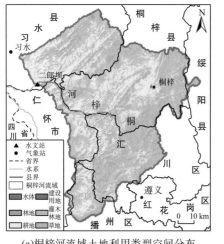 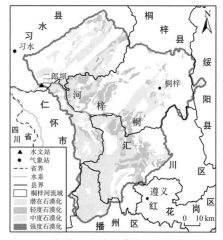

(a)桐梓河流域土地利用类型空间分布　　　　　(b)桐梓河流域石漠化空间分布

图 8.1　桐梓河流域土地利用和石漠化空间分布图

得到桐梓河流域土地利用和石漠化空间分布图后，需要对这两张图进行叠加分析。具体操作过程如下：首先使用研究区的石漠化图形成矢量掩膜文件，此文件主要包括三个部分，即轻度石漠化、中度石漠化和强度石漠化。之所以使用这三个类型是由于本书按照上述思路将潜在石漠化区和非石漠化区的地表覆被类型都按照非喀斯特地区的土地利用分类体系进行分类，之后用生成的石漠化矢量掩膜文件对土地利用图进行擦除操作。具体操作由 GIS 工具箱中的 Analysis Tools 工具箱下 Overlay 菜单下的 Erase 命令实现，之后采用 Merge 命令对擦除后的图层和三个石漠化等级矢量图像进行合并，就可以得到喀斯特地区土地利用和石漠化下垫面性质叠加图(图 8.2)。

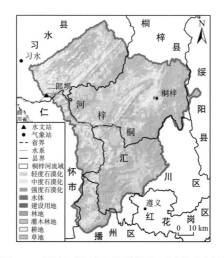

图 8.2　桐梓河流域土地利用和石漠化空间叠加图

由于在 SWAT 模型数据库关于植被类型模块的参数表中并没有喀斯特岩溶区地表植被覆盖类型的描述，因此需要结合桐梓河流域的实际情况，找到一种替代石漠化等级的地类对石漠化程度进行定量化表达。本书首先在高精度卫星影像图上对岩溶区不同石漠化等级进行标注并在野外进行拍照和调查，之后将收集到的关于石漠化等级的资料进行归类和合并处理。具体操作是把强度石漠化定义为山地灌木丛；中度石漠化定义为灌丛混交林；轻度石漠化定义为混交林，其他的土地利用类型保持不变。由此可以得到桐梓河流域土地利用覆被数据 SWAT 数据库分类体系(表 8.2)。

表 8.2 桐梓河流域 SWAT 模型土地利用分类体系

编号	类别	重分类	代码	英文全称
1	水体	水体	WATR	water
2	建设用地	建设用地	URHD	residential-high density
3	林地	林地	FRST	forest-mixed
4	灌木林地	灌木林地	FRST	forest-mixed
5	耕地	耕地	AGRL	agricultural land-generic
6	草地	草地	PAST	pasture
7	轻度石漠化	混交林	FRST	forest-mixed
8	中度石漠化	灌丛混交林	RNGB	range-brush
9	强度石漠化	山地灌木丛	RNGB	range-brush

2. 影响岩溶水文过程的岩性模块在 SWAT 模块中改进

本书在对桐梓河流域岩溶地区的水文过程进行处理时，首先依据研究区的 1∶5 万等高线地图生成数字高程模型(DEM)图，之后依据喀斯特地区的生态水文地质背景将水文地质图生成实际河网图，最后将 DEM 图和实际河网图进行叠加操作就可以形成新的 DEM 栅格数据，在此基础上依据新形成的 DEM 数据进行子流域划分。

本书在添加桐梓河流域岩性模块的过程中主要考虑了不同岩性的水文条件差异，不同岩性的土壤在水文以及水力传导性质上有着显著不同。基于该思路本书将不同岩性所反映出的水文学特征镶嵌到 SWAT 模型自带的土壤数据库中，此部分所建立的土壤数据库称之为基于岩性背景的第二土壤数据库，而第一土壤数据库则为通过土壤类型和土壤属性数据所制作的土壤数据库。这里的第一土壤数据库是在没有考虑桐梓河流域下垫面性质的情况下而创建的，但桐梓河流域碳酸岩区和非碳酸岩区土壤的属性有很大区别，因此需要在岩性基础上对原始的第一土壤数据库进行修正。基于岩性数据对原始的土壤类型进行修正的过程中，把研究区实际的七种岩性类型图合并为三种，分别为互层(白云岩与碎屑岩互层和石灰岩与碎屑岩互层)、夹层(白云岩夹碎屑岩和石灰岩夹碎屑岩)以及连续性岩性(连续性白云岩和连续性石灰岩)(图 8.3)。之后将夹层、互层以及连续性岩性的土壤类型剖面修改为 1 层厚度，同时对土壤的水文学分组进行重新分组，各个图层的土壤属性特征也根据 SWAT 模型中的土壤数据建库要求进行修改，这样就形成了研究区的第二土壤数据库(图 8.4)。

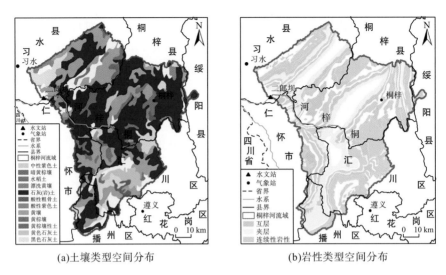

(a)土壤类型空间分布   (b)岩性类型空间分布

图 8.3　桐梓河流域第一土壤类型和岩性空间分布图

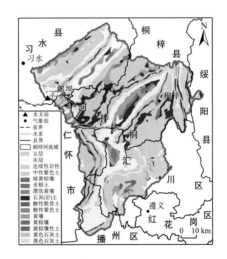

图 8.4　桐梓河流域第二土壤类型数据库叠加图

8.1.2　SWAT 模型参数

本书主要从数据准备、模型数据库建立、子流域划分、水文响应单元(HRU)的定义、气象数据的输入以及模型的校准等几个方面进行典型喀斯特流域 SWAT 模型的构建。本书在 ArcGIS 9.3 软件中安装了 SWAT 模型插件,所用的 SWAT 模型的版本号为 ArcSWAT-2009,模型参数的率定以及验证使用的是 SWAT-CUP 软件包。

SWAT 模型是一个基于物理机制的水文过程模型,该模型综合考虑了流域的气象、土壤、植被、水文等信息,因此在 SWAT 模型模拟前必须对基础资料数据进行收集。该模型所需要的数据主要有空间数据和属性数据两大类，具体如下。

（1）地形地貌 DEM 数据。该数据来源于地理空间数据云网站，主要用于生成流域河网图以及子流域图。该数据空间分辨率为 30 m。流域的真实河网数据来源于贵州省水文水资源局。

（2）1∶5 万等高线数据。该数据来源于中国科学院地球化学研究所环境地球化学国家重点实验室，主要用于生成 DEM 数据，以便与从地理空间数据云网站下载的 DEM 数据进行比对校正。

（3）岩性数据。该数据的格式为矢量数据格式，数据的比例尺为 1∶50 万，来源于中国科学院地球化学研究所环境地球化学国家重点实验室，主要用于对 SWAT 模型中的岩性模块进行改进。

（4）石漠化数据。该数据的格式为矢量数据格式，数据的比例尺为 1∶10 万，来源于中国科学院地球化学研究所环境地球化学国家重点实验室。该数据主要用于对喀斯特地区的地表下垫面性质进行修正，应用于 SWAT 模型中的植被模块设置。

（5）土壤数据库及其属性参数数据。该数据的格式为栅格数据格式，数据的比例尺为 1∶100 万，来源于世界和谐土壤数据库（HWSD）。中国境内数据为第二次全国土地调查南京土壤所提供的 1∶100 万土壤数据，主要包括土壤质地、土壤参考深度、土壤有效水含量、土壤相位、土壤含水量特征、碎石体积百分比、沙含量、淤泥含量、黏土含量、土壤容重、有机碳含量、酸碱度以及电导率等。该数据主要用于计算不同土壤的属性信息，计算出的结果需要存储于 SWAT2009.mdb 数据库的 Usersoil 数据表文件中，该土壤数据表文件记录了研究区土壤的基本属性参数。

（6）土地利用/覆被类型。该数据的格式为矢量数据格式，数据的精度为 30 m，数据的遥感图像解译的原始影像数据来源于美国地质调查局官网（http://glovis.usgs.gov/）。本书所使用的方法是分类回归决策树（CART），该方法从许多输入样本属性中选择一个或多个属性变量作为二叉树的分裂变量，之后将测试变量重新分给各个分支，重复此过程建立回归决策树；对分类决策树进行裁剪，得到一系列分类树，再用测试数据对分类树进行测试，最后选取最优的分类树。该数据主要用于设置喀斯特地区地表下垫面的植被参数。

（7）气象数据。该数据的格式为 TXT 文本文件格式，数据的时间尺度为日值尺度，来源于中国气象数据共享平台（http://data.cma.cn/）。该数据主要包括日值的实际风速、平均气温、最高气温、最低气温、实际日照时数、平均相对湿度、逐日最低气温、最高气温、平均气温以及降水量等。本书主要使用了桐梓河流域桐梓县气象站点的资料，该数据主要用于对 SWAT 模型中的气象模块进行设置。

（8）水文观测数据。该数据来源于贵州省水文水资源局（http://www.gzswj.gov.cn/hydrology_gz_new/index.phtml），主要包括月值的径流数据，时间跨度为 1975～2015 年，水文观测站点数据主要用于模型的参数率定。

SWAT 模型运行所需要的数据见表 8.3。

表 8.3 桐梓河流域 SWAT 模型所需数据来源

数据名称	数据格式	精度	来源
数字高程模型(DEM)	TIFF	30 m	地理空间数据云(http://www.gscloud.cn/)
1:5万等高线	shpfile	1:5万	课题组
岩性数据	shpfile	1:50万	课题组
石漠化数据	shpfile	1:10万	课题组
土地利用/覆被类型	TIFF	30 m	美国地质调查局官网(http://glovis.usgs.gov/)
土壤类型数据	GRID	1:100万	世界和谐土壤数据库
土壤属性数据	dBASE	—	世界和谐土壤数据库
气象数据	TXT	—	中国气象数据共享平台(http://data.cma.cn/)
水文径流观测数据	dBASE	月尺度	贵州省水文水资源局 (http://www.gzswj.gov.cn/hydrology_gz_new/index.phtml)

8.1.3 数据库构建结果

1. 土地利用数据的整理与准备

土地利用和土地覆被数据是 SWAT 模型的重要输入数据之一，土地利用数据精度直接影响着降水在陆面形成径流的过程，对模拟结果至关重要。在 SWAT 模型中土地利用数据的整理与准备主要包括两部分，第一部分是准备土地利用栅格数据；第二部分是准备土地利用的索引表，即土地利用的属性数据。土地利用数据既可以是矢量格式也可以是栅格格式，但是土地利用字段中的数据代码对应关系必须与 SWAT land cover/plant 数据库中的记录保持一致。本书参考上述桐梓河流域 SWAT 模型土地利用分类体系对研究区的土地利用进行代码赋值。需要强调的是本书使用的土地利用数据是栅格数据格式。土地利用的索引表文件在 SWAT 模型数据库中是连接土地利用类型栅格数据 Value 值与 SWAT land cover/plant 数据库植被类型的桥梁。该索引表文件由两个字段组成，分别为 Value 属性值和 Sname 代码值。其中 Value 值为栅格数据的编码，而 Sname 代码值为研究区的土地利用值在 SWAT 模型数据库中的具体代码值，这里的属性表的保存格式为".TXT"。在建立模型时，用户可以在 ArcSWAT 界面输入各种土地利用类型与数据记录的对应关系，也可以导入事先准备好的土地利用类型索引表将两者进行关联。为了方便，通常选择导入事先准备好的土地利用类型索引表。

2. 土壤数据库的整理与准备

土壤数据库及其参数也是 SWAT 模型数据库中重要的参数，土壤数据库质量的好坏直接决定着模型是否能够顺利执行。本书中用到的土壤数据主要包括土壤类型分布图、土壤类型索引表及土壤物理属性文件(即土壤数据库参数)。土壤数据库中的属性信息主要包括土壤的物理性质和化学性质，SWAT 模型中土壤的化学性质可以输入也可以不输入，由于本书主要进行水文效应分析，因此没有涉及土壤化学性质方面的内容，故不做讨论。土壤的物理属性决定了土壤剖面中水和气的运动情况，并且对 HRU 中的水循环起着重要作用，是 SWAT 建模前期处理过程的关键数据。SWAT 模型中所涉及的土壤物理参数共有 19 个，见表 8.4。其中 SOL_BD、SOL_AWC、SOL_K 三个参数变量需要借助 SPAW 软件进行计算，主要利用该软件中的"Soil Water Characteristics"模块，根据土壤中黏土（clay）、砂土（sand）、有机质（organic matter）、盐度（salinity）、砂砾（gravel）等的含量来计算，这些参数都是我国目前土壤数据库所缺乏的。SPAW 软件安装完成后，界面如图 8.5 所示。

表 8.4　桐梓河流域 SWAT 土壤数据库参数表

参数	中文含义	单位	数据获得方式
SNAM	土壤命名	—	世界和谐土壤数据库
NLAYERS	土壤数据库中的分层数	—	2 层
HYDGRP	土壤的水文学分组数据	A 层、B 层、C 层和 D 层	参考水文学分组确定（表 8.5）
SOL_ZMX	土壤的最大根系深度	mm	世界和谐土壤数据库
ANION_EXCL	土壤中阴离子交换的孔隙度	—	模型默认值为 0.5
SOL_CRK	土壤中的最大压缩量	%vol	模型默认值为 0.5
TEXTURE	土壤层结构特征	—	世界和谐土壤数据库
SOL_Z	各个土壤层顶部到土壤层底部的深度	mm	世界和谐土壤数据库
SOL_BD	土壤的湿密度	g/cm^3	SPAW 软件确定
SOL_AWC	土壤的有效持水量	%	SPAW 软件确定
SOL_K	土壤的饱和导水率	mm/h	SPAW 软件确定
SOL_CBN	土壤层中的有机碳含量	%wt	世界和谐土壤数据库
CLAY	土壤中的黏土含量	%wt	世界和谐土壤数据库
SILI	土壤中的壤土含量	%wt	世界和谐土壤数据库
SAND	土壤中的沙砾含量	%wt	世界和谐土壤数据库
ROCK	土壤中的砾石含量	%wt	世界和谐土壤数据库
SOL_ALB	土壤中的地表反射率	—	默认值为 0.01
USLE_K	土壤的侵蚀力因子	—	土壤侵蚀力因子方程
SOL_EC	土壤的电导率	dS/m	SPAW 软件确定

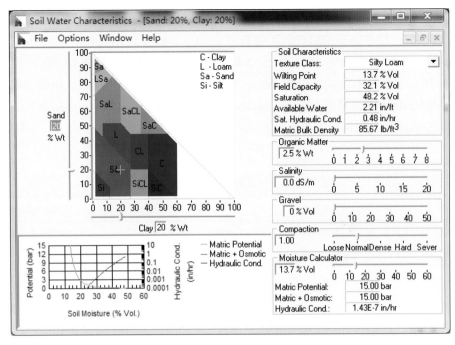

图 8.5 SPAW 软件运行界面

通过填入所有空白格内的参数，如 Sand、Clay 等，就可以显示计算后的结果。其中本书所需要的三个参数如下：SOL_BD=Bulk Density；SOL_AWC=Field Capacity（田间持水量）-Wilting Point（饱和导水率）；SOL_K=Sat Hydraulic Cond。

另外，在 SPAW 模型中单位要选择国际单位制，在 Options 下拉菜单中选择 Units 下的 Metric 即可。

表 8.5   SWAT 土壤数据库中 SCS 土壤的水文学分组

土壤水文学分组	土壤水文学性质	最小下渗率/(mm/h)
A 层	在土壤全部潮湿的情况下较高渗透率的土壤。这种土壤主要由沙石和砾石组成，具有很好的排水和导水能力	7.6~11.4
B 层	在土壤全部潮湿的情况下中等渗透率的土壤。这类土壤的排水和导水能力处于中等水平	3.8~7.6
C 层	在土壤全部潮湿的情况下较低渗透率的土壤。这种土壤多数具有一个阻碍水向下流动的层，土壤的下渗能力和导水能力较差	1.3~7.6
D 层	在土壤全部潮湿的情况下很低渗透率的土壤。这种土壤主要由黏土组成，具有很低的排水和导水能力	0~1.3

对于土壤可蚀性因子 K 值的计算本书主要运用土壤侵蚀与生产力影响评估模型 (EPIC)中所定义的方法，利用土壤的颗粒质地以及土壤的有机质计算，详见 5.3.4 节。

3. 气象数据的整理与准备

气象数据在 SWAT 模型中起着至关重要的作用，模型中气象数据驱动着流域的降雨以及蒸散发过程。在 SWAT 模型构建过程中有三个参数是模型运转所必须确定的，即天气发生器数据、降水数据、气温数据。天气发生器数据可以在气象缺失的地区进行局部模拟，是 SWAT 模型内置的，但是这种方式一般我们不推荐，因为实测数据输入模型中是必要的，故必须在建模之前提前建立好数据库信息；后两者所涉及的气温和降水数据一般可以通过气象局或者中国气象数据共享中心（http://data.cma.cn/）获得。

4. 子流域划分结果

SWAT 模型在运行前必须要进行子流域划分，子流域相互连接形成流域的河网。子流域划分的主要过程如下：①输入校正好的 DEM 数据。②确定研究区的整体区域分布，本书使用 MASK 掩膜文件进行定义。③加载流域的真实河网信息，真实河网信息来源于贵州省水文水资源局，本书将其镶嵌入 DEM 中。④对流域的数据高程模型图进行填注处理。⑤设定河网的临界阈值，之后模型对河网、流域出水口及河道信息等进行计算。这里需要注意，指定流域面积的阈值越小，划分出来的水系会越详细，但是在实际应用过程中并不是划分的河网越多越好，要根据实际情况进行设定。根据桐梓河流域的实际情况并结合该地区的地下水文特征，将其阈值设定为 5000，通过阈值划分桐梓河流域可以得到 41 个子流域。⑥指定流域的出水口，本书将流域的出水口定义为桐梓河流域二郎坝水文站，最后需要对所计算的结果进行报表统计。SWAT 模型子流域划分结果如图 8.6 所示。

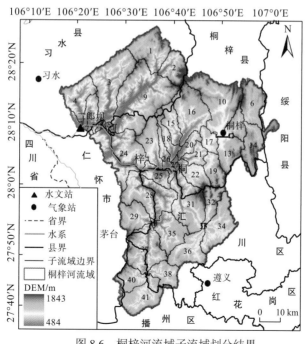

图 8.6　桐梓河流域子流域划分结果

5. 水文响应单元生成结果

SWAT 模型的水文响应单元（hydrologic research unit，HRU）是模型在模拟过程中的最小单位,它是流域内相同的土地利用类型、相同的土壤属性信息以及地形地貌信息的综合单元,代表子流域中统一土地利用、土壤以及地形的集合体,同时假定子流域内不同单元的 HRU 之间没有相互影响。一般来说,一个子流域由多个 HRUs 组成,每个 HRU 都可以由一系列相同的参数构成,如相同 HRU 中的土壤导水性、水文学分组、土壤电导率以及土壤的可蚀性因子等一般相同。模型计算时,对于拥有不同 HRU 的子流域,分别计算一类 HRU 的水文过程,然后在子流域出口将所有 HRU 的产出进行叠加,得到子流域的产出。HRU 数量直接决定着模型运行的速度。HRU 在 SWAT 中的具体划分流程如下。

1) 水文响应单元生成方法

在进行水文响应单元的划分时本书选用 SWAT 软件平台的 ArcSWAT2009 软件。在该软件下建立水文响应单元的具体步骤如下。

(1) 用 SWAT 模型中的 Delineate watershed 命令将桐梓河流域划分为 41 个子流域。

(2) 在子流域基础上划分 HRU。操作方法为,首先在 GIS 软件中处理得到研究区的坡度、土壤类型以及土地利用/覆被地表下垫面性质栅格数据图层。然后,通过掩膜运算分别得到研究区面积以及空间位置大小的土壤、土地利用以及坡度栅格图像。以上三个栅格图像的处理全部需要转换为与 MASK 掩膜文件相同的空间参考,同时也必须是等面积圆锥投影(Albers)。最后,在 ArcSWAT 模块中单击 Multiple Slope 菜单,弹出 Land Use/Soil/Slope 命令菜单,这里有三个标签需要进行设置:①土地利用图。土地利用类型图为栅格文件格式,同时需要输入土地利用的查找表,这个查找表是建立土地利用栅格图像和 SWAT 模型中土地利用编码的纽带,建立完查找表之后,需要对土地利用图进行重分类。②土壤数据库。土壤数据库同样要设置土壤的栅格数据,同样需要输入土壤数据的查找表,这个查找表是建立土壤数据与 SWAT2009.mdb 数据库中 Usersoil 数据表文件意义的对应关系。③建立坡度信息。本书根据喀斯特地区的实际情况选择坡度分级的方式为多尺度坡度方式。

2) 水文响应单元的划分阈值

水文响应单元主要根据桐梓河流域的地形、地貌、土壤以及区域的地表下垫面性质进行确定,本书中所用数据的分辨率统一为 30 m,如果其他数据分辨率没有达到 30 m,则通过 GIS 中的重采样工具将其采样为 30 m。

水文响应单元的定义还需要设置 HRU 的 Thresholds,也就是需要设置土地利用、土壤类型以及坡度图层的面积比例阈值,这里的土地利用类型数据的面积阈值设置为 5%,坡度的面积阈值设置为 5%,而土壤类型的面积阈值则设置为 20%。

3) 水文响应单元的生成

水文响应单元的主要命名方式为"子流域的编号_土地利用/覆被数据类型的编号_土壤类型的编号_坡度比例值"。如"25_FRST_FLc_10-30"代表第 25 号子流域中土地利用或者植被类型为 FRST,土壤类型为 FLc,同时坡度值在 10%~30% 的同一个水文响应单元。

　　在每一个子流域中，每一个 HRU 可以看作是具有相同性质的同一个类型的斑块，具有相同的景观性质，也具有相同的生态水文过程，该斑块是 SWAT 模型在模拟时的最小水文单元。HRU 的优势在于它可以提高流域泥沙负荷或者流域 N、P 负荷的准确性，传统方法在进行泥沙模拟或者非点源 N 和 P 污染模拟和预测时，采用的模拟单元为小流域，而 SWAT 模型中引入水文响应单元可以提高流域内负荷预测的精度。HRU 在生成的过程中会在每一个子流域中产生一个报表文件，该报表文件记录了流域中每个 HRU 的土地利用、土壤属性以及坡度三类统计信息。桐梓河流域第 28 号子流域的 HRU 划分结果如图 8.7 和表 8.6 所示。

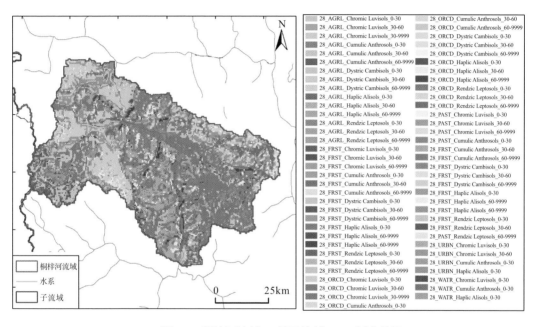

图 8.7　桐梓河流域 28 号子流域 HRU 划分结果

表 8.6　桐梓河流域 28 号子流域 HRU 代码及其面积

土地利用代码	土壤类型代码	平均坡度	面积	唯一值代码
PAST	Chromic Luvisols	18.39	380.43	28_PAST_Chromic Luvisols_0-30
AGRL	Chromic Luvisols	18.38	1909.46	28_AGRL_Chromic Luvisols_0-30
FRST	Chromic Luvisols	18.63	745.45	28_FRST_Chromic Luvisols_0-30
AGRL	Chromic Luvisols	40.71	1105.61	28_AGRL_Chromic Luvisols_30-60
AGRL	Rendzic Leptosols	38.18	139.52	28_AGRL_Rendzic Leptosols_30-60
AGRL	Rendzic Leptosols	67.77	8.11	28_AGRL_Rendzic Leptosols_60-9999
AGRL	Rendzic Leptosols	20.36	193.06	28_AGRL_Rendzic Leptosols_0-30
PAST	Rendzic Leptosols	71.48	4.87	28_PAST_Rendzic Leptosols_60-9999
RNGB	Rendzic Leptosols	39.34	89.23	28_RNGB_Rendzic Leptosols_30-60
AGRL	Chromic Luvisols	75.94	193.06	28_AGRL_Chromic Luvisols_60-9999
FRST	Chromic Luvisols	40.83	599.44	28_FRST_Chromic Luvisols_30-60
FRST	Chromic Luvisols	71.60	60.03	28_FRST_Chromic Luvisols_60-9999

土地利用代码	土壤类型代码	平均坡度	面积	唯一值代码
PAST	Chromic Luvisols	40.41	172.78	28_PAST_Chromic Luvisols_30-60
RNGB	Chromic Luvisols	81.17	42.18	28_RNGB_Chromic Luvisols_60-9999
RNGB	Chromic Luvisols	17.75	146.01	28_RNGB_Chromic Luvisols_0-30
PAST	Chromic Luvisols	76.90	13.79	28_PAST_Chromic Luvisols_60-9999
WATR	Chromic Luvisols	7.70	3.24	28_WATR_Chromic Luvisols_0-30
AGRL	Dystric Cambisols	14.63	85.17	28_AGRL_Dystric Cambisols_0-30
AGRL	Dystric Cambisols	42.62	52.73	28_AGRL_Dystric Cambisols_30-60
FRST	Dystric Cambisols	20.87	4.87	28_FRST_Dystric Cambisols_0-30
AGRL	Dystric Cambisols	81.65	38.12	28_AGRL_Dystric Cambisols_60-9999
FRST	Dystric Cambisols	48.52	18.66	28_FRST_Dystric Cambisols_30-60
FRST	Dystric Cambisols	94.95	34.07	28_FRST_Dystric Cambisols_60-9999
PAST	Dystric Cambisols	84.90	4.06	28_PAST_Dystric Cambisols_60-9999
PAST	Dystric Cambisols	21.32	4.87	28_PAST_Dystric Cambisols_0-30
RNGB	Chromic Luvisols	42.83	122.48	28_RNGB_Chromic Luvisols_30-60
RNGB	Dystric Cambisols	95.45	3.24	28_RNGB_Dystric Cambisols_60-9999
RNGB	Dystric Cambisols	20.35	4.87	28_RNGB_Dystric Cambisols_0-30
RNGB	Dystric Cambisols	34.42	2.43	28_RNGB_Dystric Cambisols_30-60
URBN	Chromic Luvisols	37.73	2.43	28_URBN_Chromic Luvisols_30-60
PAST	Dystric Cambisols	45.75	2.43	28_PAST_Dystric Cambisols_30-60
AGRL	Haplic Alisols	18.43	1567.96	28_AGRL_Haplic Alisols_0-30
RNGB	Haplic Alisols	19.18	135.46	28_RNGB_Haplic Alisols_0-30
AGRL	Haplic Alisols	41.36	1484.42	28_AGRL_Haplic Alisols_30-60
AGRL	Haplic Alisols	71.28	165.48	28_AGRL_Haplic Alisols_60-9999
FRST	Haplic Alisols	42.11	793.31	28_FRST_Haplic Alisols_30-60
PAST	Haplic Alisols	40.26	197.11	28_PAST_Haplic Alisols_30-60
FRST	Haplic Alisols	18.23	802.23	28_FRST_Haplic Alisols_0-30
FRST	Haplic Alisols	71.93	169.53	28_FRST_Haplic Alisols_60-9999
PAST	Haplic Alisols	18.49	244.16	28_PAST_Haplic Alisols_0-30
PAST	Haplic Alisols	70.15	21.09	28_PAST_Haplic Alisols_60-9999
PAST	Rendzic Leptosols	19.71	98.96	28_PAST_Rendzic Leptosols_0-30
FRST	Rendzic Leptosols	20.46	246.59	28_FRST_Rendzic Leptosols_0-30
RNGB	Haplic Alisols	43.50	217.39	28_RNGB_Haplic Alisols_30-60
FRST	Rendzic Leptosols	41.24	211.71	28_FRST_Rendzic Leptosols_30-60
PAST	Rendzic Leptosols	38.67	51.91	28_PAST_Rendzic Leptosols_30-60
RNGB	Haplic Alisols	72.29	58.40	28_RNGB_Haplic Alisols_60-9999
WATR	Haplic Alisols	0.00	4.06	28_WATR_Haplic Alisols_0-30
AGRL	Cumulic Anthrosols	38.57	476.15	28_AGRL_Cumulic Anthrosols_30-60
FRST	Cumulic Anthrosols	70.35	31.64	28_FRST_Cumulic Anthrosols_60-9999
FRST	Cumulic Anthrosols	40.26	301.75	28_FRST_Cumulic Anthrosols_30-60
AGRL	Cumulic Anthrosols	16.74	1300.28	28_AGRL_Cumulic Anthrosols_0-30

土地利用代码	土壤类型代码	平均坡度	面积	唯一值代码
FRST	Cumulic Anthrosols	17.74	455.87	28_FRST_Cumulic Anthrosols_0-30
PAST	Cumulic Anthrosols	38.15	72.19	28_PAST_Cumulic Anthrosols_30-60
RNGB	Cumulic Anthrosols	18.41	60.03	28_RNGB_Cumulic Anthrosols_0-30
RNGB	Cumulic Anthrosols	41.60	37.31	28_RNGB_Cumulic Anthrosols_30-60
PAST	Cumulic Anthrosols	19.24	136.27	28_PAST_Cumulic Anthrosols_0-30
RNGB	Cumulic Anthrosols	70.50	4.06	28_RNGB_Cumulic Anthrosols_60-9999
WATR	Cumulic Anthrosols	4.40	11.36	28_WATR_Cumulic Anthrosols_0-30
AGRL	Cumulic Anthrosols	65.78	20.28	28_AGRL_Cumulic Anthrosols_60-9999
URBN	Cumulic Anthrosols	2.15	10.55	28_URBN_Cumulic Anthrosols_0-30
RNGB	Rendzic Leptosols	20.44	124.92	28_RNGB_Rendzic Leptosols_0-30
URBN	Haplic Alisols	22.79	0.81	28_URBN_Haplic Alisols_0-30
URBN	Chromic Luvisols	5.42	4.87	28_URBN_Chromic Luvisols_0-30
PAST	Cumulic Anthrosols	72.26	1.62	28_PAST_Cumulic Anthrosols_60-9999
RNGB	Rendzic Leptosols	66.87	5.68	28_RNGB_Rendzic Leptosols_60-9999
FRST	Rendzic Leptosols	65.47	6.49	28_FRST_Rendzic Leptosols_60-9999

8.1.4　参数敏感性分析

　　SWAT 模型中模拟的水文过程只是对现实世界中水文现象的简化以及抽象化表达，并不能完全反映客观世界中的水文现象和水文过程，因此在实际的应用过程中存在一定误差。为了提高 SWAT 模型模拟结果的精度以及模拟的可靠性，必须对模型的参数进行敏感性分析，找出哪些参数对模型敏感，哪些参数对模型不敏感，对于敏感的参数，需要对其进行校正。参数敏感性分析是 SWAT 模型在进行模型率定以及模型校正前必须要做的工作。本书使用 SWAT 官网提供的 SWAT-CUP 软件实现对 SWAT 模型的参数敏感性分析以及不确定性分析。SWAT-CUP 软件实现模型参数敏感性分析时主要考虑两个变量，第一个变量为 t，第二个变量为 p。其中 t 的绝对值越大，说明所选参数对模型越敏感；而 p 的范围为 0～1，越接近于 0，说明所选参数对模型越敏感，反之所选参数对模型越不敏感。通过 SWAT-CUP 参数敏感性分析，得到对模型敏感性最强的 10 个参数。这 10 个参数按照敏感性的强弱顺序排列，排列的位置越靠前，序号越小，敏感性越强，对流域产水以及产沙量的模拟结果影响也就越大。本书选择 SWAT-CUP 软件中的 SUFI-2 算法，参数不确定性考虑了所有不确定性的来源，如驱动变量(如降水)、概念模型、参数以及监测数据。所有不确定性的程度通过 p-factor 来衡量，包括在 95%预测不确定性内的监测数据的百分比(95PPU)。应该注意的是，本书不寻求"最佳模拟"，是因为在返样一个随机过程中"最佳方案"实际上是最终的参数范围。本书对上述改进的参数模型进行模拟，模拟的次数建议是 5000 次，利用 SWAT-CUP 模拟出的参数敏感性分析结果见表 8.7。

表 8.7　SWAT 模型参数敏感性分析结果

编号	敏感性参数名称	参数含义	t 值	p 值
1	CN2	主河道的曼宁系数	8.0138	0.000000017
2	SOL_K(1)	土壤饱和导水系数	3.8313	0.0007247
3	GW_REVAP	地下水再蒸发系数	3.1337	0.0042441
4	SOL_BD	土壤的湿密度	2.9298	0.0069759
5	CH_K2	主河道水力传导系数	-2.26517	0.0320659
6	SOL_AWC(1)	土壤可利用水量	1.231182	0.2292761
7	ALPHA_BNK	基流系统	1.1729559	0.251448
8	GWQMN	浅层含水层的水位阈值	-0.744538	0.463227
9	SFTMP	降雪温度	-0.6758399	0.5051097
10	ESCO	土壤温度补偿系数	0.29121023	0.7732011

从表 8.7 和图 8.8 可以看出，前 5 个参数对桐梓河流域的径流模拟比较敏感，p 都小于 0.05。其中 CN2 对桐梓河流域径流的模拟最为敏感，这个参数主要是用来表征流域内降水和径流的关系，反映了流域下垫面性质，一般来说在给定的情况下增加 CN2 会导致地表径流增加，从而增加流域的产流量。

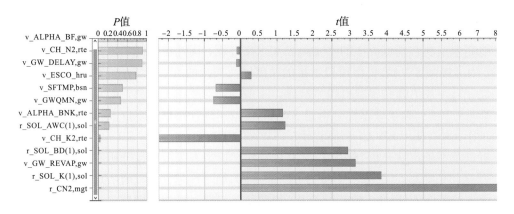

图 8.8　SWAT 模型参数敏感性 p 值和 t 值排序图

8.1.5　参数率定和验证

SWAT 模型在进行参数率定和参数验证时，通常需要将实测的径流数据分为两部分，一部分用于模型校正，另一部分则用于模型验证。对于模型的评价效果，前人一般使用相关系数 R^2、Nash-Sutcliffe 模型效率系数 NSE、均方根误差与实际测量标准差之间的比值 RSR 来评估。本书选择了相关系数 R^2 和 Nash-Sutcliffe 模型效率系数 NSE 对模型的评价效果进行评估。在本书中桐梓河流域实测径流数据的时间跨度为 1990~2015 年，因此选择 1990~2005 年的数据对 SWAT 模型进行参数率定，其中 1990~1994 年的数据用于模型预热，1995~2005 年的数据用于模型率定；2006~2015 年的数据则用于模型校正。

1) 参数率定期

本书将 1990～2005 年 SWAT 模型模拟的结果导入 SWAT-CUP 软件中，然后输入 1990～2015 年桐梓河流域二郎坝水文站的实测月径流资料进行参数分析，SWAT-CUP 软件根据实测数据与模拟数据进行比对，不断地调整参数的取值范围，直到得到一组合适的参数。假如模拟值与实测值的匹配效果不佳，本书将第一次迭代生成的最佳参数导入 SWAT-CUP 软件进行第二次迭代，直到拟合出合适的参数为止。参数的率定结果如图 8.9 和图 8.10 所示。从图中可以看出，1995～2005 年二郎坝水文站的实测径流量与模拟值比较接近，相关性较好，相关系数 R^2 达到 0.8537，NSE 达到 0.74，说明模拟的径流量与实测的径流量接近，相关性程度较高，可进行下一步的模拟和预测。

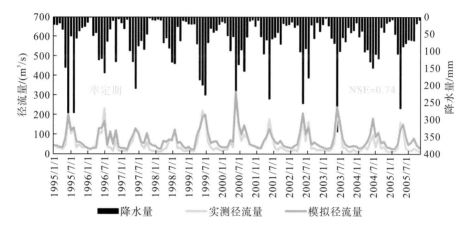

图 8.9　SWAT 模型率定期实测径流量与模拟径流量对比图

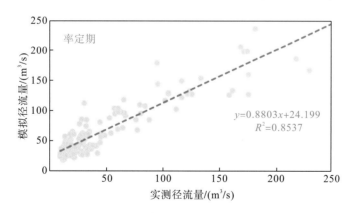

图 8.10　SWAT 模型率定期实测径流量与模拟径流量相关系数图

2) 参数验证期

同样地，为了验证率定效果的好坏，本书把 2006～2015 年 SWAT 模型模拟的结果导入 SWAT-CUP 软件中，然后输入 2006～2015 年桐梓河流域二郎坝水文站的实测月径流资料进行参数分析，SWAT-CUP 软件根据实测数据与模拟数据进行比对，不断地调整参数的取值范围，直到拟合出合适的参数为止。参数的率定结果如图 8.11 和图 8.12 所示。从图中可以看出，2006～2015 年二郎坝水文站的实测径流量与模拟值比较接近，相关性较好，相关系数 R^2 达到 0.7778，NSE 达到 0.69，说明模拟的径流量与实测的径流量接近，相关性程度较高，可进行下一步的模拟和预测。

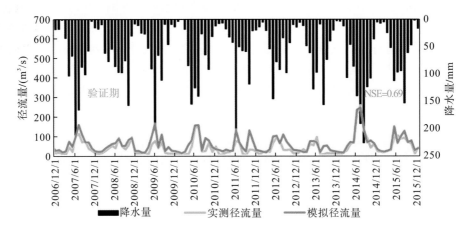

图 8.11 SWAT 模型验证期实测径流量与模拟径流量对比图

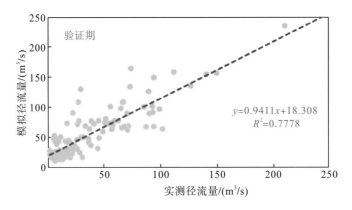

图 8.12 SWAT 模型验证期实测径流量与模拟径流量相关系数图

8.2 流域径流模拟

8.2.1 过去时期土地利用变化情景下流域径流的模拟

已经有大量研究表明，在长时间尺度上气候变化会对流域的径流产生影响，但是在较短时间尺度上，土地利用覆被变化会对流域的径流产生显著影响。一般在研究流域的土地利用变化对径流的影响时采用固定一个因子而改变其他因子的方法，即固定气候因子，研究土地利用变化下流域径流的变化过程。在气候条件保持不变的前提下，如选择 1990～2015 年的气候数据作为输入数据，通过对不同土地利用方式变化数据的输入，进而可以模拟不同土地利用情景下流域径流的变化过程。

在第 4 章关于桐梓河流域土地利用土地覆被分析的基础上,将研究区 1990 年、2000 年、2010 年以及 2015 年的土地利用情况(图 8.13)作为过去时期的土地利用变化数据输入 SWAT 模型中,保持气候、土壤类型以及流域的坡度等参数不变,在此条件下模拟桐梓河流域过去时期的径流变化过程,通过模型模拟可以得到各种土地利用情景下不同子流域径流深的空间分布图(图 8.14)。

(a)1990年桐梓河流域土地利用类型空间分布

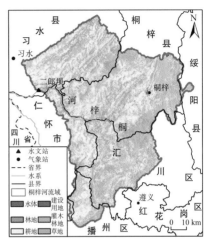

(b)2000年桐梓河流域土地利用类型空间分布

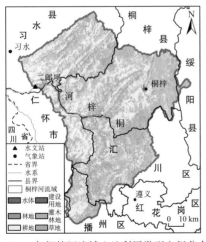

(c)2010年桐梓河流域土地利用类型空间分布

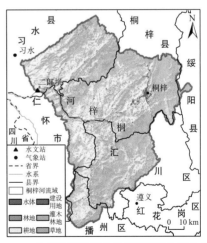

(d)2015年桐梓河流域土地利用类型空间分布

图 8.13　桐梓河流域历史时期土地利用空间分布图

从总体趋势上看,桐梓河流域的平均径流深在 1990～2015 年经历了 2 个阶段,分别为 1990～2000 年的上升阶段以及 2000～2015 年的下降阶段,不同时期的平均径流深见表 8.8。从图 8.14 中可以看出,桐梓河流域的东南部以及流域的出口径流深整体偏高,而流域的中游地区径流深普遍偏低。

表 8.8 过去时期土地利用变化情景下流域径流的模拟结果

编号	子流域面积/hm²	径流深/mm			
		1990 年	2000 年	2010 年	2015 年
1	116.20	342.46	429.49	409.36	395.57
2	68.13	359.69	436.37	419.35	403.61
3	175.60	364.85	435.38	416.31	404.91
4	90.34	404.31	448.19	432.93	428.18
5	3073.00	352.41	430.51	408.80	397.72
6	88.39	340.17	432.47	410.70	396.84
7	3172.00	353.80	430.93	409.44	398.50
8	2855.00	351.48	430.28	408.41	397.24
9	474.20	351.40	428.85	409.14	396.85
10	186.00	355.57	430.89	409.85	400.44
11	226.40	351.50	437.26	415.57	405.87
12	416.00	353.58	434.34	412.96	403.45
13	70.70	373.52	451.28	435.17	431.75
14	91.98	362.13	443.17	422.34	415.64
15	52.21	354.19	425.42	403.49	388.83
16	143.00	351.26	423.52	400.43	389.14
17	521.20	358.73	435.37	414.37	405.73
18	236.60	352.50	424.69	401.98	389.85
19	57.02	364.07	443.53	422.35	408.22
20	701.10	355.42	434.32	412.65	403.34
21	613.80	357.03	435.14	413.64	404.35
22	56.65	345.92	427.39	404.50	394.26
23	76.29	344.98	427.49	403.05	395.70
24	2375.00	351.53	430.47	408.27	397.34
25	1511.00	349.81	430.66	408.23	396.66
26	1391.00	350.11	430.89	408.62	396.63
27	946.10	354.31	431.71	409.70	399.64
28	681.50	356.32	431.46	410.69	400.12
29	73.93	362.16	432.80	414.26	405.70
30	433.50	356.60	432.38	411.91	400.92
31	406.00	342.16	430.51	407.91	391.72
32	50.33	370.99	445.87	427.51	406.74
33	207.00	338.25	427.87	405.86	388.28
34	112.90	331.34	427.01	403.00	383.16
35	91.08	369.20	445.60	426.44	417.78
36	91.96	347.05	429.36	409.99	394.85
37	356.50	355.60	432.51	411.66	400.10
38	58.20	360.44	436.36	417.96	406.15

编号	子流域面积/hm²	径流深/mm			
		1990 年	2000 年	2010 年	2015 年
39	159.10	355.73	433.07	412.55	403.31
40	55.33	358.82	435.03	414.68	402.40
41	103.40	354.30	432.17	411.60	403.95
径流深均值		355.26	433.46	412.62	401.26

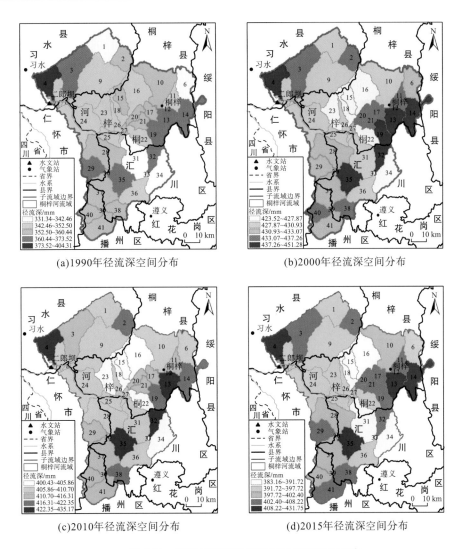

图 8.14　桐梓河流域历史时期径流深空间分布

8.2.2　未来时期土地利用变化情景下流域径流的模拟

根据本书关于桐梓河流域土地利用模拟和预测的结果可知,通过对桐梓河流域不同土地利用进行 Binary Logistic 回归分析之后,获得的各种土地利用的概率图像与研究区实际的土地利用分布现状的一致性已经通过 ROC 曲线检验。基于此对流域的土地利用模拟图像与实际图像进行了 Kappa 指数检验,模拟精度较好,证明 CLUE-S 模型可以在这个区域进行应用。对此本书预测了桐梓河流域 2030 年的土地利用图谱,图 8.15(a)为桐梓河流域 2030 年的土地利用模拟图。基于此,本书运用 SWAT 模型模拟了研究区 2030 年未来土地利用变化情景下的水文响应过程,在模拟时假定未来时段的气候情况由模型中的天气发生器模拟产生。

　　另一种土地利用变化情景则是退耕还林情景,这种情景的设置是将土地利用现状年(2015 年)坡度大于 25°的耕地全部退耕为灌木林地,而坡度大于 20°小于 25°的耕地全部退耕为草地,其他地类保持不变。具体做法是在国家林业局对坡耕地划分等级的基础上进行界定的,其中坡度小于 2°的定义为平地,坡度为 6°～15°的定义为缓坡耕地,坡度为 15°～25°的定义为坡耕地,而坡度大于 25°的定义为陡坡耕地。因此本书在对未来退耕还林情景下的土地利用进行设置时,首先必须对坡度进行分级,具体做法是在 GIS 中将研究区的 DEM 图按照国家林业局的坡耕地划分标准进行分级,之后将桐梓河流域 2015 年的土地利用图与坡度图进行叠加,最后将坡度为 25°以上的耕地全部替换为灌木林地,而坡度为 20°～25°的耕地全部替换为草地[图 8.15(b)]。

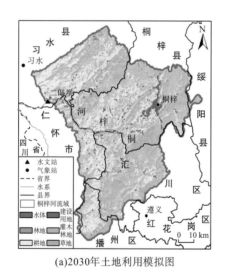
(a)2030年土地利用模拟图

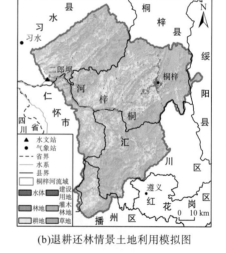
(b)退耕还林情景土地利用模拟图

图 8.15　桐梓河流域 2030 年情景土地利用空间分布和退耕还林情景

　　从表 8.9 和图 8.16 可以看出,退耕还林情景的径流深平均值低于 2030 年情景下的径流深(377.42 mm＜494.11 mm)。在研究区将坡度为 20°～25°的耕地转换为草地以及坡度为 25°以上的耕地转换为灌木林地后,流域的径流量大幅度下降,说明草地和灌木林地具有良好的生态保水作用,从而减少了子流域尺度上的径流量;而从 2030 年的土地利用模拟结果中可以看出大量耕地和林草植被将被建设用地以及城镇居住用地所占用,从而大幅增加了流域中的不透水层面积,导致了流域径流量的增加以及洪峰流量的增加。

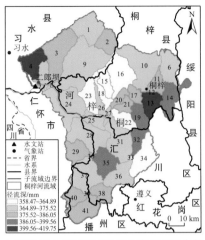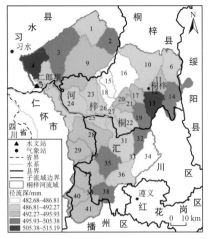

(a)退耕还林情景下子流域径流深空间分布　　　(b)2030年情景下子流域径流深空间分布

图 8.16　桐梓河流域退耕还林以及 2030 年情景下子流域径流深空间分布

表 8.9　退耕还林以及 2030 年情景下径流深的模拟结果

编号	子流域面积/hm²	退耕还林情景径流深/mm	2030 年情景径流深/mm
1	116.20	369.32	491.15
2	68.13	386.05	501.02
3	175.60	382.76	498.92
4	90.34	413.74	515.19
5	3073.00	371.30	491.67
6	88.39	371.26	490.96
7	3172.00	372.42	492.27
8	2855.00	370.68	491.22
9	474.20	370.60	493.14
10	186.00	374.04	492.16
11	226.40	381.89	495.93
12	416.00	378.43	494.22
13	70.70	419.75	511.73
14	91.98	394.84	501.58
15	52.21	364.00	486.81
16	143.00	360.26	484.40
17	521.20	381.63	495.52
18	236.60	362.42	485.61
19	57.02	390.96	500.43
20	701.10	378.21	494.24
21	613.80	379.97	494.83

编号	子流域面积/hm²	退耕还林情景径流深/mm	2030 年情景径流深/mm
22	56.65	364.61	488.35
23	76.29	364.89	489.13
24	2375.00	370.79	490.84
25	1511.00	370.56	490.28
26	1391.00	371.07	490.28
27	946.10	373.70	491.85
28	681.50	374.63	493.19
29	73.93	381.79	495.21
30	433.50	376.29	493.94
31	406.00	367.88	488.06
32	50.33	396.68	501.89
33	207.00	363.65	485.74
34	112.90	358.47	482.68
35	91.08	399.56	505.38
36	91.96	370.65	489.97
37	356.50	375.52	493.88
38	58.20	383.82	498.75
39	159.10	377.85	495.37
40	55.33	381.01	494.95
41	103.40	376.41	495.79
径流深均值		377.42	494.11

8.2.3　未来气候变化情景下流域径流的模拟

气候变化对流域径流的过程及其形成起着至关重要的作用，其中降水量的大小、降水的强度以及降水量的持续时间都会直接对流域的径流产生影响，同时也会影响流域的径流过程曲线(图 8.17)；流域的气温也会对径流的形成产生显著影响，气温的高低直接影响着流域地表植被的蒸散量大小，而蒸散量也会对径流量产生影响(图 8.18)。

在对未来气候情景进行设置时本书假定未来的气温和降水按照历史时期的趋势变化，即降水按照 1.6184 mm/a 的速率下降，而气温按照 0.0093℃/a 的速率上升，将其气温和降水的未来年份定义为 2030 年，而土地利用情况则保持 2015 年的土地利用情况不变。之后在 SWAT 的气象数据库模块中按照上述思路重新对气象模块进行处理，并将气象数据存储为 DBF 数据文件格式，最后在 SWAT 软件 Write Input Tables 下拉菜单下的 Weather Data Definition 对话框中对未来的气候情景模式进行设置。

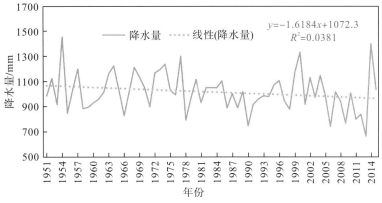

图 8.17　桐梓河流域历史时期降水变化趋势

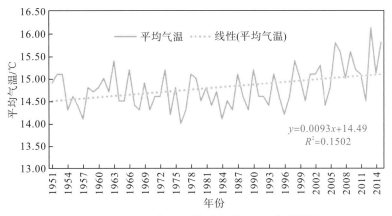

图 8.18　桐梓河流域历史时期气温变化趋势

　　研究结果表明未来气候情景下流域的径流深由 2015 年的 401.26 mm 减少到 2030 年的 386.53 mm，从不同子流域单元上也可以看出径流量也呈现出减少趋势（图 8.19、表 8.10），因此未来气温升高和降水减少会对流域尺度上径流量的减少起到显著作用。

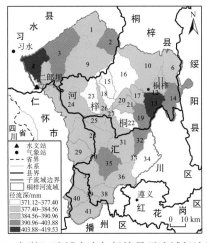

图 8.19　桐梓河流域未来气候情景子流域径流深空间分布

表 8.10　未来气候情景下桐梓河流域径流深的模拟结果

编号	子流域面积/hm^2	未来气候情景径流深/mm
1	116.20	381.46
2	68.13	393.99
3	175.60	393.05
4	90.34	413.97
5	3073.00	381.81
6	88.39	381.71
7	3172.00	382.47
8	2855.00	381.22
9	474.20	383.33
10	186.00	384.56
11	226.40	390.82
12	416.00	386.87
13	70.70	419.53
14	91.98	401.11
15	52.21	374.63
16	143.00	373.26
17	521.20	389.77
18	236.60	374.02
19	57.02	395.01
20	701.10	386.63
21	613.80	388.53
22	56.65	376.10
23	76.29	377.40
24	2375.00	381.67
25	1511.00	380.76
26	1391.00	381.06
27	946.10	383.30
28	681.50	385.42
29	73.93	390.17
30	433.50	385.48
31	406.00	379.31
32	50.33	397.57
33	207.00	375.14
34	112.90	371.12
35	91.08	403.88
36	91.96	381.40
37	356.50	385.85
38	58.20	390.96
39	159.10	387.27
40	55.33	388.21
41	103.40	387.77
径流深均值		386.53

在模拟桐梓河流域岩溶地区的水文过程中，为了实现 SWAT 模型在岩溶地区模拟的适用性，本书对 SWAT 模型数据库进行了两个方面的改进。首先对影响岩溶区水文过程的地表下垫面性质方面进行了改进；其次，将岩性模块加到 SWAT 模块中。但是自然界的水循环中地表水和地下水之间存在相互转换的复杂关系，地表水和地下水所处的环境不一样，其运移和转换的规律也存在着显著差异。笔者通过查阅国内外文献发现，目前关于地表水和地下水的研究长期以来存在"各自为政"的现象，处于相互独立发展中，对互相之间的交叉以及耦合过程机理的探索还有所欠缺，因此在未来的研究中将地表水和地下水水文模型联合起来成了水科学研究的一个前沿问题，也是一个有待解决的问题。针对喀斯特地区水文模型方面的研究工作可以借助上述思路，将地表水模型和地下水文模型进行联合模拟是未来的一个发展方向。

8.3　生态补偿估算

生态系统服务是陆地生态系统的重要组成部分，具有水源涵养、食物生产、空气调节、固碳释氧以及保护生物多样性等生态系统服务功能。生态系统服务功能价值的定量化评估是人类从自然生态系统中获得的各种生态系统服务价值的重要表现形式，是进行生态环境管理决策的先决条件，同时也是生态系统生态补偿产生的基础。科学合理地确定和表征生态系统服务的价值量可以为区域生态补偿标准的确定提供科学依据，同时为探索该地区生态补偿模式和运行机制提供科技支撑。目前关于生态补偿的研究主要存在以下问题：第一，生态补偿的研究多集中于区域或行政区域上的研究，往往是依据生态系统服务价值当量进行测算，这种方式估算出的结果在区域或者行政区域上往往只是一个数值，无法反映区域或行政区域内的空间异质性；第二，生态系统服务价值的生态补偿额度测算多是采用统一的折算系数，难以反映区域或者行政区域内部与外部的生态价值和生态补偿的差异，无法为政府决策提供有效的数据支持。

生态系统服务功能的种类繁多，有一部分功能很难进行量化，强行进行生态系统服务功能的价值化反而不切合实际，同时也不符合客观规律。考虑到赤水河流域既是水源涵养地区，又是水土流失以及土地石漠化地区的特点，本书在生态系统服务功能指标体系上有针对性地选择了生态系统固碳释氧、水土保持以及水源涵养三项生态系统服务类型对赤水河流域的生态补偿标准进行量化，并利用不同的价值替代方法对这种服务进行货币化表达，建立了赤水河流域的生态补偿标准。最后，借助 SOFM 神经网络模型对赤水河流域的生态安全阈值进行了识别，并对生态安全分区情况进行划分，以期为赤水河流域的生态安全以及生态建设提供理论和技术上的支撑。

8.3.1　生态补偿计算方法

一般来说，区域的生态补偿需求与区域单位面积的 GDP 成反比，与相同时期单位面积的生态系统价值量成正比。通俗来讲一个地区的经济越落后，该地区单位面积的 GDP 总量就越小，地区经济的增长则主要依靠开采和利用自然资源。而单位面积生态系统的价值量越大，通常可以表征为该区域的生态环境越好，生态环境发展的机会成本就越多。因此本书将生态补偿系数定义为区域单位面积 GDP 与单位面积生态系统生态服务价值总量的比值，这种比值使用归一化指标进行量化。区域的生态补偿价值总量的核算方法为

$$E_c = EV \times k \times \alpha \tag{8.1}$$

式中，E_c 为区域的生态补偿价值总量；EV 为研究区的生态系统服务价值总量，其为生态系统固碳释氧的价值量 EV_1、生态系统保持土壤的价值量 EV_2 以及生态系统水源涵养的价值量 EV_3 之和；k 为生态价值折算系数，根据当前国家的发展水平、补偿区域的生态环境质量以及生态区位的重要性将其定义为 15%；α 为区域的生态补偿需求系数。该系数的计算公式为

$$\alpha = 2\arctan\left(\frac{EV}{G}\right)\Big/\pi \tag{8.2}$$

式中，α 为区域的生态补偿需求系数；EV 为研究区的生态系统服务价值总量；G 为区域的单位面积 GDP 总量，π 为圆周率 3.1415926。本书之所以采用反正切函数进行生态服务价值与 GDP 价值之比是为了规避生态补偿的资金集中于个别县域。

8.3.2　生态补偿估算结果

本书利用生态补偿标准计算公式，对赤水河流域不同时期的生态补偿价值进行了估算。由于生态系统固碳释氧的价值量是从 2000 年开始计算的，因此在进行赤水河流域生态补偿价值计算时，为了统一不同数据之间的差别将时间节点的起始日期定为 2000 年。在进行赤水河流域生态补偿价值计算前，首先必须计算出不同年份的生态服务价值量，使用 GIS 的栅格计算器功能分别对不同年份生态系统固碳释氧的价值量 EV_1、生态系统保持土壤的价值量 EV_2 以及生态系统水源涵养的价值量 EV_3 进行求和运算，这样就可以计算出不同年份生态系统服务的总价值量 E_c。计算完成后再对单位面积的 GDP 数据进行处理，该数据来源于中国科学院地理科学与资源环境研究所的全国 GDP 空间分布网格数据，这个数据是在全国分县 GDP 统计数据的基础上，考虑 GDP 自然要素的地理分异规律，通过空间插值生成的栅格数据，每个栅格的值为每平方公里的 GDP 数据。该数据集打破了县级/市级行政统计单元的限制，将社会经济数据展布到每个栅格上，为基于地理单元的资源生态环境分析评价，以及区域生态环境灾害的影响评价提供了更精细的数据基础。在得到 GDP 空间分布数据后，运用赤水河流域的栅格掩膜文件对其进行裁剪，最后利用生态补偿计算公式对区域的生态补偿价值进行估算。

从图 8.20 可以看出，2000～2010 年赤水河流域单位面积生态补偿价值量的平均值呈现上升趋势，由 2000 年的 4278.44 元/(hm²·a) 上升到 2010 年的 5934.55 元/(hm²·a)，折合成生态补偿的价值总量是由 2000 年的 70.40 亿元增加到 2010 年的 97.66 亿元；2010 年以后流域单位面积生态补偿价值的平均值则呈现出微弱下降趋势，由 2010 年的 5934.55 元/(hm²·a) 下降到 2015 年的 3686.76 元/(hm²·a)，折合成生态补偿价值总量是由 2010 年的 97.66 亿元减少到 2015 年的 60.67 亿元。从表 8.11 可以看出，不同县/市不同年份生态补偿的价值总量古蔺县最高，其中 2010 年的生态补偿价值总量达到了 18.77 亿元，而合江县的生态补偿价值总量较少，每个时期的生态补偿价值总量均未超过 1.5 亿元。本书通过生态系统服务价

值建立起了流域的生态补偿标准,同时在不同地区针对特定的自然区域环境,其补偿的标准和力度都有所差异,因此可以很好地弥补行政单元内部和外部生态价值和生态补偿的差异,可更好地为政府提供决策和技术支撑。

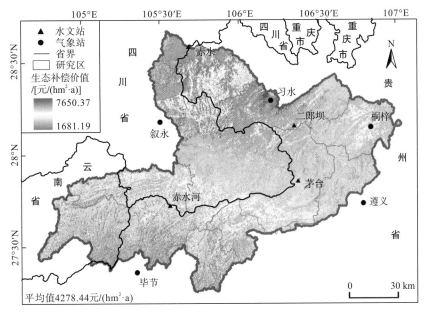

(a)2000年生态补偿价值量空间分布

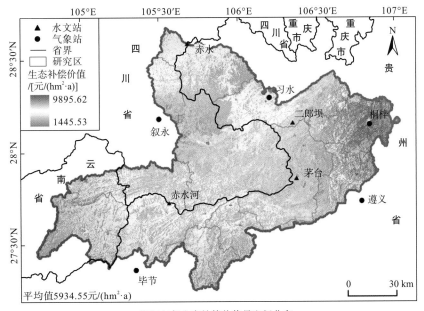

(b)2010年生态补偿价值量空间分布

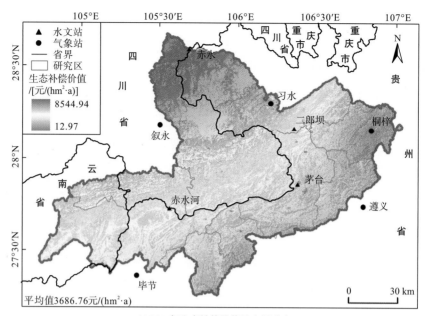

(c)2015年生态补偿价值量空间分布

图8.20　赤水河流域2000年、2010年以及2015年生态补偿价值量空间分布

表8.11　赤水河流域不同县/市域生态补偿价值　　　　　　（单位：亿元）

县/市	2000 年	2010 年	2015 年
赤水市	5.94	6.61	6.52
习水县	8.22	9.95	6.83
威信县	1.77	2.59	2.05
镇雄县	4.71	7.35	5.48
叙永县	6.18	8.42	6.74
仁怀市	7.94	10.96	5.11
古蔺县	14.30	18.77	12.54
桐梓县	5.29	8.62	2.57
遵义市	4.30	6.38	2.27
金沙县	2.58	3.81	1.81
毕节市	5.03	8.31	5.07
合江县	1.26	1.35	1.49
大方县	2.89	4.54	2.19

　　生态补偿是当前国内外学界研究的热点问题之一，周迪(2015)通过机会成本法计算了贵州省三都县的生态补偿；金淑婷等(2014)基于重置成本法对石羊河流域的生态补偿问题进行了探讨；刘春腊等(2014)探讨了基于生态价值当量的中国省域生态补偿额度问题；胡淑恒(2015)、赖敏等(2015)分别通过生态足迹量化模型与基于生态系统服务价值评估方法估算了大别山区、三江源区的生态补偿值；刘霄(2016)通过水污染补偿机制对赤水河流域的生态补偿问题进行了探讨(表8.12)。但以上研究均限于行政区基础资料，过度依赖行政单元，无法体现区域内补偿差别，致使出现区域间补偿相对过高或不足现象。本书的研究

改进了传统的生态系统服务价值法，将单位面积 GDP 扩展到区域上，考虑了 GDP 自然要素的地理分异规律，把 GDP 从点值转换成面值，充分体现了中心城市对周边城市的引领和辐射作用，规避了"一刀切"的补偿标准，使得估算的流域生态补偿额度更符合客观规律。但此方法仍依赖于行政资料，对极少 GDP 突出贡献行政单元体系不够明显，若收集资料密度更大，估算出的结果会更为精确。

表 8.12　不同研究区生态补偿方法及其对比

对比	方法	作者	研究区	时间尺度
传统方法	机会成本	周迪	贵州省三都县	2002～2013 年
	重置成本法	金淑婷等	石羊河流域	2009 年
	生态价值当量法	刘春腊等	中国	2011 年
	基于生态系统服务价值评估方法	赖敏等	三江源区	2005 年
	生态足迹量化模型	胡淑恒	大别山区	2004 年、2006 年、2008 年、2010 年、2012 年、2014 年
	水污染补偿机制	刘霄	赤水河流域	2013 年
本书	基于改进的生态系统服务价值评估方法	田义超等	赤水河流域	2000～2015 年

8.4　生态安全评价

8.4.1　生态安全计算方法

生态安全的测算强调生态系统生态过程中产生的对生态系统的负面影响程度，这种负面影响程度更多的是描述各种"外力"对受体的作用；生态系统服务功能的估算是体现生态系统本身所具有的功能性特征，这种特征更多的是强调各种"内力"对生态系统的影响。在国内外的研究成果中，多数成果在对生态系统的生态安全程度进行评价时，往往采用二者之一代表区域的生态安全状况。以土壤侵蚀为例，用单一的生态系统健康程度或者生态系统服务作为评价标准，往往会出现越靠近南方地区，植物生长越好，植被覆盖度越高，水土保持的价值量越高，因此中国南方地区的生态最为安全。但事实上在中国南方的红壤地区水土流失状况极为严重，因此上述评价出的结果并不一定是生态系统最为安全的地区。因此本书在对赤水河流域生态系统的生态安全程度进行评价时，既考虑了生态系统服务的评估结果，又将各种人为因素（如灯光指数）、自然因素（如 NDVI）以及 DEM 数据加到对生态系统产生影响的评价指标体系中。这里定义的生态系统服务评价指标不仅仅局限于一种服务指标，而是将研究中的水源涵养服务功能、植被固碳释氧功能以及水土保持功能都纳入评价指标体系中进行评价。在评价过程中通过对 2000 年、2010 年以及 2015 年三年的各种生态系统服务能力进行平均值计算，可以得到三个时期不同生态系统服务功能的平均指标。而对于灯光指数、NDVI 则是选取的不同年份的平均值进行计算。

8.4.2　生态安全评价结果

生态安全分区的过程实质上是基于样本观测数据进行数学聚类的过程，但是由于不同维度数据之间的量纲差异很大，其生态学及物理学意义都不一样，因此目前没有一种普适的方法进行评价。纵观国内外生态安全分区的方法，常用的方法有 Binary-Positive 方法、K-Means 分布式距离、模糊数学算法、网格和密度聚类算法如 SGC、神经网络算法 BP 和自组织特征映射(self-organizing feature map，SOFM)方法。这些算法中人工神经网络算法具有自组织、自学习以及快速寻找优化解决方案的能力，尤其适用于对未知地理范式的识别。因此本书针对赤水河流域生态安全具体聚类算法不能确定的情况下，运用具有自组织和自适应能力的 SOFM 神经网络算法对赤水河流域的生态安全状况进行甄别。

SOFM 神经网络算法属于神经网络算法中的一种，神经网络算法的一个显著特点是它具有自学习的功能，通过学习这种算法可以提取一组给定数据的重要特征或者找出其内在规律和本质属性。而 SOFM 是由芬兰科学家 Kohonen 提出的一种神经网络模型，它模拟了动物大脑皮质神经的侧抑制、自组织等特性，因此在计算机领域得到了广泛应用。它主要由两层组成，一层为输入层，另一层为竞争层。其中，输入层主要用于接收训练样本，竞争层对所选样本执行分类并将其输出。SOFM 神经网络算法可以对未经识别的样本数据进行学习和模拟，因此相对于传统的分区分级方法来说，该方法能够保证输入的训练数据的拓扑性，可以保证原始数据的拓扑不变性，同时也可以克服以往专家经验集成的区划范式所产生的主观性判断的缺陷。该方法基于计算机运算能力，能够快速掌握区域生态环境的分异特征。SOFM 神经网络在 MATLAB 2009 软件中运行，根据 6 类指标(图 8.21)建立 6×16478 个输入层数据，本书设置的初始值权重为 0～1 的随机数，网络学习的基本速率为 0.1，最大的循环次数为 1000 次，其他参数采用默认值。

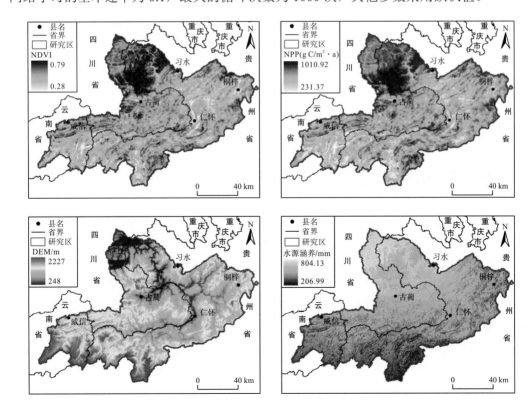

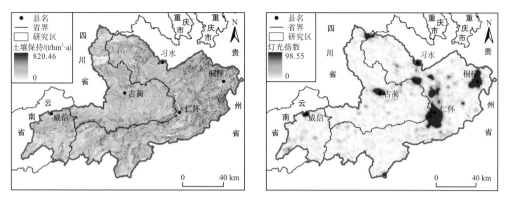

图 8.21　赤水河流域生态安全指标空间分异

为了提高 MATLAB 软件的运算速率，本书利用 GIS 软件的随机点工具对赤水河流域的原始栅格数据进行提取，提取时需要生成 6 组 2000 个随机点(图 8.22)，并将 6 个图层中的数据都提取到随机点上。

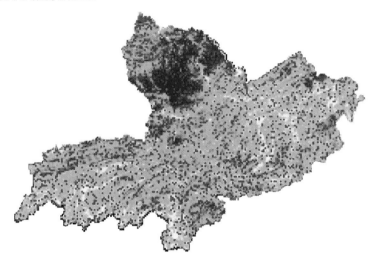

图 8.22　生态安全神经网络 2000 个随机训练样点

生成随机点数据之后需要对 6 个图层的随机点数据进行归一化，因为不同指标值的量纲不一致，其值不能在 MATLAB 软件中直接进行训练。经过对不同的数据进行对比分析后，选择极差标准化方法对原始的采样数据进行归一化处理，极差标准化的公式如下：

$$X_i = \frac{X_i - \overline{X}}{\max(X_i) - \min(X_i)} \tag{8.3}$$

上述指标在 MATLAB 中执行时要注意区分正向指标和反向指标，如区域的灯光指数就是一个很典型的反向指标，该指标提供的产品为稳定的灯光图像产品，其栅格数据的 DN 值为 0~63，数值越大代表无云的夜晚出现灯光的频率越高，频率越高代表人类活动和生产活动的强度越大，可以间接反映城市化的程度。在选取该指标时认为区域的灯光指数越大，相应的生态环境状况越差，因此运用这个指标时首先要对其进行反向标准化处理。反向标准化的计算公式如下：

$$X_i = \frac{\max(X_i) - X_i}{\max(X_i) - \min(X_i)} \tag{8.4}$$

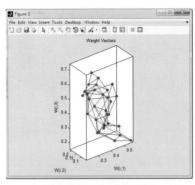
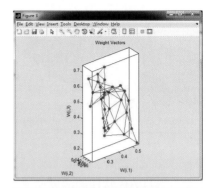
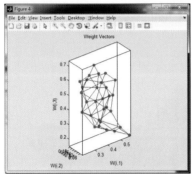
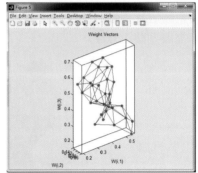

图 8.23　SOFM 神经网络收敛过程

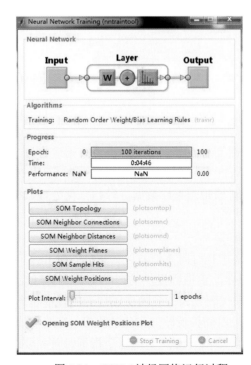

图 8.24　SOFM 神经网络运行过程

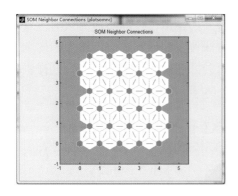 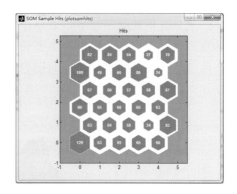

图 8.25　SOFM 神经网络权重生成

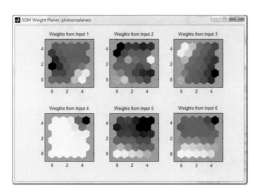 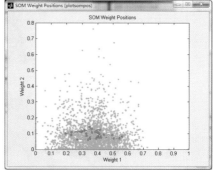

图 8.26　SOFM 神经网络权重生成

　　通过以上操作(图 8.23～图 8.26)得到了赤水河流域生态安全格局空间分布图(图 8.27)，考虑到地理和生态区划的整体性效应，若过多的分类将会出现许多破碎的区域，不能保证区域的整体性和区域性特征。通过对不同区域的生态安全进行统计后可知，赤水河流域生态安全、较安全、临界安全、较不安全以及不安全区域所占的面积分别为 18.90%、20.05%、18.86%、20.43%以及 21.76%。从空间分布上看，流域的下游地区大多处于生态安全和较安全的状态，上游的喀斯特地区大多处于较不安全和临界安全的阈值状态，这部分地区大部分处于喀斯特峡谷以及高原地区，受人类活动的干扰较大，不合理的土地利用方式以及喀斯特地区的时空异质性导致该区域生态系统处于临界安全状态。而中游的仁怀市和支流的桐梓县以及下游的习水县县城地区处于生态不安全区，这类地区主要是受城市建设用地、工矿企业用地扩张等人类活动因素的影响，因此未来应对这些区域进行生态保护，防止区域生态环境遭到严重破坏。

　　事实上赤水河流域的生态环境格局以及生态安全格局随着地形地貌的变化显现出复杂的特性，针对整个区域的调控要从宏观层面出发，针对不同地理单元的相同问题实施政策和措施绝对不能采取"一刀切"的模式，而应该有所区别，根据本书生态补偿和生态安全评估结果采取不同的方法进行处理。在研究生态安全问题的解决方案时，不仅涉及生态部门，而且涉及国土、林业、农业、水利等多个行政管理部门，仅重视生态而忽略了经济社会的发展会使区域的生态变得"安全"，但是会使该地区的整体变得"不安全"。因此只有将社会—经济—生态作为一个统一的整体，才能实现赤水河流域资源环境快速友好发展。本书所提出的生态安全区划方法可以为当地政府实施生态安全规划以及生态环境保护规划提供理论上的指导，同时可为区域生态安全阈值的研究提供方法上的借鉴。

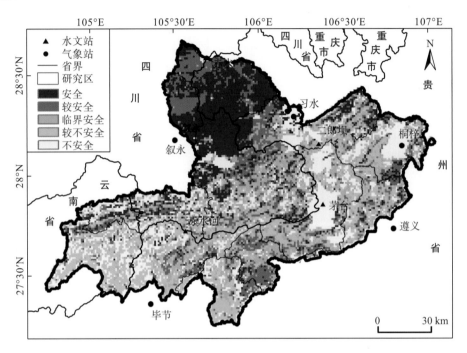

图 8.27　赤水河流域生态安全分区图

参 考 文 献

白晓永, 王世杰, 2011. 岩溶区土壤允许流失量与土地石漠化的关系[J]. 自然资源学报, 26(08): 1315-1322.

曹世雄, 刘冠楚, 马华, 2017. 我国三北地区植被变化的动因分析[J]. 生态学报, (15): 1-8.

曹雯, 申双和, 段春锋, 2012. 中国西北潜在蒸散时空演变特征及其定量化成因[J]. 生态学报, 32(11): 3394-3403.

曹云锋, 王正兴, 邓芳萍, 2010. 3 种滤波算法对 NDVI 高质量数据保真性研究[J]. 遥感技术与应用, 25(1): 118-125.

陈龙, 谢高地, 张昌顺, 等, 2012. 澜沧江流域土壤侵蚀的空间分布特征[J]. 资源科学, 34(7): 1240-1247.

陈曦, 2008. 中国干旱区土地利用与土地覆被变化[M]. 北京: 科学出版社.

陈喜, 2014. 西南喀斯特地区水循环过程及其水文生态效应[M]. 北京: 科学出版社.

陈引珍, 2007. 三峡库区森林植被水源涵养及其保土功能研究[D]. 北京: 北京林业大学.

程先, 陈利顶, 孙然好, 2017. 考虑降水和地形的京津冀水库流域非点源污染负荷估算[J]. 农业工程学报, 33(4): 265-272.

代稳, 吕殿青, 李景保, 等, 2016. 气候变化和人类活动对长江中游径流量变化影响分析[J]. 冰川冻土, 38(2): 488-497.

戴尔阜, 王晓莉, 朱建佳, 等, 2015. 生态系统服务权衡/协同研究进展与趋势展望[J]. 地球科学进展, 30(11): 1250-1259.

戴明宏, 张军以, 王腊春, 等, 2015. 岩溶地区土地利用/覆被变化的水文效应研究进展[J]. 生态科学, 34(3): 189-196.

丹利, 谢明, 2009. 基于 MODIS 资料的贵州植被叶面积指数的时空变化及其对气候的响应[J]. 气候与环境研究, 14(5): 3-12.

董晓红, 于澎涛, 王彦辉, 等, 2007. 分布式生态水文模型 TOPOG 在温带山地小流域的应用——以祁连山排露沟小流域为例[J]. 林业科学研究, 20(4): 477-484.

杜加强, 舒俭民, 张林波, 等, 2011. 黄河上游不同干湿气候区植被对气候变化的响应[J]. 植物生态学报, 35(11): 1192-1201.

方精云, 朴世龙, 贺金生, 等, 2003. 近 20 年来中国植被活动在增强[J]. 中国科学: 生命科学, 33(6): 554-565.

冯腾, 2015. 喀斯特峰丛洼地小流域土壤侵蚀特征及地表流失模拟研究[D]. 北京: 中国科学院大学.

高峰, 华璀, 卢远, 等, 2014. 基于 GIS 和 USLE 的钦江流域土壤侵蚀评估[J]. 水土保持研究, 21(1): 18-22.

高歌, 陈德亮, 任国玉, 等, 2006. 1956～2000 年中国潜在蒸散量变化趋势[J]. 地理研究, 25(3): 378-387.

辜智慧, 陈晋, 史培军, 等, 2005. 锡林郭勒草原 1983～1999 年 NDVI 逐旬变化量与气象因子的相关分析[J]. 植物生态学报, 29(5): 753-765.

顾婷婷, 周锁铨, 邵步粉, 等, 2009. 鄱阳湖区域植被覆盖变化与降水相互响应关系[J]. 生态学杂志, 28(6): 1060-1066.

贵州省地方志编纂委员会, 1985. 贵州省志·地理志[M]. 贵阳: 贵州人民出版社.

郭敏杰, 2014. 基于 NDVI 的黄土高原地区植被覆盖度对气候变化响应及定量分析[D]. 北京: 中国科学院大学.

郝建盛, 张飞云, 赵鑫, 等, 2017. 基于 GRACE 监测数据的伊犁—巴尔喀什湖盆地水储量变化特征及影响因素[J]. 遥感技术与应用, (5): 883-892.

侯美亭, 赵海燕, 王筝, 等, 2013. 基于卫星遥感的植被 NDVI 对气候变化响应的研究进展[J]. 气候与环境研究, 18(3): 353-364.

侯文娟, 高江波, 戴尔阜, 等, 2018. 基于 SWAT 模型模拟乌江三岔河生态系统产流服务及其空间变异[J]. 地理学报, 73(7): 1268-1282.

胡淑恒, 2015. 区域生态补偿机制研究——以安徽大别山区为例[D]. 合肥: 合肥工业大学.

胡晓, 2014. 川南喀斯特石漠化小流域不同土地覆被生态系统服务功能研究[D]. 雅安: 四川农业大学.

黄晓云, 林德根, 王静爱, 等, 2013. 气候变化背景下中国南方喀斯特地区 NPP 时空变化[J]. 林业科学, 49(5): 10-16.

惠秀娟, 杨涛, 李法云, 等, 2011. 辽宁省辽河水生态系统健康评价[J]. 应用生态学报, 22(1): 181-188.

金淑婷, 杨永春, 李博, 等, 2014. 内陆河流域生态补偿标准问题研究——以石羊河流域为例[J]. 自然资源学报, 29(4): 610-622.

赖敏, 吴绍洪, 尹云鹤, 等, 2015. 三江源区基于生态系统服务价值的生态补偿额度[J]. 生态学报, 35(2): 227-236.

雷木·巴哈德·曼德尔, 1986. 土地利用模式[J]. 李柱臣, 译. 地理科学进展, 5(1): 50-54.

李登科, 范建忠, 王娟, 2010. 陕西省植被覆盖度变化特征及其成因[J]. 应用生态学报, 21(11): 2896-2903.

李昊, 蔡运龙, 陈睿山, 等, 2011. 基于植被遥感的西南喀斯特退耕还林工程效果评价——以贵州省毕节地区为例[J]. 生态学报, 31(12): 3255-3264.

李晶, 任志远, 2011. 基于 GIS 的陕北黄土高原土地生态系统固碳释氧价值评价[J]. 中国农业科学, 44(14): 2943-2950.

李默然, 丁贵杰, 2013. 贵州黔东南主要森林类型碳储量研究[J]. 中南林业科技大学学报, 33(07): 119-124.

李士美, 谢高地, 张彩霞, 等, 2010. 森林生态系统水源涵养服务流量过程研究[J]. 自然资源学报, 25(4): 585-593.

李霞, 2004. 我国北方气候变化对植被 NDVI 的影响[D]. 北京: 北京师范大学.

李晓光, 2014. 基于 MODIS-NDVI 的内蒙古植被覆盖变化及其驱动因子分析[D]. 呼和浩特: 内蒙古大学.

李阳兵, 王世杰, 熊康宁, 2003. 浅议西南岩溶山地的水文生态效应研究[J]. 中国岩溶, 22(1): 24-27.

李祯, 史海滨, 李仙岳, 等, 2017. 农田硝态氮淋溶规律对不同水氮运筹模式的响应[J]. 水土保持学报, 31(1): 310-317.

李作伟, 吴荣军, 马玉平, 2016. 气候变化和人类活动对三江源地区植被生产力的影响[J]. 冰川冻土, 38(3): 804-810.

刘春腊, 刘卫东, 徐美, 2014. 基于生态价值当量的中国省域生态补偿额度研究[J]. 资源科学, 36(1): 148-155.

刘纪远, 1992. 西藏自治区土地利用[M]. 北京: 科学出版社.

刘剑宇, 张强, 陈喜, 等, 2016. 气候变化和人类活动对中国地表水文过程影响定量研究[J]. 地理学报, 71(11): 1875-1885.

刘璐璐, 曹巍, 邵全琴, 2016. 南北盘江森林生态系统水源涵养功能评价[J]. 地理科学, 36(04): 603-611.

刘宪锋, 任志远, 2012. 西北地区植被覆盖变化及其与气候因子的关系[J]. 中国农业科学, 45(10): 1954-1963.

刘霄, 2016. 贵州省赤水河流域生态补偿标准核算研究[D]. 贵阳: 贵州大学.

刘晓, 郭颖, 徐海, 等, 2014. 贵州省森林生态系统服务功能的价值评估[J]. 贵州农业科学, 42(12): 60-65.

卢耀如, 张凤娥, 刘长礼, 等, 2006. 中国典型地区岩溶水资源及其生态水文特性[J]. 地球学报, 27(5): 393-402.

吕春艳, 王静, 何挺, 等, 2006. 土地资源优化配置模型研究现状及发展趋势[J]. 水土保持通报, 26(2): 21-26.

吕琳莉, 李朝霞, 2013. 雅鲁藏布江中下游径流变异性识别[J]. 水力发电, 39(5): 12-15.

吕一河, 张立伟, 王江磊, 2013. 生态系统及其服务保护评估: 指标与方法[J]. 应用生态学报, 24(05): 1237-1243.

马宁, 王乃昂, 王鹏龙, 等, 2012. 黑河流域参考蒸散量的时空变化特征及影响因素的定量分析[J]. 自然资源学报, 27(6): 975-989.

马士彬, 安裕伦, 杨广斌, 等, 2016. 喀斯特地区不同植被类型 NDVI 变化及驱动因素分析——以贵州为例[J]. 生态环境学报, 25(7): 1106-1114.

马小平, 2015. 基于 MODIS 数据的黑河流域植被覆盖变化及驱动力分析[D]. 兰州: 西北师范大学.

马正耀, 胡兴林, 蓝永超, 等, 2011. 1965~2010 年白龙江上游径流变化特征研究[J]. 冰川冻土, 33(3): 612-618.

毛齐正, 黄甘霖, 邬建国, 2015. 城市生态系统服务研究综述[J]. 应用生态学报, 26(04): 1023-1033.

蒙海花, 王腊春, 2009. 岩溶地区土地利用变化的水文响应研究——以贵州后寨河流域为例[J]. 中国岩溶, 28(3): 227-234.

倪效宽, 董增川, 2017. 水文模型与生态环境发展纵览[J]. 环境科学与管理 24(12): 159-163.

潘美慧, 伍永秋, 任斐鹏, 等, 2010. 基于 USLE 的东江流域土壤侵蚀量估算[J]. 自然资源学报, 25(12): 2154-2164.

钱铭, 1992. 县级土地利用总体规划[M]. 北京: 中国财经出版社.

任启伟, 2006. 基于改进 SWAT 模型的西南岩溶流域水量评价方法研究[D]. 北京: 中国地质大学.

任志远, 李晶, 2004. 秦巴山区植被固定 CO_2 释放 O_2 生态价值测评[J]. 地理研究, 23(6): 769-775.

任志远, 刘焱序, 2013. 西北地区植被保持土壤效应评估[J]. 资源科学, 35(3): 610-617.

邵怀勇, 武锦辉, 刘萌, 等, 2014. MODIS 多光谱研究攀西地区植被对气候变化响应[J]. 光谱学与光谱分析, (1): 167-171.

盛东, 徐枫, 王跃奎, 等, 2012. 太湖流域水环境安全评价方法研究[J]. 安徽农业科学, 40(23): 11777-11780.

史建国, 严昌荣, 何文清, 等, 2007. 黄河流域潜在蒸散量时空格局变化分析[J]. 干旱区研究, 24(6): 773-778.

孙睿, 刘昌明, 朱启疆, 2001. 黄河流域植被覆盖度动态变化与降水的关系[J]. 地理学报, 56(6): 667-672.

索玉霞, 王正兴, 刘闯, 等, 2009. 中亚地区 1982～2002 年植被指数与气温和降水的相关性分析[J]. 资源科学, 31 (8): 1422-1429.

陶波, 2003. 中国陆地生态系统净初级生产力与净生态系统生产力模拟研究[D]. 北京: 中国科学院大学.

田义超, 王世杰, 白晓永, 等, 2019. 基于生态系统服务价值的赤水河流域生态补偿标准核算[J]. 农业机械学报, 50(11): 312-322.

王根绪, 钱鞠, 程国栋, 2001. 生态水文科学研究的现状与展望[J]. 地球科学进展, 16(3): 314-323.

王济川, 郭志刚, 2001. Logistic 回归模型——方法与应用[M]. 北京: 高等教育出版社.

王军邦, 2004. 中国陆地净生态系统生产力遥感模型研究[D]. 杭州: 浙江大学.

王鹏飞, 孙文静, 宋向阳, 2013. 1986～2010 年锡林郭勒草原气候变化及其对植被影响的研究[J]. 环境与发展, 25(10): 98-102.

王权, 李阳兵, 黄娟, 等, 2019. 喀斯特槽谷区土地利用转型过程对生态系统服务价值的影响[J]. 水土保持研究, 26(03): 192-198.

王世杰, 李阳兵, 2007. 喀斯特石漠化研究存在的问题与发展趋势[J]. 地球科学进展, 22(06): 573-582.

王硕, 肖玉, 谢高地, 等, 2014. 成渝经济区土壤侵蚀的时空变化[J]. 生态学杂志, 33(11): 3043-3052.

王随继, 闫云霞, 颜明, 等, 2012. 皇甫川流域降水和人类活动对径流量变化的贡献率分析——累积量斜率变化率比较方法的提出及应用[J]. 地理学报, 67(3): 388-397.

王小琳, 2016. 基于 InVEST 模型的贵州省水源涵养功能研究[D]. 贵阳: 贵州师范大学.

王晓学, 李叙勇, 莫菲, 等, 2010. 基于元胞自动机的森林水源涵养量模型新方法——概念与理论框架[J]. 生态学报, 30(20): 5491-5500.

王雁, 丁永建, 叶柏生, 等, 2013. 黄河与长江流域水资源变化原因[J]. 中国科学(地球科学), (7): 1207-1219.

王永立, 范广洲, 周定文, 等, 2009. 我国东部地区 NDVI 与气温、降水的关系研究[J]. 热带气象学报, 25(6): 725-732.

魏新彩, 王新生, 刘海, 等, 2012. HJ 卫星图像水稻种植面积的识别分析[J]. 地球信息科学学报, 14(3): 382-388.

邬建国, 2000. 景观生态学——格局、过程、尺度与等级[M]. 北京: 高等教育出版社.

吴昌广, 吕华丽, 周志翔, 等, 2012. 三峡库区土壤侵蚀空间分布特征[J]. 中国水土保持科学, 10(3):15-21.

吴松, 安裕伦, 李远艳, 等, 2016. 2000~2010 年贵州省生态系统水源涵养功能变化特征[J]. 环保科技, 22(02): 1-6.

吴秀芹, 蔡运龙, 蒙吉军, 2005. 喀斯特山区土壤侵蚀与土地利用关系研究——以贵州省关岭县石板桥流域为例[J]. 水土保持研究, 12(4): 46-48.

肖洋, 欧阳志云, 徐卫华, 等, 2015. 基于 GIS 重庆土壤侵蚀及土壤保持分析[J]. 生态学报, 35(21): 7130-7138.

谢宝妮, 2016. 黄土高原近 30 年植被覆盖变化及其对气候变化的响应[D]. 咸阳: 西北农林科技大学.

谢俊平, 杨敏华, 2011. GIS 空间拓扑关系的四交差简化模型[J]. 地理空间信息, 11(1): 94-96.

信忠保, 许炯心, 郑伟, 2007. 气候变化和人类活动对黄土高原植被覆盖变化的影响[J]. 中国科学(D 辑), 37 (11): 1504-1514.

徐宗学, 李景玉, 2010. 水文科学研究进展的回顾与展望[J]. 水科学进展, 21(4): 450-459.

徐宗学, 赵捷, 2016. 生态水文模型开发和应用: 回顾与展望[J]. 水利学报, 47(3): 346-354.

许岚, 赵羿, 1993. 利用马尔科夫过程预测东陵区土地利用格局的变化[J]. 应用生态学报, 4(3): 272-277.

许月卿, 邵晓梅, 2006. 基于 GIS 和 RUSLE 的土壤侵蚀量计算—以贵州省猫跳河流域为例[J]. 北京林业大学学报, 28(04): 67-71.

杨洪宁, 2015. 大伙房水库水源涵养区苏子河流域生态修复措施及评价研究[D]. 呼和浩特: 内蒙古农业大学.

杨竹, 2016. 基于 AHP-模糊评价法的水源涵养生态环境评价[D]. 北京: 中国地质大学.

叶辉, 王军邦, 黄玫, 等, 2012. 青藏高原植被降水利用效率的空间格局及其对降水和气温的响应[J]. 植物生态学报, 36(12): 1237-1247.

曾凌云, 汪美华, 李春梅, 2011. 基于 RUSLE 的贵州省红枫湖流域土壤侵蚀时空变化特征[J]. 水文地质工程地质, 38(2): 113-118.

张彪, 李文华, 谢高地, 等, 2008. 北京市森林生态系统的水源涵养功能[J]. 生态学报, 28(11): 5619-5624.

张殿发, 王世杰, 周德全, 等, 2002. 土地石漠化的生态地质环境背景及其驱动机制——以贵州省喀斯特山区为例[J]. 生态与农村环境学报, 18(1): 6-10.

张海波, 2014. 南方丘陵山地带水源涵养与土壤保持功能变化及其区域生态环境响应[D]. 长沙: 湖南师范大学.

张科利, 刘宝元, 蔡永明, 2000. 土壤侵蚀预报研究中的标准小区问题论证[J]. 地理研究, 19(3): 297-302.

张明阳, 王克林, 陈洪松, 等, 2009. 喀斯特生态系统服务功能遥感定量评估与分析[J]. 生态学报, 29(11): 5891-5901.

张倩, 2014. 气候和人类因素在黄土高原植被覆盖变化中的贡献率研究[D]. 兰州: 兰州交通大学.

张斯屿, 白晓永, 王世杰, 等, 2014. 基于 InVEST 模型的典型石漠化地区生态系统服务评估——以晴隆县为例[J]. 地球环境学报, 5(5): 328-338.

张永民, 赵士洞, Verburg P H, 2004. 科尔沁沙地及其周围地区土地利用变化的情景分析[J]. 自然资源学报, 19(1): 29-37.

赵玉萍, 张宪洲, 王景升, 等, 2009. 1982～2003 年藏北高原草地生态系统 NDVI 与气候因子的相关分析[J]. 资源科学, 31(11): 1988-1998.

周迪, 2015. "两江"上游生态功能区利益补偿研究[D]. 贵阳: 贵州财经大学.

周广胜, 张新时, 1996. 全球气候变化的中国自然植被的净第一性生产力研究[J]. 植物生态学报, (1): 11-19.

朱文泉, 潘耀忠, 张锦水, 2007. 中国陆地植被净初级生产力遥感估算[J]. 植物生态学报, 31(3): 413-424.

Aich V, Liersch S, Vetter T, et al., 2015. Climate or land use?—attribution of changes in river flooding in the sahel zone[J]. Water, 7(6): 2796-2820.

Alessandri A, Navarra A, 2008. On the coupling between vegetation and rainfall inter-annual anomalies: Possible contributions to seasonal rainfall predictability over land areas[J]. Geophysical Research Letters, 35(2): 209-212.

Amatya D, Manoj J, Amy E, 2011. Application of swat model on chapel branch creek watershed with a karst topography[J]. The American Society of Agricultural and Biological Engineers, 6: 20-23.

Badar B, Romshoo S A, Khan M A, 2013. Integrating biophysical and socioeconomic information for prioritizing watersheds in a Kashmir Himalayan lake: a remote sensing and GIS approach[J]. Environmental Monitoring & Assessment, 185(8): 6419-6445.

Bagstad K J, Reed J M, Semmens D J, et al., 2016. Linking biophysical models and public preferences for ecosystem service assessments: a case study for the Southern Rocky Mountains[J]. Regional Environmental Change, 16(07): 2005-2018.

Barral M P, Oscar M N, 2012. Land-use planning based on ecosystem service assessment: A case study in the southeast pampas of argentina[J]. Agriculture Ecosystems & Environment, 154(07): 34-43.

Beighley R E, Melack J M, Dunne T D, 2003. Impacts of california's climatic regimes and coastal land use change on streamflow characteristics 1[J]. Jawra Journal of the American Water Resources Association, 39(6): 1419-1433.

Beth A C, Brad B, 2008. Estimates of air pollution mitigation with green plants and green roofs using the UFORE model[J]. Urban Ecosystems, 11(04): 409-422.

Bormann H, Breuer L, Gräff T, et al., 2007. Analysing the effects of soil properties changes associated with land use changes on the simulated water balance: A comparison of three hydrological catchment models for scenario analysis[J]. Ecological Modelling, 209(1): 29-40.

Boulain N, Cappelaere B, Séguis L, et al., 2009. Water balance and vegetation change in the Sahel: A case study at the watershed scale with an eco-hydrological model[J]. Journal of Arid Environments, 73(12): 1125-1135.

Brandt M, Yue Y, Wigneron J P, et al., 2018. Satellite-observed major greening and biomass increase in South China karst during recent decade[J]. Earth's Future, 6, 1017-1028.

Brath A, Montanari A, Moretti G, 2006. Assessing the effect on flood frequency of land use change via hydrological simulation (with uncertainty)[J]. Journal of Hydrology, 324(1-4): 141-153.

Britz W, Verburg P H, Leip A, 2011. Modelling of land cover and agricultural change in Europe: Combining the CLUE and CAPRI-Spat approaches[J]. Agriculture Ecosystems & Environment, 142(1-2): 40-50.

Budyko M I, 1974. Climate and Life[M]. SanDiego: Academic Press.

Camorani G, Castellarin A, Brath A, 2005. Effects of land-use changes on the hydrologic response of reclamation systems[J]. Physics & Chemistry of the Earth, 30(8): 561-574.

Cao J, Lu S, Yang D, et al., 2011. Process of soil and water loss and its control measures in karst regions, Southwestern China[J]. Science of Soil & Water Conservation, 9(2): 52-56.

Chang L C, Lin Y P, Huang T, et al., 2014. Simulation of ecosystem service responses to multiple disturbances from an earthquake and several typhoons[J]. Landscape and Urban Planning, 122(02): 41-55.

Chen H, Nie Y, Wang K, 2013. Spatio-temporal heterogeneity of water and plant adaptation mechanisms in karst regions: a review[J]. Acta Ecologica Sinica, 33(2): 317-326.

Chen H, Yang J, Fu W, et al., 2012. Characteristics of slope runoff and sediment yield on karst hill-slope with different land-use types in northwest Guangxi[J]. Transactions of the Chinese Society of Agricultural Engineering, 28(16): 121-126.

Chen J, Adams B J, 2006. Integration of artificial neural networks with conceptual models in rainfall-runoff modeling[J]. Journal of Hydrology, 318(1-4): 232-249.

Claessens L, Schoorl J M, Verburg P H, et al., 2009. Modelling interactions and feedback mechanisms between land use change and landscape processes[J]. Agriculture Ecosystems & Environment, 129(1): 157-170.

Cotter M, Häuser I, Harich F K, et al., 2017. Biodiversity and ecosystem services-A case study for the assessment of multiple species and functional diversity levels in a cultural landscape[J]. Ecological Indicators, 75: 111-117.

Evans J, Geerken R, 2004. Discrimination between climate and human-induced dryland degradation[J]. Journal of Arid Environments, 57(4): 535-554.

Faith D P, 2014. Ecosystem services can promote conservation over conversion and protect local biodiversity, but these local win-wins can be a regional disaster[J]. Australian Zoologist, 1(1):1-10.

Foley J A, Defries R, Asner G P, et al., 2005. Global consequences of land use[J]. Science, 309(5734): 570-574.

Ford D, Williams P W, 2007. Karst hydrogeology and geomorphology[M]. State of New Jersey: John Wiley & Sons, Inc.

Gao Y N, Zhang W C, 2009. Modification of IBIS and distributed simulation of eco-hydrological progress with it in multi-scale watersheds[J]. Journal of Natural Resources, 24(10): 1757-1763.

Gobin A, Campling P, Feyen J, 2002. Logistic modelling to derive agricultural land use determinants: A case study from southeastern Nigeria[J]. Agriculture Ecosystems & Environment, 89(3): 213-228.

Gosling S N, Taylor R G, Arnell N W, et al., 2011. A comparative analysis of projected impacts of climate change on river runoff from global and catchment-scale hydrological models[J]. Hydrology & Earth System Sciences, 15(1): 279-294.

Grinsted A, Moore J C, Jevrejeva S, 2004. Application of the cross wavelet transform and wavelet coherence to geophysical time series[J]. Nonlinear Processes in Geophysics, 11(5/6): 561-566.

Guo Y, Li Z, Amo-Boateng M, et al., 2014. Quantitative assessment of the impact of climate variability and human activities on runoff changes for the upper reaches of Weihe River[J]. Stochastic Environmental Research and Risk Assessment, 28(2): 333-346.

Guse B, Reusser D E, Fohrer N, 2014. How to improve the representation of hydrological processes in SWAT for a lowland catchment-temporal analysis of parameter sensitivity and model performance[J]. Hydrological Processes, 28(4): 2651-2670.

Hansen R M, Dubayahr R, Defries R, 1996. Classification trees: an alternative to traditional land cover classifiers[J]. International Journal of Remote Sensing, 17(5): 1075-1081.

Hartmann A, Goldscheider N, Wagener T, et al., 2015. Karst water resources in a changing world: Review of hydrological modeling approaches[J]. Reviews of Geophysics, 2014, 52(3): 218-242.

He K, Jia Y, Wang F, et al., 2011. Overview of karst geo-environments and karst water resources in north and south China[J]. Environmental Earth Sciences, 64(7): 1865-1873.

He X Q, Zhang B, Sun L W, et al., 2012. Contribution rates of climate change and human activity on therunoff in upper and middle reaches of Heihe River Basin[J]. Chinese Journal of Ecology, 31(11): 2884-2890.

Heathwaite A L, 1993. Mires: Process, Exploitation and conservation[M]. Chichester, UK: Wiley.

Held I M, Soden B J, 2006. Robust responses of the hydrological cycle to global warming[J]. Journal of Climate, 19(21): 5686-5699.

Hernandez M, Miller S N, Goodrich D C, et al., 2000. Modeling runoff response to land cover and rainfall spatial variability in semi-arid watersheds[J]. Environmental Monitoring & Assessment, 64(1): 285-298.

Holling C S, 1992. Cross-scale morphology, geometry and dynamics of ecosystems[J]. Ecological Monographs, 62(4): 447-502.

Hollis G E, 1975. The effect of urbanization on floods of different recurrence interval[J]. Water Resources Research, 11(3): 431-435.

Huang H P, Yang J, Zhi Y B, 2008. Assessment for soil conservation functions and service values of afforested vegetation by enclosure in huangfuchuan watershed[J]. Bulletin of Soil & Water Conservation, 28(3): 173-177.

Huang S, Chang J, Huang Q, et al., 2016. Quantifying the relative contribution of climate and human impacts on runoff change based on the budyko hypothesis and SVM model[J]. Water Resources Management, 30(7):2377-2390.

Huang S, Liu D, Huang Q, et al., 2016. Contributions of climate variability and human activities to the variation of runoff in the Wei River Basin, China[J]. International Association of Scientific Hydrology. Bulletin, 61(6): 1026-1039.

Hundecha Y, Bárdossy A, 2004. Modeling of the effect of land use changes on the runoff generation of a river basin through parameter regionalization of a watershed model[J]. Journal of Hydrology, 292(1): 281-295.

Hurst H E, 1947. The future conservation of the nile[J]. The Geographical Journal, 110(4-6):259-260.

Hynes H B N, 1970. The ecology of running water[M]. Canada Ontario: University of Toronto.

Ingram, H. A P, 1987. Ecohydrology of scottish peatlands[J]. Transactions of the Royal Society of Edinburgh: Earth Sciences, 78(4): 287-296.

Jain S K, Tyagi J, Singh V, 2010. Simulation of runoff and sediment yield for a himalayan watershed using SWAT model[J]. Journal of Water Resource & Protection, 4(1): 1-15.

Jenerette G D, Wu J, 2001. Analysis and simulation of land-use change in the central Arizona-Phoenix region, USA[J]. Landscape Ecology, 16(7): 611-626.

Kloosterman F H, Stuurman R J, Meijden R V D, 1995. Groundwater flow systems analysis on a regional and nation-wide scale in The Netherlands: The use of flow systems analysis in wetland management[J]. Water Science & Technology, 31(8): 375-378.

Kok K, Veldkamp A, 2001. Evaluating impact of spatial scales on land use pattern analysis in Central America[J]. Agriculture Ecosystems & Environment, 85(1-3): 205-221.

Krueger C C, Waters T F, 1983. Annual production of macroinvertebrates in three streams of different water quality[J]. Ecology, 64(4): 840-850.

Labat D, Goddéris Y, Probst J L, et al., 2004. Evidence for global runoff increase related to climate warming[J]. Advances in Water Resources, 27(6): 631-642.

Lambin E F, Rounsevell M D A, Geist H J, 2001. Are agricultural land-use models able to predict changes in land-use intensity?[J]. Agriculture Ecosystems & Environment, 82(1-3): 321-331.

Li C B, Wang S B, Yang L S, et al., 2013. Spatial and temporal variation of main hydrologic meteorological elements in the Taohe River Basin from 1951 to 2010[J]. Journal of Glaciology & Geocryology, 35(5): 1259-1266.

Li X Y, Contreras S, Solé-Benet A, et al., 2011. Controls of infiltration-runoff processes in Mediterranean karst rangelands in SE Spain[J]. Catena, 86(2): 98-109.

Li Y, Deng O, Zhang D, et al., 2011. Land use and ecosystem service value scenarios simulation in Danjiangkou reservoir area[J]. Transactions of the Chinese Society of Agricultural Engineering, 27(5): 329-335.

Li Z, Zheng F L, Liu W Z, 2012. Spatiotemporal characteristics of reference evapotranspiration during 1961-2009 and its projected changes during 2011-2099 on the Loess Plateau of China[J]. Agricultural & Forest Meteorology, 154(6): 147-155.

Lindenschmidt K E, Herrmann U, Pech I, et al., 2006. An interdisciplinary scenario analysis to assess the water availability and water consumption in the Upper Ouémé catchment in Benin[J]. Advances in Geosciences, 9(2): 293-298.

Liu X H, Andersson C, 2004. Assessing the impact of temporal dynamics on land-use change modeling[J]. Computers Environment & Urban Systems, 28(1): 107-124.

Liu X, Zheng H, Zhang M, et al., 2011. Identification of dominant climate factor for pan evaporation trend in the Tibetan Plateau[J]. Journal of Geographical Sciences, 21(4): 594-608.

Luijten J C, 2003. A systematic method for generating land use patterns using stochastic rules and basic landscape characteristics: results for a Colombian hillside watershed[J]. Agriculture Ecosystems & Environment, 95(2-3): 427-441.

Luo G J, Wang S J, Bai X Y, et al., 2016. Delineating small karst watersheds based on digital elevation model and eco-hydrogeological principles[J]. Solid Earth, 7(2):1-28.

MA (Millennium Ecosystem Assessment), 2005. Ecosystems and human well-being: current state and trends: synthesis[M]. Washington: Island Press.

Malagò A, Efstathiou D, Bouraoui F, et al., 2016. Regional scale hydrologic modeling of a karst-dominant geomorphology: The case study of the Island of Crete[J]. Journal of Hydrology, 540: 64-81.

Mandelbrot B B, Wallis J R, 1969. Robustness of the rescaled range R/S in the measurement of noncyclic long run statistical dependence[J]. Water Resources Research, 5(5): 967-988.

Mandour R A, 2012. Human health impacts of drinking water (surface and ground) pollution Dakahlyia Governorate, Egypt[J]. Applied Water Science, 2(3): 157-163.

Manson S M, 2005. Agent-based modeling and genetic programming for modeling land change in the southern yucatan peninsular region of Mexico[J]. Agriculture Ecosystems & Environment, 111(1): 47-62.

McMillan H, Gueguen M, Grimon E, et al., 2014. Spatial variability of hydrological processes and model structure diagnostics in a 50 km² catchment[J]. Hydrological Processes, 28(18): 4896-4913.

Meng D, Mo X, 2012. Assessing the effect of climate change on mean annual runoff in the Songhua River Basin, China[J]. Hydrological Processes, 26(7): 1050-1061.

Mo X, Liu S, Lin Z, et al., 2004. Simulating the water balance of the Wuding River Basin in the Loess Plateau with a distributed eco-hydrological model[J]. Acta Geographica Sinica, 59(3): 341-348.

Niehoff D, Fritsch U, Bronstert A, 2002. Land-use impacts on storm-runoff generation: scenarios of land-use change and simulation of hydrological response in a meso-scale catchment in SW-Germany[J]. Journal of Hydrology, 267(1-2): 80-93.

Noll K E, Gounaris V, Hou W S, 1992. Adsorption technology for air and water pollution control[M]. Florida: Crc Press.

Peng, T, Wang S J, 2012. Effects of land use, land cover and rainfall regimes on the surface runoff and soil loss on karst slopes in southwest China[J]. Catena, 90(1): 53-62.

Peterson E W, Wicks C M, 2006. Assessing the importance of conduit geometry and physical parameters in karst systems using the Storm Water Management Model (SWMM)[J]. Journal of Hydrology, 329(1): 294-305.

Post J, Habeck A, Hattermann F, et al., 2007. Evaluation of water and nutrient dynamics in soil-crop systems using the eco-hydrological catchment model SWIM[M]. Berlin: Springer-Verlag.

Przemysaw M, Mysliwa-Kurdziel B, Prasad M N V, et al., 2011. Role of aquatic macrophytes in biogeochemical cycling of heavy metals, relevance to soil-sediment continuum detoxification and ecosystem health[M]// Detoxification of Heavy Metals. Berlin: Springer-Verlag.

Rao V V S G, Dhar R L, Subrahmanyam K, 2001. Assessment of contaminant migration in groundwaterfrom an industrial development area, medak district, andhra pradesh, india[J]. Water Air & Soil Pollution, 128(3): 369-389.

Roderick M L, Farquhar G D, 2002. The cause of decreased pan evaporation over the past 50 years[J]. Science, 298(5597): 1410-1411.

Roo A D, Schmuck G, Perdigao V, et al., 2003. The influence of historic land use changes and future planned land use scenarios on floods in the Oder catchment[J]. Physics and Chemistry of the Earth, 28(33): 1291-1300.

Sawada Y, Koike T, Jaranilla-Sanchez P A, 2015. Modeling hydrologic and ecologic responses using a new eco-hydrological model for identification of droughts[J]. Water Resources Research, 50(7): 6214-6235.

Sherrouse B C, Semmens D J, Clement J M, 2014. An application of Social Values for Ecosystem Services (SolVES) to three national forests in Colorado and Wyoming[J]. Ecological Indicators, 36: 68-79.

Simonit S, Connors J P, Yoo J, et al., 2015. The impact of forest thinning on the reliability of water supply in central arizona[J]. Plos One, 10(4): 74-77.

Smith L, Inman A, Lai X, et al., 2017. Mitigation of diffuse water pollution from agriculture in England and China, and the scope for policy transfer[J]. Land Use Policy the International Journal Covering All Aspects of Land Use, 61(1): 208-219.

Song T Q, Peng W X, Zeng F P, et al., 2010. Spatial heterogeneity of soil moisture under different vegetation types in peak-cluster depression—A case study in southwest cluster peak depressions region of Maonan Autonmous County, Guangxi[J]. Carsologica Sinica, 29(1): 6-11.

Tallis H T, Ricketts T, Guerry A D, et al., 2013. InVEST 2.5.6 user's guide [M]. The Natural Capital Project, Stanford, 6-12.

Tian Y, Bai X, Wang S, et al., 2017. Spatial-temporal changes of vegetation cover in Guizhou Province, Southern China[J]. Chinese

Geographical Science, 27(1): 25-38.

Tiwary R K, Dhakate R, Rao V A, et al., 2005. Assessment and prediction of contaminant migration in ground water from chromite waste dump[J]. Environmental Geology, 48(4): 420-429.

Tong X, Brandt M, Yue Y, et al., 2018. Increased vegetation growth and carbon stock in China karst via ecological engineering[J]. Nature Sustainability, 1(1): 44-50.

Tong X, Wang K, Yue Y, et al., 2017. Quantifying the effectiveness of ecological restoration projects on long-term vegetation dynamics in the karst regions of Southwest China[J]. International Journal of Applied Earth Observation and Geoinformation, 54: 105-113.

Torrence C, Compo G P, 1998. A Practical Guide to Wavelet Analysis[J]. Bulletin of the American Meteorological Society, 79(79): 61-78.

Tucker C J, 1979. Red and photographic infrared linear combinations for monitoring vegetation[J]. Remote Sensing of Environment, 8(2): 127-150.

Turner B L I, Skole D, Sanderson S, et al., 1995. Land use and land cover change Science/research plan[R]. IGBP Report No. 35 and HDP Report No. 7, 132.

Veldkamp A, Fresco L O, 1996. CLUE: a conceptual model to study the Conversion of land use and its effects[J]. Ecological Modelling, 85(2): 253-270.

Verburg P H, Schot P P, Dijst M J, et al., 2004. Land use change modelling: current practice and research priorities[J]. GeoJournal, 61(4): 309-324.

Verburg P H, Soepboer W, Veldkamp A, et al., 2002. Modeling the spatial dynamics of regional land use: the CLUE-S model[J]. Environmental Management, 30(3): 391-405.

Voinov A, Costanza R, Wainger L, et al., 1999a. Patuxent landscape model: integrated ecological economic modeling of a watershed[J]. Environmental Modelling & Software, 14(5): 473-491.

Voinov A, Voinov H, Costanza R, 1999b. Surface water flow in landscape models: 2. Patuxent watershed case study[J]. Ecological Modelling, 119(2): 211-230.

Wang G, Xia J, Ji C, 2009. Quantification of effects of climate variations and human activities on runoff by a monthly water balance model: A case study of the Chaobai River basin in northern China[J]. Water Resources Research, 45(7): 206-216.

Wang Q, Adiku S, Tenhunen J, et al., 2005. On the relationship of NDVI with leaf area index in a deciduous forest site[J]. Remote Sensing of Environment, 94(2): 244-255.

Wang S J, Liu Q M, Zhang D F, 2004. Karst rocky desertification in southwestern China: geomorphology, landuse, impact and rehabilitation[J]. Land Degradation & Development, 15(2): 115-121.

Wang S J, Yan Y X, Yan M, et al., 2012. Quantitative estimation of the impact of precipitation and human activities on runoff change of the Huangfuchuan River Basin[J]. Journal of Geographical Sciences, 22(5): 906-918.

Wang S, Ling L, Cheng W, 2014. Variations of bank shift rates along the Yinchuan Plain reach of the Yellow River and their influencing factors[J]. Journal of Geographical Sciences, 24(4): 703-716.

Wang S, Yan M, Yan Y, et al., 2012. Contributions of climate change and human activities to the changes in runoff increment in different sections of the Yellow River[J]. Quaternary International, 282(282): 66-77.

Wang X H, Yu S, Huang G H, 2004. Land allocation based on integrated gis-optimization modeling at a watershed level[J]. Landscape and Urban Planning, 66(2): 61-74.

Wang Y, Wang S, Teng S U, 2015. Contributions of precipitation and human activities to runoff change in the songhua river basin[J].

Journal of Natural Resources, 30(2): 304-314.

Wassen M J, 1996. Ecohydrology: An interdisciplinary approach for wetland management and restoration[J]. Vegetatio, 126(1): 1-4.

Williams J R, Arnold J G, 1997. A system of erosion—sediment yield models[J]. Soil Technology, 11(1): 43-55.

Wischmeier W H, Smith D D, 1965. Predicting rainfall-erosion losses from cropland east of the rocky mountains: guide for selection of practices for soil and water conservation[M]. Washington DC: Agricultural Research Service Press.

Xu D X, Zhang G X, Yin X R, 2009. Runoff variation and its impacting factor in Nenjiang River during 1956-2006[J]. Advances in Water Science, 20(3): 416-421.

Xu J, 2011. Variation in annual runoff of the Wudinghe River as influenced by climate change and human activity[J]. Quaternary International, 244(2): 230-237.

Xu Y, Luo D, Peng J, 2011. Land use change and soil erosion in the Maotiao River watershed of Guizhou province[J]. Journal of Geographical Sciences, 21(6): 1138-1152.

Yang T, Chen X, Xu C Y, et al., 2009. Spatio-temporal changes of hydrological processes and underlying driving forces in Guizhou region, Southwest China[J]. Stochastic Environmental Research and Risk Assessment, 23(8): 1071-1087.

Yin Y, Wu S, Gang C, et al., 2010. Attribution analyses of potential evapotranspiration changes in China since the 1960s[J]. Theoretical and Applied Climatology, 101(1): 19-28.

Yue S, Pilon P, Cavadias G, 2002. Power of the Mann-Kendall and Spearman's rho tests for detecting monotonic trends in hydrological series[J]. Journal of Hydrology, 259(1): 254-271.

Zhang J, Chen H, Su Y, et al., 2006. Spatial variability of surface soil moisture content in depression area of karst region under moist and arid conditions[J]. Chinese Journal of Applied Ecology, 17(12): 2277.

Zhang L, Dawes W R, Walker G R, 2001. Response of mean annual evapotranspiration to vegetation changes at catchment scale[J]. Water Resources Research, 37(3): 701-708.

Zhang L, Yu S, Duan Y, et al., 2013. Quantitative assessment of the effects of climate change and human activities on runoff in the Yongding River Basin[J]. Progressus Inquisitiones De Mutatione Climatis, 9(6): 391-397.

Zhang T, Zhu X, Wang Y, et al., 2014. The Impact of climate variability and human activity on runoff changes in the Huangshui River Basin[J]. Resources Science, 36(11): 2256-2262.

Zhang X N, Wang K L, Zhang W, et al., 2009. Distribution of ^{137}Cs and relative influencing factors on typical karst sloping land[J]. Environmental Science, 30(11): 3152-3158.

Zhang Z C, Chen X, Shi P, et al., 2009. Distributed hydrological model and eco-hydrological effect of vegetation in Karst watershed[J]. Advances in Water Science, 20(6): 806-811.

Zhao G, Tian P, Mu X, et al., 2014. Quantifying the impact of climate variability and human activities on streamflow in the middle reaches of the Yellow River basin, China[J]. Journal of Hydrology, 519(PA): 387-398.

Zhou R, Su H, Hu Y, et al., 2011. Scenarios simulation of town land use change under different spatial constraints[J]. Transactions of the Chinese Society of Agricultural Engineering, 27(3): 300-308.

Zhou W, Beck B F, 2005. Roadway construction in karst areas: management of stormwater runoff and sinkhole risk assessment[J]. Environmental Geology, 47(8): 1138-1149.

Zhu Z H, 1993. A model for estimating net primary productivity of natural vegetation[J]. Science Bulletin, 38(22): 1913-1913.

Zuo D, Xu Z, Yang H, et al., 2012. Spatiotemporal variations and abrupt changes of potential evapotranspiration and its sensitivity to key meteorological variables in the Wei River basin, China[J]. Hydrological Processes, 26(8): 1149-1160.